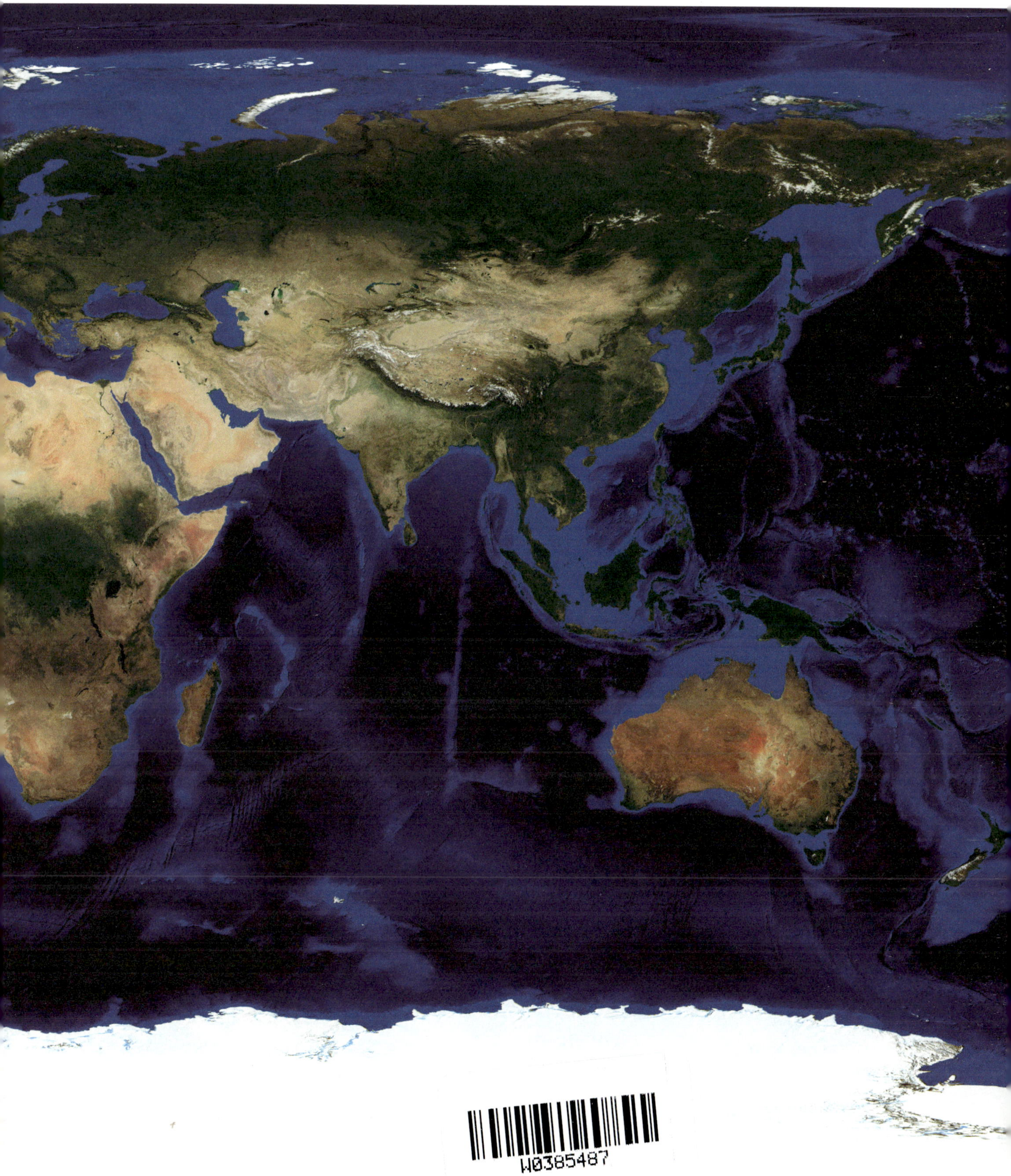

Diercke
Geographie 9/10

Gymnasium
Baden-Württemberg

Herausgeber:
Prof. Alexander Siegmund

Autorinnen und Autoren:
Alexander Arheidt
Peter Armbruster
Dr. Raimund Ditter
Kevin Hepp
Ute Janke
Jutta Kuhn-Bittner
Michael Ostermann
Dr. Alexandra Siegmund
Günther Scheefer
Dr. Matthias Stober

unter Mitwirkung der Verlagsredaktion

westermann

Einbandfoto: Bohrplattform und Tanker im Europäischen Nordmeer (Atlantik)

Mit Beiträgen von:
Timo Frambach, Frank Morgeneyer, Renate Koch

CARL DIERCKE (geb. in Kyritz, Landkreis Ostprignitz/Preußen) lebte von 1842 bis 1913 und war Pädagoge und Kartograph. Von ihm stammt der bekannte *Diercke-Schulatlas*, der erstmals 1883 unter dem Namen *„Schul-Atlas über alle Teile der Erde“* erschien.
Weitere Informationen können der Internetseite *www.diercke.de* entnommen werden.

westermann GRUPPE

Druck A^1 / Jahr 2019
Alle Drucke der Serie A sind im Unterricht parallel verwendbar.

Redaktion: Lars Büttner
Umschlaggestaltung: Thomas Schröder
Druck und Bindung: Westermann Druck GmbH, Braunschweig

ISBN 978-3-14-**144980**-8

Hinweise zum Buch

Arbeiten mit den Aufgaben
In diesem Buch findest du die folgenden Aufgabenstellungen:

1 Basisaufgabe ohne weitere Funktion. Beachte die Arbeitsanweisungen in *kursiver* Schrift. Die nebenstehende Tabelle zeigt, was du machen sollst.

2 Für diese Aufgaben findest du ab Seite 163 eine Starthilfe.

3 Die Signalaufgaben trainieren wichtige Fähigkeiten:
Meinung! Bilde dir eine Meinung zu einem Thema. Diskutiere oder präsentiere sie in deiner Klasse.
Transfer! Übertrage deine Kenntnisse auf ein anderes Beispiel.
Aktiv! Hier wirst du aufgefordert, dir selbstständig Wissen anzueignen.

4 **Differenziert:**
An ausgewählten Stellen mit schwierigen oder umfassenden Themen kann dir deine Lehrerin oder dein Lehrer ein Arbeitsblatt austeilen.

Verweise im Buch
Im Buch finden sich viele Verweise auf Materialien oder Seiten. Sie sollen dir helfen, schnell Informationen zu finden:

(M1): Verweis auf ein Material der Seite

(›S. 14/15): Verweis auf eine andere Seite im Buch

(›S. 15: M3): Verweis auf ein bestimmtes Material einer anderen Seite

Auf vielen Seiten findest du unten links Atlasverweise. Du kannst den Atlas auf der angegebenen Seite aufschlagen oder den Verweis als Code im Suchfeld folgender Internetseite nutzen:

www.diercke.de

100800-252 schueler.diercke.de	Verweis auf den Diercke Weltatlas (2015)
100852-177 schueler.diercke.de	Verweis auf den Diercke Weltatlas 2 (2016)

Arbeiten mit dem Lexikon
Im Buch finden sich im Text Begriffe im **Fettdruck**. Diese Fachbegriffe findest du ab Seite 168 im Lexikon.

Weitere interessante Begriffe sind *kursiv* hervorgehoben. Diese kennst du zumeist schon aus Diercke 5/6 und 7/8.

Überblick zu den wichtigsten Arbeitsanweisungen

Schwierigkeitsstufe 1:

Nennen/Benennen	Zähle etwas ohne weitere Erklärung auf.
Beschreiben	Gib Informationen aus Materialien oder Gelerntes in eigenen Worten schlüssig wieder.
Bezeichnen	Gib Inhalte aus Materialien, zum Beispiel Diagrammen, genau wieder. Verwende hierfür die Fachbegriffe.

Schwierigkeitsstufe 2:

Analysieren	Untersuche Materialien und Sachverhalte gezielt. Gib wichtige Sachverhalte und Zusammenhänge wieder.
Begründen	Belege die Ergebnisse deiner Analyse/Darstellung, also deine Aussagen, durch Fakten und Tatsachen.
Charakterisieren	Mache typische Merkmale deutlich.
Darstellen	Mache einen Sachverhalt durch eine strukturierte und zusammenhängende Aussage deutlich.
Einordnen / Zuordnen	Bring einen Sachverhalt in einen Zusammenhang mit einem vorgegebenen Thema.
Erklären	Mache mithilfe deines Wissens Zusammenhänge von Sachverhalten deutlich.
Erläutern	Veranschauliche einen Sachverhalt durch Beispiele.
Erstellen	Veranschauliche einen Sachverhalt durch eine Grafik oder ähnliches. Verwende dabei Fachbegriffe.
Herausarbeiten	Entnimm vorgegebenem Material Zusammenhänge oder Tatsachen.
Vergleichen	Mach dir die Merkmale klar, nach denen du vergleichen willst und arbeite Gemeinsamkeiten und Unterschiede heraus. Formuliere schließlich auch ein Ergebnis deines Vergleiches.

Schwierigkeitsstufe 3:

Beurteilen	Untersuche gezielt Aussagen oder Maßnahmen. Nenne das Ziel deiner Untersuchung und die Merkmale, nach denen du untersuchst. Formuliere ein Urteil und begründe es durch Fakten.
Bewerten	Beurteile Aussagen oder Maßnahmen. Mache aber auch deine Meinung zu dem Urteil deutlich.
Entwickeln	Entwirf einen umfassenden Lösungsvorschlag für ein vorgegebenes Problem. Dieses Problem musst du zunächst einmal verstehen.
Erörtern	Wäge zu einem vorgegebenen Problem zunächst Vorteile und Nachteile ab. Begründe das Ergebnis dieser Abwägung.
Gestalten	Stelle zu einem vorgegebenen Problem zielgerichtet ein bestimmtes Produkt (Poster, Wandzeitung, Computerpräsentation) her.
Überprüfen	Untersuche Aussagen auf ihre sachliche Richtigkeit. Begründe das Ergebnis deiner Untersuchung.

Inhaltsverzeichnis

Die Erde – ein aktiver Planet

Inhaltsverzeichnis

Methode
Praxis

Inhaltsverzeichnis

Raumanalyse: USA und VR China

Methode

Praxis

Inhaltsverzeichnis

Ländliche Räume

Anhang:

Schnell im Blick – Kompetenzen durch:

Methoden:

Praxis:

E-MODUL

E-Learning:

Die Erde – ein aktiver Planet!

Island 2010 – der Vulkan Eyjafjallajökull bricht unterhalb des gleichnamigen Gletschers aus. Inwieweit beherrschen wir Menschen deiner Meinung nach die Natur?

Die Erdkruste – starr und trotzdem aktiv!

Mittelatlantischer Rücken

Mit einer Ausdehnung von mehr als 20000 Kilometern zieht sich das längste Gebirge der Welt mitten durch den Atlantik.

Wie kommt es, dass ein relativ junges Gebirge solche Ausmaße aufweist?

Hawaii

Mitten im Pazifik liegt die Inselgruppe Hawaii. Vom höchsten Berg, dem Mauna Kea, der 4205 Meter aus dem Meer herausragt, ist nicht einmal die Hälfte zu sehen.

Wie kann es sein, dass so weit weg vom Festland eine Inselgruppe aus dem Meer herausragt?

Atacamagraben

Nahe der Kontinentalränder finden sich oft Tiefseerinnen. Auch wenn der Atacamagraben mit seinen 8 Kilometern Tiefe und 2500 Kilometern Länge nicht der größte ist, so ist der Höhenunterschied zu den angrenzenden Anden mit fast 15 Kilometern beeindruckend.

Wie kann es sein, dass sich die tiefsten Stellen der Ozeane oft nahe bei hohen Gebirgsketten befinden?

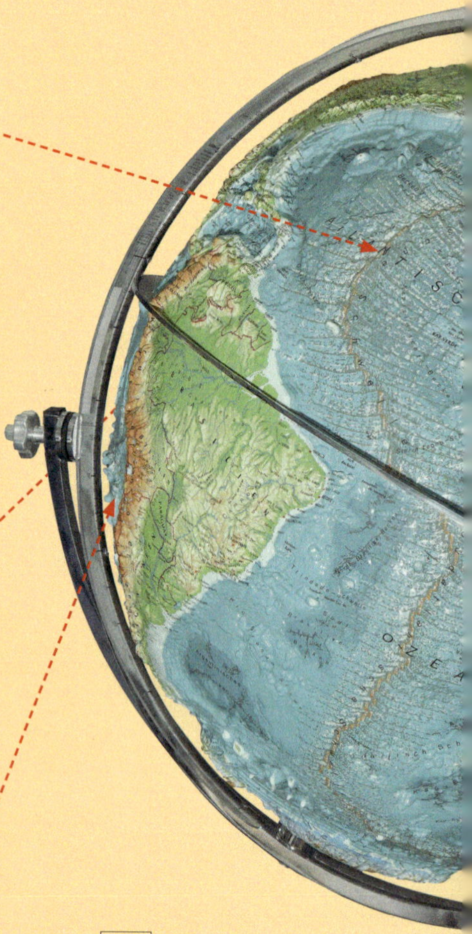

M1 *Reliefglobus*

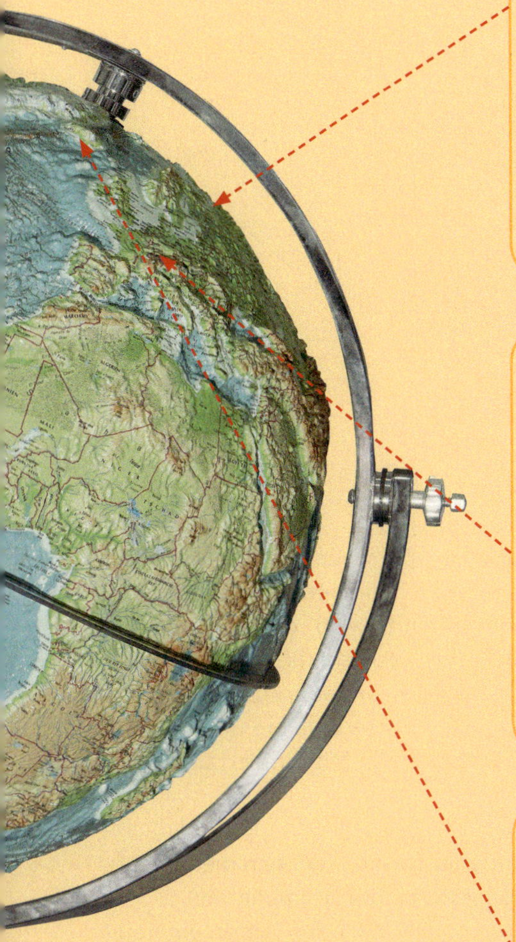

Kola-Bohrturm 1984

Kola-Bohrung

Auf der russischen Kola-Halbinsel wurde 1970 – 1989 das bisher tiefste Loch auf der Erde gebohrt. Die Techniker durchdrangen dort die bis zu 2,5 Milliarden Jahre alten Gesteine bis in eine Tiefe von 12 262 Metern. Dann wurde das Gestein zu heiß für eine Bohrung.

Warum wurde das Loch gebohrt und warum ist es für Seismologen so interessant?

Oberrheingraben

Zwischen den Vogesen und dem Schwarzwald hat sich mit dem Oberrheingraben eine Tiefebene ausgebildet. Diese ist Teil eines Grabensystems, das sich von der Nordsee bis zum Mittelmeer erstreckt.

Wie wird sich der Oberrheingraben weiter entwickeln?

Island

Energie im Überfluss hat die Insel im Nordatlantik. Mit Geothermie können dort Straßen eisfrei gehalten, eine Meeresbucht zum Baden aufgewärmt und im Winter Gurken zum Wachsen gebracht werden.

Warum haben die Isländer Energie im Überfluss?

LEITFRAGE

Auch wenn uns die Erdkruste starr erscheint, so ist sie doch ständig in Bewegung. Welche Prozesse führen zur Gestaltung und Veränderung der Erdoberfläche?

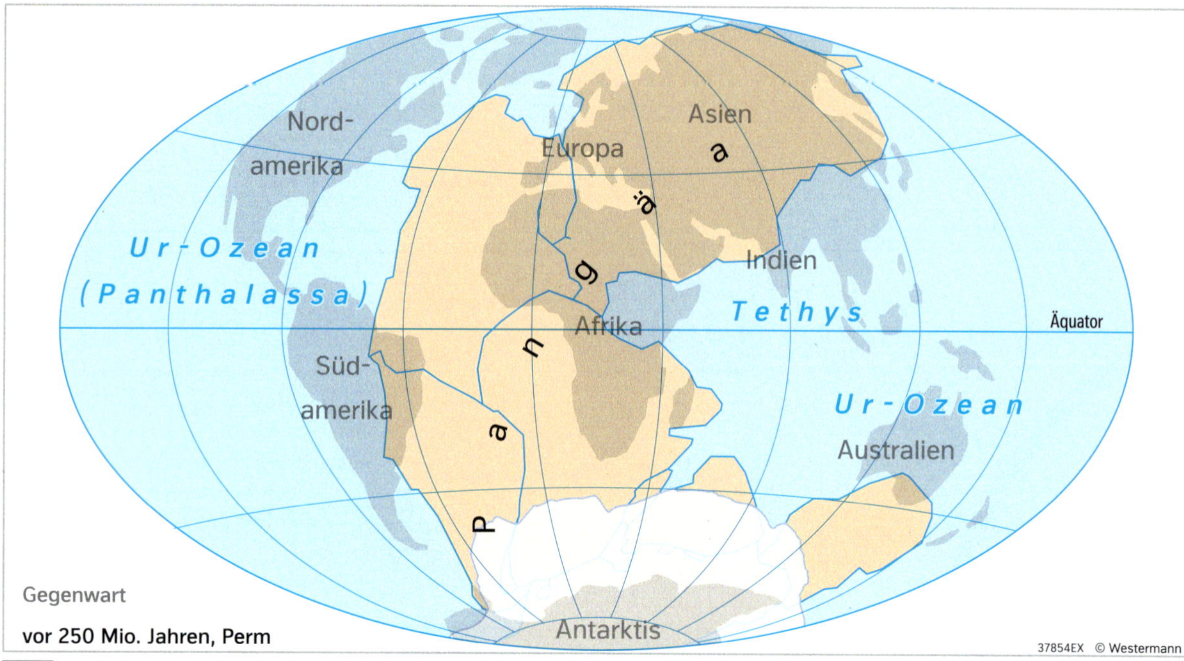

M1 *Die Erde in Vergangenheit und Gegenwart*

Geschichte wiederholt sich in Jahrmillionen

Ein kurzer Blick auf die Weltkarte reicht und man stellt fest, dass die Kontinentalränder von Südamerika und Afrika gut zueinander passen.
Vor rund 250 Millionen Jahren bildeten die Landmassen der Erde tatsächlich eine große Einheit, den Superkontinent Pangäa. Allmählich begann dieser zu zerbrechen. Seine Bruchstücke drifteten mit einer maximalen Geschwindigkeit von etwa 15 Zentimeter pro Jahr auseinander und bildeten somit das heutige Abbild der Erde aus (M1).
Inzwischen sind einige dieser Bruchstücke schon wieder auf Kollisionskurs, die Bildung des nächsten Superkontinents hat eingesetzt. Deutlich wird dies an Indien und Asien, bei deren Aufeinandertreffen der Himalaja entstanden ist und noch immer weiter aufgefaltet wird (›S. 23).

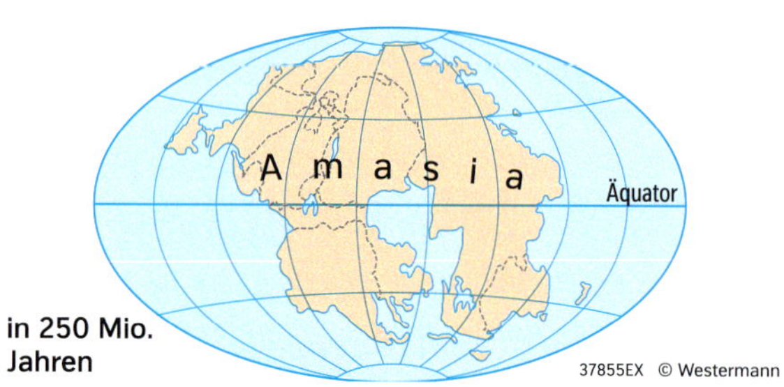

M2 *Die Erde in Zukunft? – Amasia*

Auch Afrika und Europa steuern aufeinander zu und werden in rund 50 Millionen Jahren miteinander kollidieren. Damit wird das Mittelmeer verschwunden sein. Zeugen dieses Prozesses sind die ebenfalls noch andauernde Auffaltung der Alpen sowie die aktiven **Vulkane** und die teilweise starken **Erdbeben** im Mittelmeerraum.

Ein immerwährender Zyklus

Mithilfe vorhandener Daten lässt sich die zukünftige **Kontinentalverschiebung** simulieren:
Demnach könnte in 250 Millionen Jahren ein neuer Superkontinent entstanden sein (M2). Da sich wahrscheinlich Amerika und Asien verbinden, wird er von den Wissenschaftlern *Amasia* genannt. Ebenfalls verwendet werden Bezeichnungen wie *Pangäa Proxima* (nächstes Pangäa) und *Novopangäa* (neues Pangäa).
Aber auch vor Pangäa gab es bereits Superkontinente: Vor einer Milliarde Jahren erreichte *Rodinia* seine maximale Ausdehnung, noch einmal 500 Millionen Jahre früher hatte sich der Superkontinent *Nuna* gebildet. Die Entstehung und der Zerfall der Superkontinente wiederholt sich immer wieder und bildet den **Wilson-Zyklus** (›S. 17), den gewaltigsten Kreislauf auf der Erde.

Sicherlich war der Geowissenschaftler ALFRED WEGENER (1880-1930) nicht der Erste, der auf die Idee kam, dass Südamerika und Afrika wie Puzzleteile zusammenpassen. Auch die Idee, dass die Kontinente der Erde auseinandergedriftet sind, war nicht neu, als er seine Hypothese der Kontinentalverschiebung am 6. Januar 1912 der Öffentlichkeit vorstellte.
Seine Leistung bestand darin, dass er mögliche Indizien sammelte, um seine Überlegungen mit vielfältigen Untersuchungen aus verschiedenen Bereichen der Naturwissenschaft zu untermauern. Über viele Jahre blieb seine Hypothese aber umstritten und nach seinem frühen Tod gerieten diese Überlegungen in Vergessenheit. Erst als die Forscher in den 1960er-Jahren feststellten, dass nicht nur die Kontinente, sondern auch der Ozeanboden wandert, wurde Wegeners Hypothese wieder aufgegriffen und letztendlich in die Theorie der **Plattentektonik** überführt.

M3 *Alfred Wegeners Überlegungen*

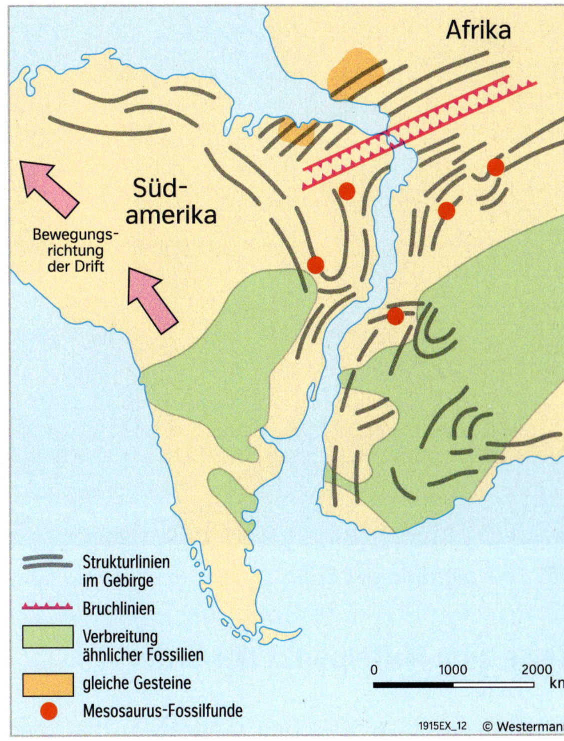

M5 *Indizien für die Kontinentalverschiebung*

1 *Beschreibe* die Bewegung der Kontinente Afrika, Asien und Nordamerika von Pangäa bis Amasia (M1, M2, M4).

2 Für eine vereinfachte Berechnung lässt sich annehmen, dass sich die Kontinente in den letzten 200 Millionen Jahren gleichmäßig bewegt haben. *Vergleiche* mithilfe von M1, M4 und dem Atlas die Bewegungsgeschwindigkeiten an drei verschiedenen Raumbeispielen.

3 *Überprüfe* Wegeners Hypothese (M3) mithilfe von M5.

ERSTAUNLICH!

Im Februar 2017 forderte eine Gruppe von Wissenschaftlern die Anerkennung eines neuen Kontinents. *Zealandia*, das ein etwa 4,9 Millionen km² großes Gebiet um Neuseeland und Neukaledonien umfasst, erfüllt wahrscheinlich alle Kriterien, die an einen Kontinent gestellt werden.
Ob Zealandia wirklich in die Reihe der bislang sieben Kontinente gestellt wird, hängt von der weiteren wissenschaftlichen Diskussion ab.

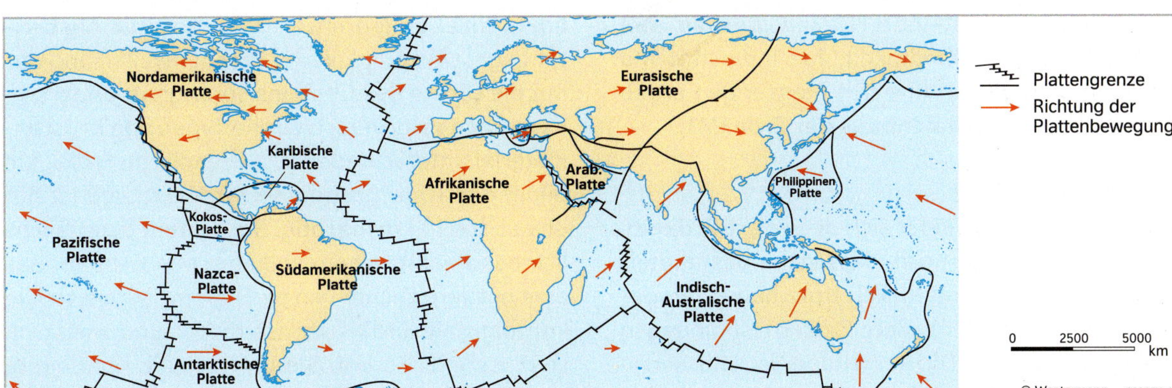

M4 *Gegenwärtige Bewegung der Kontinentalplatten*

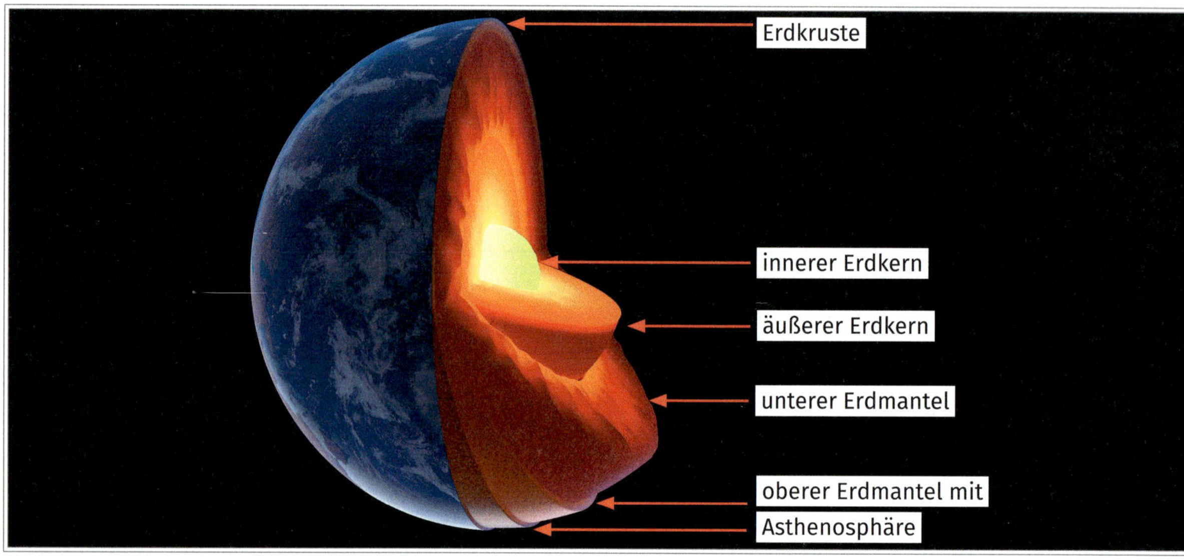

M1 *Schalenbau der Erde*

Reise zum Mittelpunkt der Erde

Um Erkenntnisse über den inneren Aufbau der Erde zu gewinnen, bohrten Wissenschaftler in die Tiefe. Je weiter sie sich von der Erdoberfläche entfernten, desto wärmer wurde das Gestein. Die Forscher wurden mit immer größeren technischen Problemen konfrontiert und so musste die tiefste Bohrung bei 12 262 Metern abgebrochen werden.

Informationen über tiefere Schichten sind somit nur auf indirektem Weg zu sammeln. Hierzu werden Erdbeben genutzt, deren Wellen unseren Planeten durchdringen. Sie werden weltweit von Messstationen aufgezeichnet (›S. 18).
Auf ihrem Weg durchqueren diese Wellen unterschiedlich dichte Gesteinsschichten, flüssige und feste Bereiche und passieren Grenzen zwischen verschiedenen Gesteinen. Davon werden ihre Ausbreitungsgeschwindigkeit, ihre Intensität und Richtung beeinflusst. Aus den Messungen ergab sich das Bild des **Schalenbaus der Erde** (M1).

Schalenbau der Erde

Ganz im Inneren befindet sich der innere **Erdkern**. Hier ist der Druck so hoch, dass seine Bestandteile (vor allem Eisen und Nickel) trotz hoher Temperaturen fest sind. Der äußere Erdkern ist hingegen flüssig. Da auch die Dichte geringer ist, müssen in der Schmelze weitere Elemente vorhanden sein, zum Beispiel Silizium oder Sauerstoff.

Die mächtigste Schale unseres Planeten ist der **Erdmantel**. Sein Material ist eigentlich fest, über lange Zeiträume betrachtet aber verformbar. Aufgrund hoher Temperaturunterschiede bilden sich *Konvektionsströme*, die mit Geschwindigkeiten von einigen Zentimetern pro Jahr heißes Material aus der Tiefe nach oben transportieren.
Der obere Mantel enthält einen verformbaren Bereich, die **Asthenosphäre** (M1). Über ihr liegt die **Lithosphäre**. Diese feste Schale ist in einzelne Platten zerbrochen und umfasst den obersten Teil des Erdmantels sowie die **Erdkruste** (M4).

Die Erdkruste

Die äußere Schale wird als Erdkruste bezeichnet. Sie ist durch die Mohorovičić-Diskontinuität (Moho-Grenze) abgegrenzt, an der sich die Ausbreitungsgeschwindigkeit der Erbebenwellen und damit die Dichte des Gesteins sprunghaft ändert.
Es werden zwei verschiedene Typen von Krustenmaterial unterschieden: Die ozeanische Erdkruste bildet den Untergrund unserer Meere und ist nur etwa 5 bis 10 km mächtig. Sie besteht hauptsächlich aus **Basalt**, einem vulkanischen Gestein, das eine mittlere Dichte von ca. 3 g/cm^3 aufweist. Die kontinentale Erdkruste ist dicker und misst im Durchschnitt 35 km. Sie umfasst die Kontinente und die sie umgebenden Randbereiche. Ihre Dichte ist mit 2,7 g/cm^3 etwas geringer.

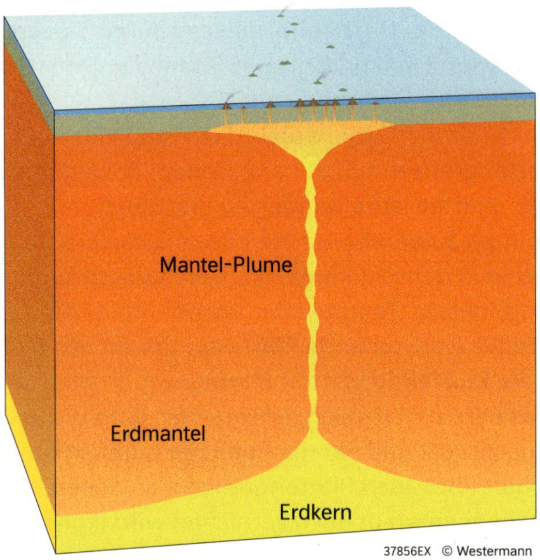

Neben den Konvektionsströmen sorgen auch die sogenannten Mantel-Plumes für einen Materialtransport innerhalb des Erdmantels.
Entlang von bis zu 150 km breiten, schlauchartigen Strömen steigt dabei heißes Material aus der Tiefe langsam durch den festen, aber dennoch verformbaren Erdmantel. Erreicht das durch den geringeren Druck nun flüssige Magma die starre Lithosphäre, so kann es nicht weiter aufsteigen. Es sammelt sich in Form eines Magmakissens, das letztendlich die Grundlage für bestimmte Ausprägungen des Vulkanismus (›S. 26) bilden kann.

M2 *Mantel-Plumes*

MODELL

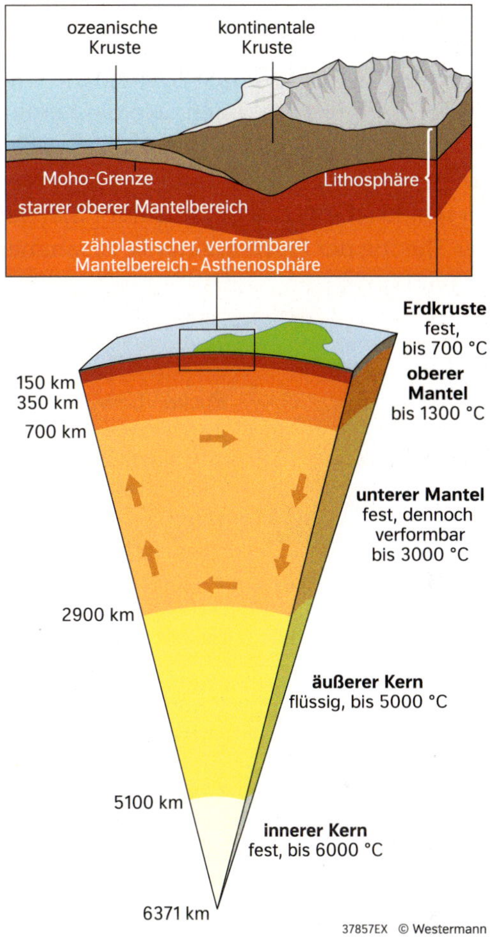

M4 *Schematischer Aufbau der Erde*

Auch wenn wissenschaftliche Untersuchungen uns einige Informationen über den Schalenbau der Erde liefern, so können wir uns bis heute nicht wirklich vorstellen, wie es im Inneren unseres Planeten aussieht. Dies hat zahlreiche Künstler inspiriert, das Thema aufzugreifen.
Neben dem Klassiker „Reise zum Mittelpunkt der Erde“ von Jules Verne gibt es auch aktuellere Varianten. Eine davon ist der Film „The Core“. Er handelt von einem Zusammenbruch des Erdmagnetfeldes. Mit den Worten „Wir beginnen unsere Reise in das Herz des Kosmos, in den Kern unseres Planeten“, startet ein Team von sogenannten Terranauten die Reise, um die Erde zu retten. Der Film erhielt die zweifelhafte Auszeichnung „schlechtester Physik-Film aller Zeiten“.

M3 *Film „The Core“*

1 *Beschreibe* die Vorgehensweisen zur Erforschung des Aufbaus der Erde (Text).

2 *Charakterisiere* die einzelnen Schalen in M1 (Text, M4).

3 Aktiv!
a) *Stelle* eine mögliche Reise zum Mittelpunkt der Erde in Form eines kurzen Berichts *dar* (M1, M3, M4).
b) *Überprüfe* die Berichte deiner Mitschüler auf geologische, physikalische und technische Korrektheit.

4 In Mantel-Plumes wird nicht nur Material, sondern auch Energie transportiert (M2). *Überprüfe* diese Aussage!

Und sie bewegen sich doch – Plattenbewegung

Plattengrenzen

Bis vor wenigen Jahrzehnten konnten die Wissenschaftler noch nicht erklären, wie die Kontinente über unsere Erde wandern. Dies änderte sich erst, als man feststellte, dass an den Plattenrändern unterschiedliche Prozesse ablaufen. Sie werden in der Theorie der **Plattentektonik** zusammengefasst (›S. 13).

divergierende Bewegung 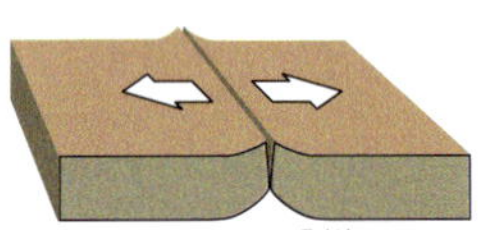 *konstruktive Plattengrenze*	An Mittelozeanischen Rücken bewegen sich zwei Platten auseinander, sie divergieren. Glutheißes Magma steigt auf und kühlt an der Oberfläche schlagartig ab. Neue ozeanische Kruste bildet sich.
konvergierende Bewegung 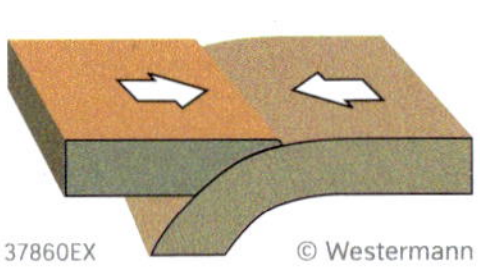 *destruktive Plattengrenze*	An destruktiven Plattengrenzen bewegen sich zwei Platten aufeinander zu, sie konvergieren. In Subduktionszonen taucht ozeanische Kruste in den Erdmantel ab und wird dort aufgeschmolzen.
konservative Bewegung 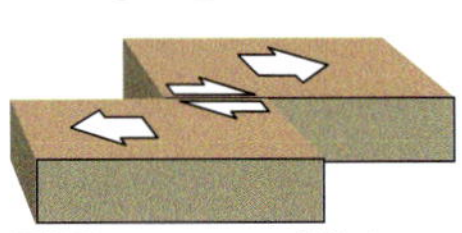 *Horizontalverschiebung*	An Verwerfungen schieben sich zwei Platten horizontal aneinander vorbei, ohne dass neue Kruste entsteht oder alte vernichtet wird.

M1 *Überblick zu den Plattengrenzen*

Im Bereich der *Mittelozeanischen Rücken* (›S. 20) bewegen sich zwei Platten auseinander. In der entstehenden Lücke steigt glutheißes **Magma** auf und erstarrt. Da sich in diesem Bereich ozeanische Kruste neu bildet, spricht man von konstruktiven Plattengrenzen (M1).
Praktisch als Gegenstück dazu sind destruktive Plattengrenzen (›S. 22) anzusehen: Bewegen sich zwei Platten aufeinander zu, so taucht in sogenannten *Subduktionszonen* ozeanische Kruste zunächst in den Erdmantel ab. Durch die sprunghaft ansteigende Temperatur im oberen Erdmantel wird die eintauchende Platte aufgeschmolzen und in die Konvektionsströme integriert. Prallen zwei Kontinente schließlich aufeinander, wird die Kruste gestaucht und ein Hochgebirge faltet sich auf.
Es gibt aber auch Plattengrenzen, an denen Kruste weder entsteht noch vernichtet wird (konservative Plattengrenzen). Hier gleiten zwei Platten aneinander vorbei (**Horizontalverschiebung**, ›S. 28).

Motoren der Plattenbewegung

Ursprung des ersten Antriebes ist aufsteigendes Magma an den Mittelozeanischen Rücken, das dort eine Krustenaufwölbung bewirkt. Wie ein Schlitten setzt sich dadurch die gesamte Platte langsam in Bewegung. Dieser Prozess wird als **Rückenschub** (engl. *Ridge Push*) bezeichnet.
Der zweite Antriebsmechanismus ist der **Plattenzug** (engl. *Slab Pull*). Er entsteht, wenn die andere Seite der Platte in den Mantel abtaucht. Wie die ersten Wagen des Zugs in einer Achterbahn zieht dieser absinkende Bereich nun die gesamte Platte hinter sich her (M4).
Neuere Forschungen gehen davon aus, dass der Plattenzug die stärkere der beiden Antriebskräfte ist. Die noch vor wenigen Jahren oft genannte dritte Kraft, die Plattenschleppung durch *Konvektionsströme*, spielt für den Antrieb wohl keine Rolle.

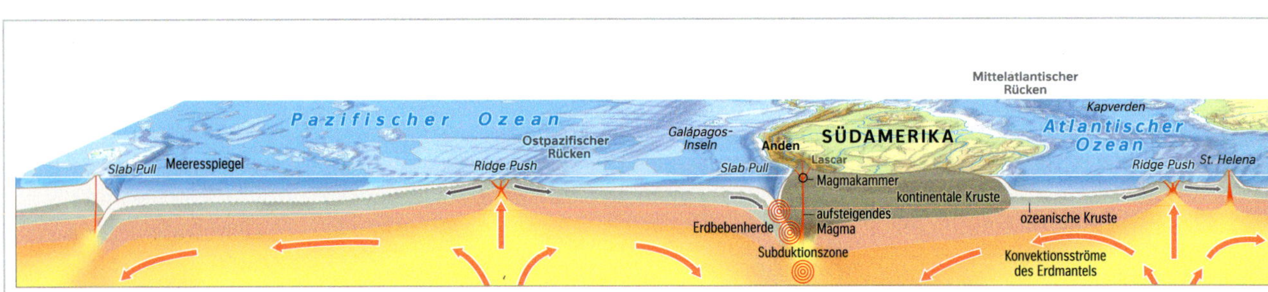

M2 *Plattentektonisches Profil der Erde*

MODELL

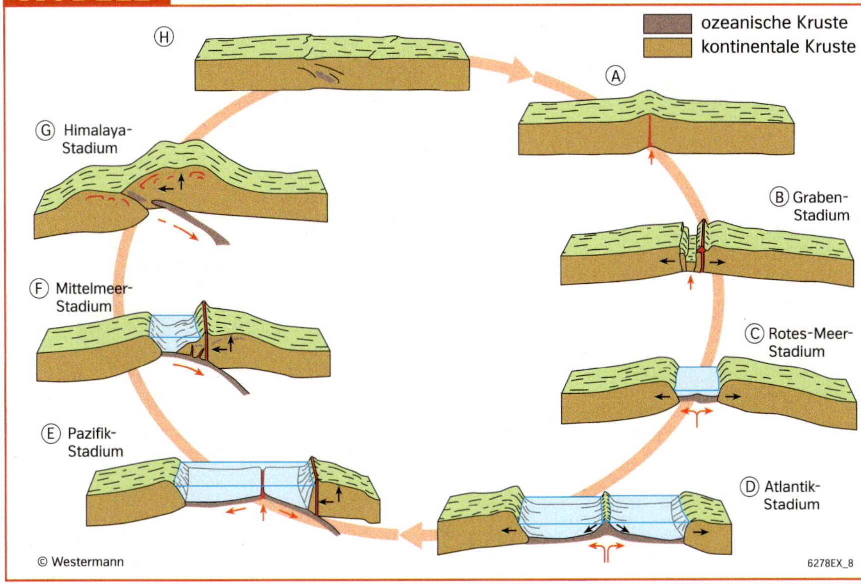

Der kanadische Geowissenschaftler JOHN TUZO WILSON hat versucht, mit seinem Modell die einzelnen geotektonischen Prozesse zu beschreiben, die zwischen dem Zerfall und der Entstehung eines Superkontinents ablaufen.

Entwickelt hat Wilson das Modell am Beispiel der Öffnung und Schließung des Atlantiks, dennoch lässt es sich auf andere Regionen übertragen.

M3 *Wilson-Zyklus*

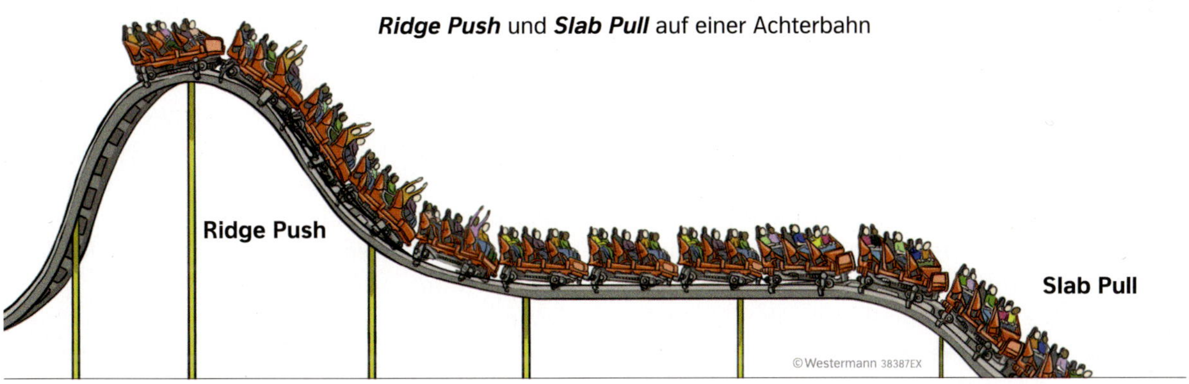

M4 *Motoren der Plattenbewegung*

1. *Ordne* die in M2 dargestellten Plattengrenzen den entsprechenden Fachbegriffen aus M1 *zu*.
2. *Erläutere* die Antriebsmechanismen der Plattenbewegung ausgehend von M4.
3. a) *Beschreibe* die Prozesse im Wilson-Zyklus (M3).
   b) *Ordne* die Prozesse des Wilson-Zyklus regionalen Beispielen *zu* (M2, M3, Atlas).
4. *Beurteile* die folgende Aussage: Platten mit Subduktionsrändern bewegen sich schneller als Platten ohne Subduktionsränder.

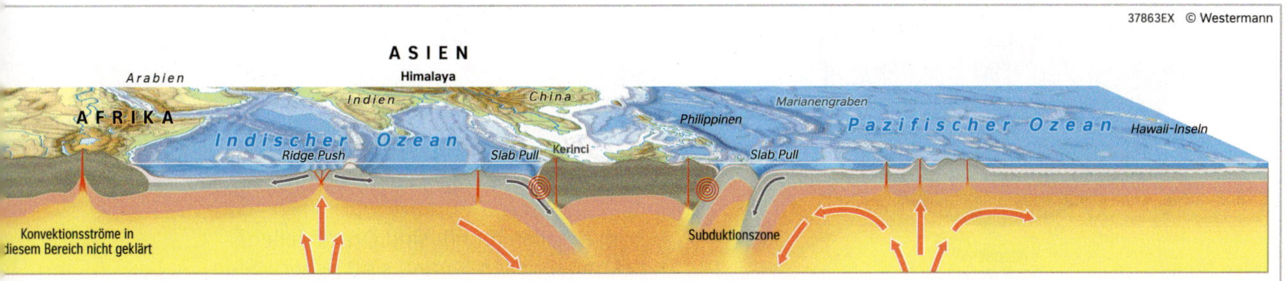

Die Erde – ein aktiver Planet

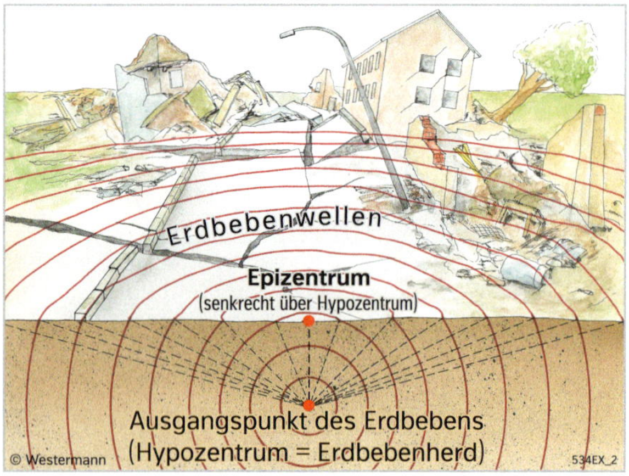

M1 *Prinzip der Ausbreitung von Erdbebenwellen*

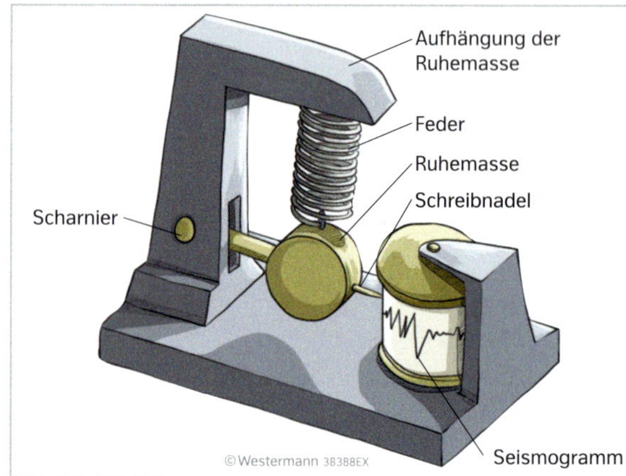

M3 *Seismograph*

Wir entschlüsseln Seismogramme – Erdbebenwellen auf der Spur!

Die Bewegung der Lithosphären- bzw. Erdplatten verläuft nicht reibungslos. Es bauen sich Spannungen auf, die sich in Form von Erdbeben ruckartig entladen und die Erdkruste in Schwingung versetzen können.

Zunächst treffen die dabei entstehenden Wellen im **Epizentrum** an die Erdoberfläche (M1). Unterschiedlich schnelle Wellenformen erzeugen dabei eine typische Abfolge bei der Wahrnehmung von Erdbeben. Sie reichen von Rütteln über Rollen bis zum Schaukeln. Diese unterschiedlichen Wellenformen werden auch von sogenannten **Seismographen** (M3) registriert und dann zur Auswertung genutzt.

Zunächst zeichnen die Seismographen die schnellen *Primärwellen* auf. P-Wellen durchlaufen die gesamte Erde und werden von den weltweit installierten Seismographen aufgezeichnet (M2). Etwa nur halb so schnell wie die P-Wellen sind die *Sekundärwellen*. Die unterschiedlichen Ausbreitungsgeschwindigkeiten werden für die *Lokalisierung* des Erdbebenherdes und für die Bestimmung der *Erdbebenstärke* nach CHARLES RICHTER genutzt (Info).
S-Wellen breiten sich zudem nur im festen Untergrund aus und können so die flüssigen Bestandteile des Erdinnern nicht durchqueren. Diese Tatsache liefert uns Informationen über den *Schalenbau* der Erde (M2, ›S. 14/15).

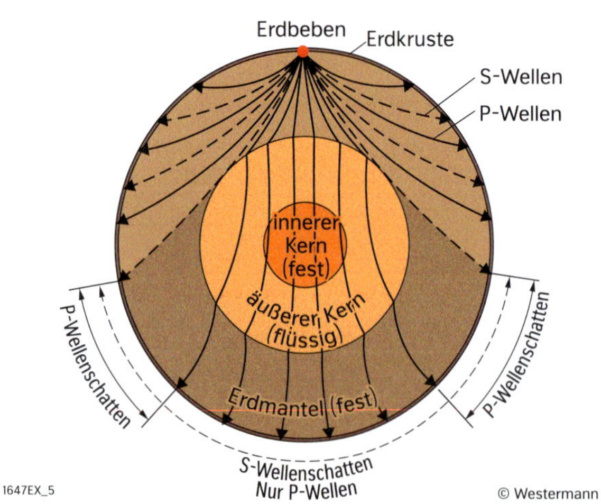

M2 *Schalenbau und Erdbebenherd*

INTERNET

Seismogramme in BW: www.lgrb-bw.de

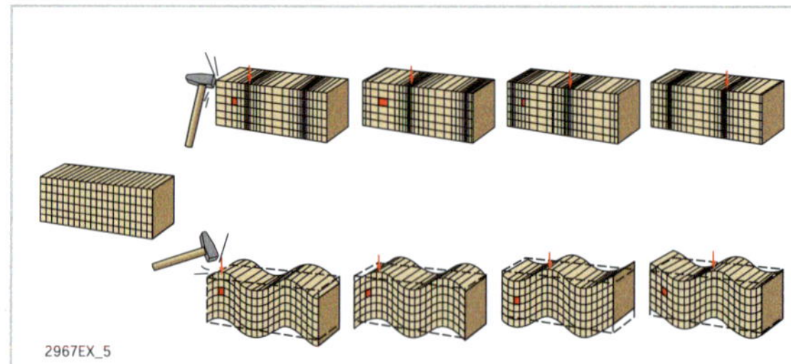

Primärwellen (oben) sind Druckwellen
Sekundärwellen (unten) sind Scherwellen

M4 *Wellenarten bei Erdbeben*

Auswertung eines Seismogramms am Beispiel

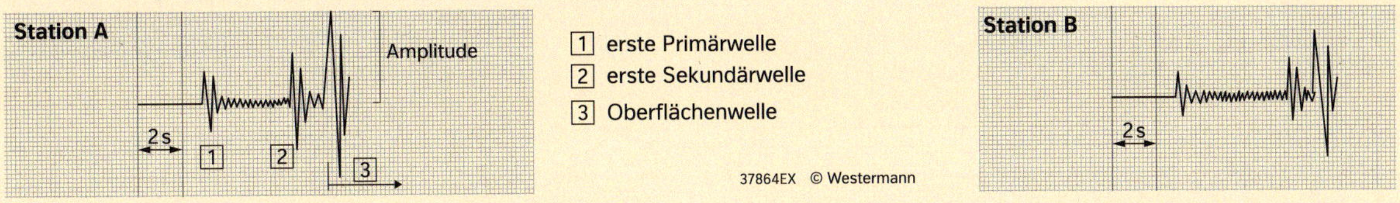

Schritt für Schritt: So lokalisierst du den Erdbebenherd

1. Aus dem Seismogramm entnimmst du die Laufzeitdifferenz aus primärer und sekundärer Welle.
   Station A: Laufzeitdifferenz: 4 s
2. Aus der Laufzeitdifferenz bestimmst du mithilfe der Entfernungsskala die Entfernung des Messgerätes vom Erdbebenherd.
   Entfernung zum Erdbebenherd ca. 35 km
3. Aus den Entfernungen dreier Messgeräte ergibt sich der Erdbebenherd aus dem Schnittpunkt:

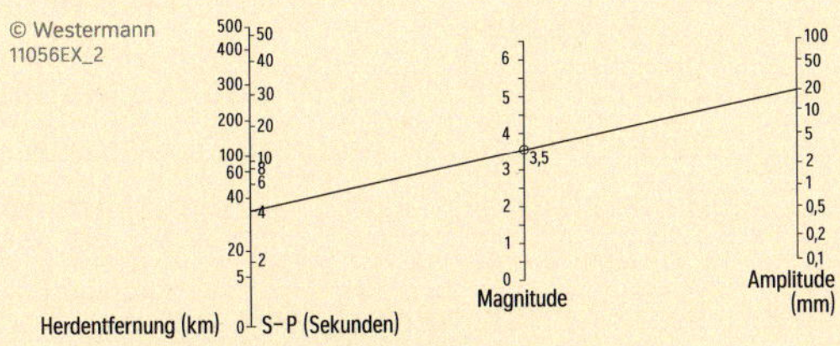

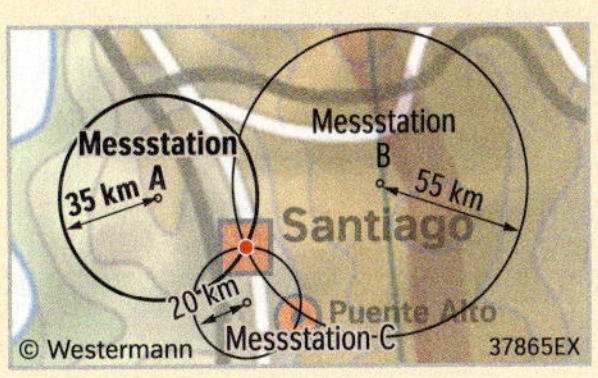

Der Erdbebenherd liegt bei Santiago de Chile.

Schritt für Schritt: So bestimmst du die Erdbebenstärke

1. Aus dem Seismogramm entnimmst du die Laufzeitdifferenz aus primärer und sekundärer Welle und die maximale Amplitude.
   Station A: Laufzeitdifferenz: 4 s
   maximale Amplitude: 20 mm
2. Durch eine Verbindungslinie zwischen den betreffenden Punkten auf der Entfernungsskala und der Amplitudenskala erhältst du die Richter-Magnitude des Erdbebens (vgl. Abbildung).

A: Primärwellen durchdringen nicht den äußeren Kern.
B: Zur Lokalisierung eines Erdbebenherdes sind mindestens zwei Seismogramme notwendig.
C: Ist ein Seismogramm weiter vom Erdbebenherd entfernt, nimmt die Amplitude ab.
D: Ist ein Seismogramm näher am Erdbebenherd, ist die Zeitdifferenz zwischen P-Welle und S-Welle kleiner.
E: Ein Erdbeben der Stärke 6 ist doppelt so stark wie ein Erdbeben der Stärke 3.

M5 *Aussagen zu Erdbebenwellen*

INFO

Erdbebenskala
Grundlagen für die von dem Seismologen CHARLES RICHTER (USA) entwickelte Richter-Skala sind die von Seismographen aufgezeichnete maximale Amplitude und die Entfernung zum Erdbebenherd. Für die optimale Abdeckung des Spektrums der Stärke eines Erdbebens entschied sich Richter für eine logarithmische Anordnung der Skala, bei der die Zunahme der Magnitudenstärke um 1, die Größe der Bodenbewegung um den Faktor 10 anwächst. Ein Beben der Magnitude 6 ist damit 100-mal stärker als ein Beben mit der Magnitude 4. Es gibt weitere Skalen, wie die in Fachkreisen oft verwendete Momenten-Magnituden-Skala (M_w). Bekannter ist jedoch die einfache Richter-Skala.

1 *Vergleiche* P- und S-Wellen hinsichtlich Ausbreitungsart, -geschwindigkeit und Durchdringung des Erdkörpers (M2, M4).

2 *Überprüfe* die Aussagen M5 und korrigiere die falschen.

3 Aktiv!
Aus drei Seismogrammen liegen die Entfernungen zum Erdbebenherd vor: Berlin 1740 km, Rom 1380 km, Odessa 620 km. *Arbeite* aus dem Seismogramm die Erdbebenstärke *heraus*.

4 **Differenziert:**
Arbeite mithilfe der Arbeitsblätter aus drei Seismogrammen Erdbebenherd und -stärke eines Erdbebens in Kalifornien *heraus*.

›S. 16: M2

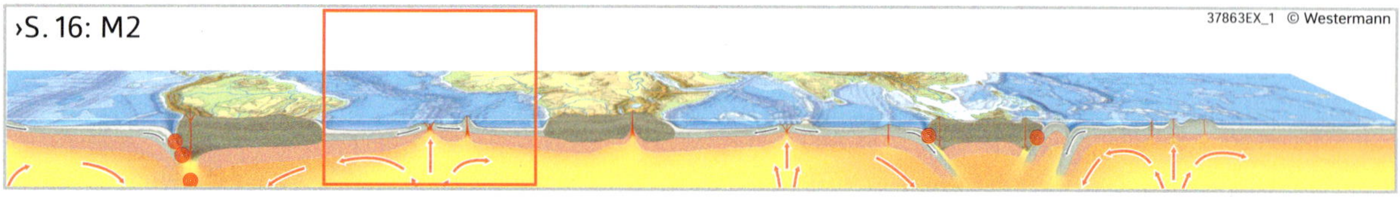

Mittelozeanische Rücken – Kruste wird gebildet

Spaziergang auf junger ozeanischer Erdkruste

Wandert man auf Island durch die Almannagjáschlucht (M1), so bewegt man sich im zentralen Teil einer **konstruktiven Plattengrenze** (M2).
Hier reicht die Zone der sogenannten **Ozeanbodenspreizung** (**Seafloor Spreading**) des mittelatlantischen Rückens bis über die Meeresoberfläche (M3). Ein Glücksfall für die Geologen und Vulkanologen: Sie können nur an wenigen Stellen das auf einer Länge von mehr als 60 000 Kilometern die Erde umspannende System der mittelozeanischen Rücken trockenen Fußes untersuchen.

Mittelozeanische Rücken

Auch wenn konstruktive Plattengrenzen nicht exakt in der Mitte eines Ozeans liegen müssen, so werden sie doch zumeist als *Mittelozeanische Rücken* bezeichnet. Dieser Name lässt sich leicht am Beispiel des Atlantiks nachvollziehen.
Mit einer Geschwindigkeit von bis zu 15 cm pro Jahr bewegen sich in diesen Spreizungszonen zwei ozeanische Platten auseinander: Sie divergieren (M2). Dabei entstehen nahe der Oberfläche häufig *Erdbeben* (Flachbeben).
In den entstandenen Spalten steigt *Magma*, also geschmolzenes Gestein, auf. Erreicht diese Gesteinsschmelze den Ozeanboden, kommt sie in Kontakt mit kaltem Meereswasser und kühlt dabei schlagartig ab. So entsteht neue *Lithosphäre*.
Über Millionen von Jahren entwickelte sich so ein zur Plattengrenze nahezu achsensymmetrisches Gebirge. Als Beleg für diesen Prozess versteckt sich im Ozeanboden ein unsichtbarer Code: Über lange Zeiträume hat das Erdmagnetfeld immer wieder seine Richtung gewechselt. Diese Ausrichtung wurde während des Erstarrens des Magmas in das entstehende Basaltgestein (›S. 32/33) eingeprägt. Auch nach Millionen von Jahren ist diese Magnetisierung messbar (M2).

Rauch am Ozeanboden

Durch die Spreizung des Ozeanbodens entstehen an den mittelozeanischen Rücken Spalten, in die Meerwasser eindringen kann. Auf seinem Weg durch das heiße Gestein löst das Wasser unter anderem Metallionen heraus. Mit hohem Druck wird diese Lösung wieder aus dem Ozeanboden gepresst und kommt in Kontakt mit dem kalten Meereswasser. Dabei werden die gelösten Stoffe wieder ausgefällt und färben das Wasser.
Am Boden lagern sich Minerale und metallhaltige Schwefelverbindungen ab. Daraus bilden sich kegelförmige „Kamine“, die unter anderem auch Sulfide von Gold, Silber und anderen Edelmetallen enthalten. Da das daraus aufsteigende Wasser wie Rauch aussieht, werden sie je nach Farbe als *Black* oder *White Smoker* bezeichnet (M5).

M1 *Almannagjáschlucht (Island)*

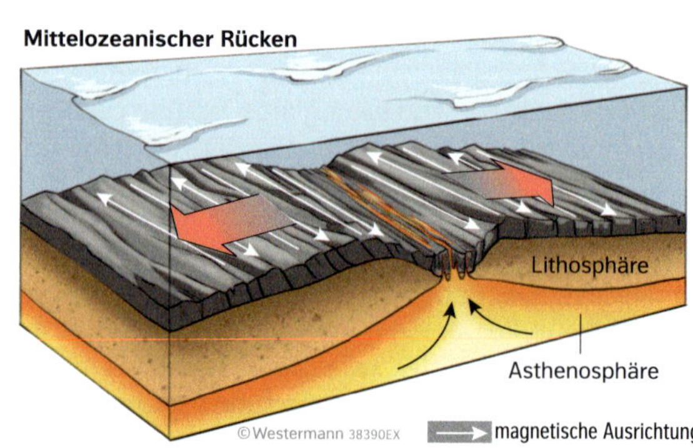

M2 *Konstruktive Plattengrenze (›S. 16: M1)*

100800-240 schueler.diercke.de
100852-Vorsatz schueler.diercke.de
Grundwissen

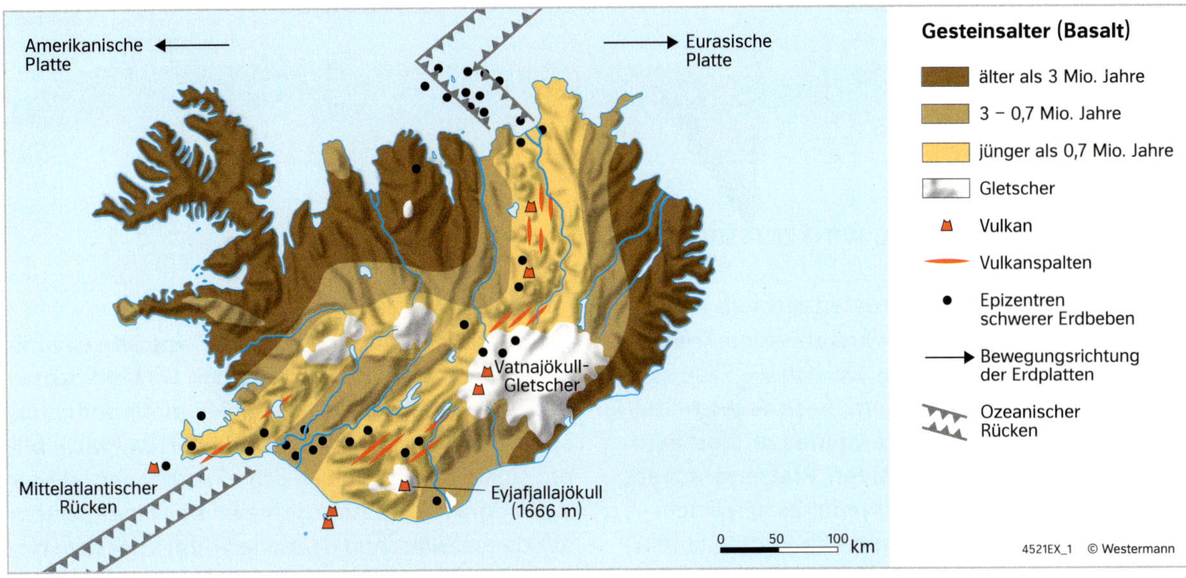

M3 *Island – Teil des mittelatlantischen Rückens und Ort der Ozeanbodenspreizung*

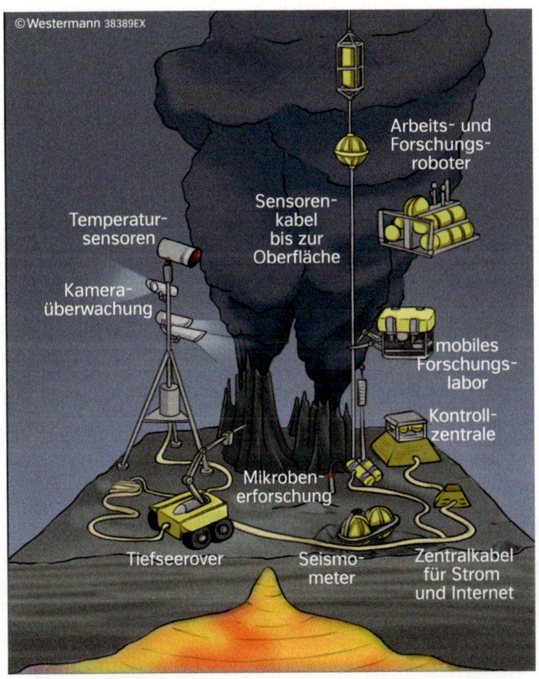

Die reichen Mineralvorkommen im Bereich von *Black Smokern* wecken das Interesse der Industrie. Mit riesigen Maschinen sollen am Meeresboden Erze abgebaut werden.
Das Geschäft scheint lukrativ: Bei Tests wurde festgestellt, dass etwa der Kupfer- und Goldgehalt im dort abgebauten Erz mehr als 10-mal höher ist als bei Lagerstätten an Land. Das *Deep Sea Mining* ist aber umstritten, da die Unterwasserwelt massiv geschädigt werden kann.

M4 *Deep Sea Mining*

M5 *White Smoker*

1 *Beschreibe* den Prozess der Ozeanbodenspreizung ausgehend von M1 und M2.

2 a) *Erläutere* die geotektonische Situation Islands (M3).
b) Ein Islandbesucher berichtet: *„Ich habe mit einem Fuß in Amerika und mit dem anderen in Europa gestanden.“*
Überprüfe diese Aussage auf Grundlage von M3.

3 Transfer!
Arbeite heraus, welche Insel / Inselgruppe nicht in die Reihe passt: Azoren, Ascension, Island, Kanaren (Text, Atlas).

4 Erze aus Black Smokern finden sich auch außerhalb mittelozeanischer Rücken. *Begründe* (M2, M4).

5 *Begründe*, warum ein mittelozeanischer Rücken nicht in der Mitte eines Ozeans liegen muss (Text, Atlas).

›S. 16: M2

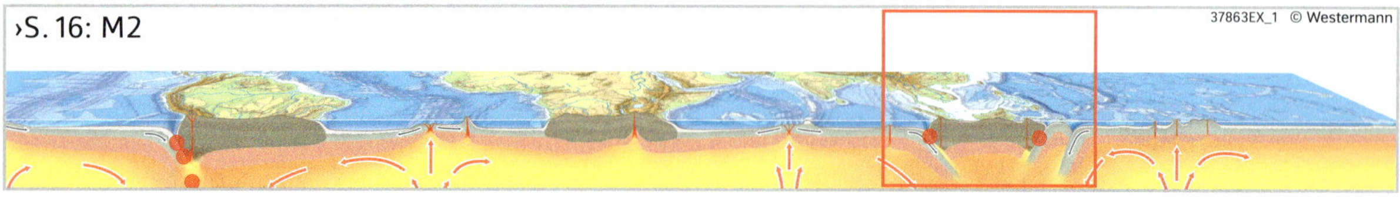

Tiefseerinnen – Kruste wird zerstört

Auf Kollisionskurs – alte Kruste taucht ab

An den *mittelozeanischen Rücken* entsteht ständig neue ozeanische Kruste. Da sich die Erde aber nicht weiter ausdehnen kann, muss es auch Stellen geben, an denen Kruste wieder zerstört wird. Dies passiert an **destruktiven Plattengrenzen**, zum Beispiel im Bereich der Japanischen Inseln.
An solchen Grenzen bewegen sich Platten aufeinander zu: Sie konvergieren. Dabei taucht die Platte mit der größeren Dichte ab und wird unter die Platte mit der geringeren Dichte subduziert. An der Kontaktstelle wird der Ozeanboden weit nach unten gezogen. So bilden sich **Tiefseerinnen**. Bei diesem Prozess entstehen Spannungen, die sich ruckartig lösen. Die Folge sind heftige Erdbeben, deren Zentren dem Plattenverlauf folgen und bis in große Tiefen reichen können (Tiefbeben, M3).
Beim Abtauchen in die *Asthenosphäre* steigt der Druck, den das umgebende Material auf die subduzierte Platte ausübt. Dadurch werden Wasser und andere Stoffe freigesetzt. Dies senkt den Schmelzpunkt des Krustenmaterials, sodass es als Magma wieder aufsteigen kann. Oberhalb der Subduktionszonen haben sich auf diese Weise Vulkangürtel gebildet.
Prinzipiell lassen sich bei der **Subduktion** zwei Ursachen unterscheiden:

Bei der freien Subduktion taucht eine alte ozeanische Platte aufgrund ihrer hohen Dichte sozusagen „freiwillig" in steilem Winkel in die Asthenosphäre ab. Auf der nicht subduzierten Platte bildet sich dabei ein vulkanischer Inselbogen. Dieser Vulkangürtel entsteht je nach Kollisionspartner auf der ozeanischen (Marianen-Typ) oder der kontinentalen Platte (Japan-Typ, M4).
Bei der erzwungenen Subduktion muss die ozeanische Platte abtauchen, da sie von der kontinentalen Platte, mit der sie kollidiert, „überfahren" wird. Dabei wird der Rand des Festlandes gestaucht. Durch das Zusammenspiel von Hebung, Faltung und **Vulkanismus** entstehen langgestreckte Gebirgszüge (Anden-Typ, M5). Diese verlaufen parallel zu den Tiefseerinnen und weisen auf kleinem Raum ausgeprägte Höhenunterschiede auf.

Frontalzusammenstoß zweier Kontinente

Am Ende des Subduktionsprozesses steht meist die Kollision zweier Kontinente (›S. 17: M3). Im Untergrund reißt dann der abtauchende Teil der vorgeschobenen ozeanischen Kruste ab. Vulkanismus spielt keine Rolle, aber die gigantischen Kräfte verursachen an der Oberfläche eine noch stärkere **Gebirgsbildung** als beim Anden-Typ (M6).

M1 *Der Vulkan Sakurajima (Japan, August 2013)*

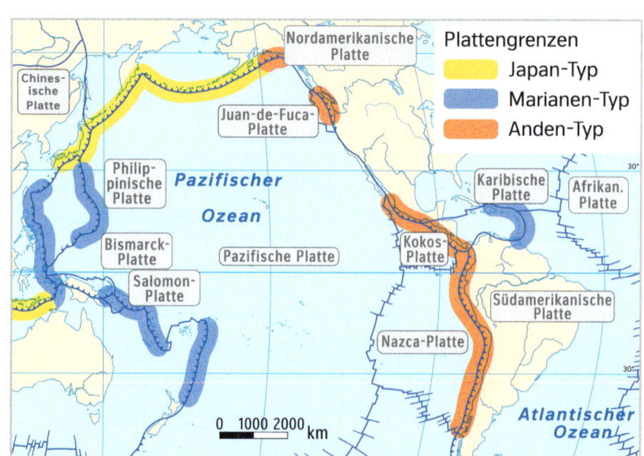

M2 *Der zirkumpazifische Feuerring*

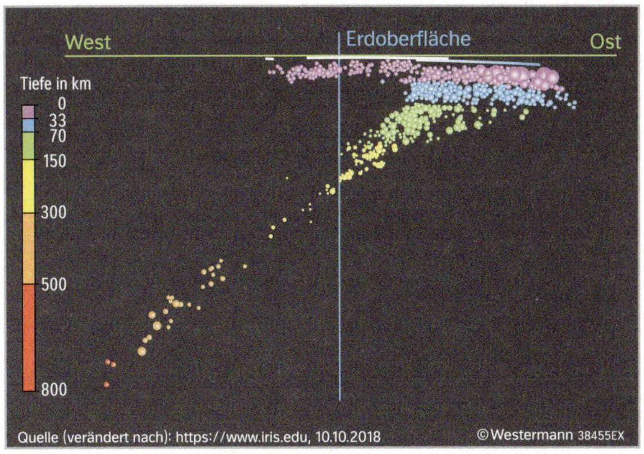

M3 *Erdbebenzentren im Profilschnitt durch die Lithosphäre bei Japan*

ERSTAUNLICH!

Tiefseerinnen als „Endlager" für CO_2

Der steigende CO_2-Gehalt unserer Atmosphäre und der damit verbundene Klimawandel sind eines der großen Probleme unserer Zeit. Diesem versucht man im Rahmen des *Geoengeneering* mit technischen Eingriffen in das System Erde entgegenzutreten. Mit der bereits erforschten CSS-Methode ist es möglich, CO_2 dem atmosphärischen Kreislauf zu entziehen.

Wo das abgeschiedene CO_2 letztendlich gelagert werden soll, ist bis heute aber nur unbefriedigend gelöst. Die Speicherung in ehemaligen Erdöl- und Erdgaslagerstätten oder in tiefen Grundwasserleitern ist aufwendig und teuer, ein sicherer Einschluss ist ebenfalls fraglich.
Aktuell erforschen einige Wissenschaftler daher die Speicherung in Tiefseerinnen. Hierfür muss das CO_2 aber in Tiefen von mindestens 5 km unter dem Meeresspiegel eingebracht werden. Unter den dort herrschenden Bedingungen ist das CO_2 flüssig und seine Dichte ist deutlich größer als die des umgebenden Wassers. Es bilden sich sozusagen CO_2-Seen am Meeresboden.

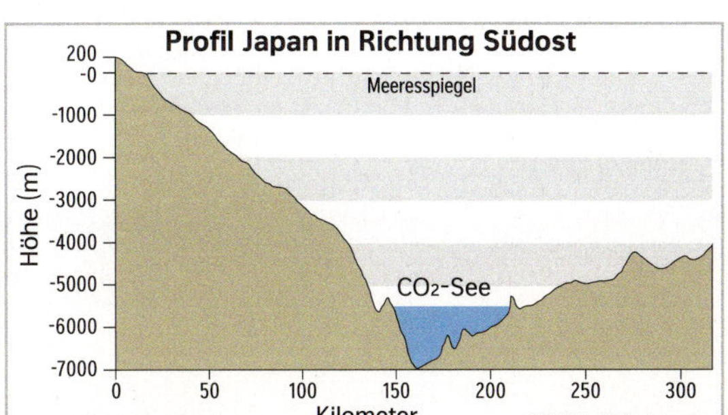

Möglicher CO_2-See in der Ryukyu-Rinne vor Japan

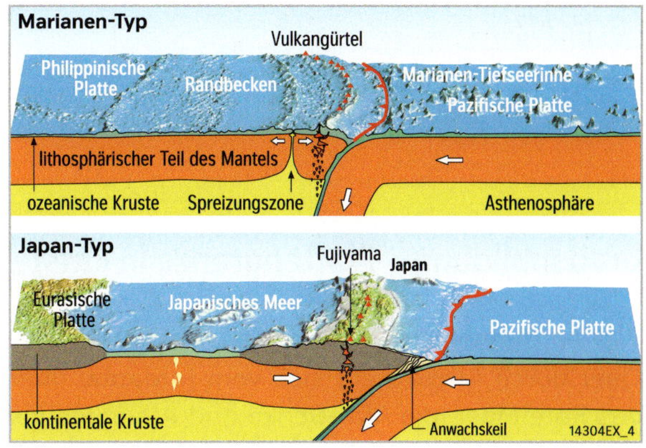

M4 *freie Subduktion*

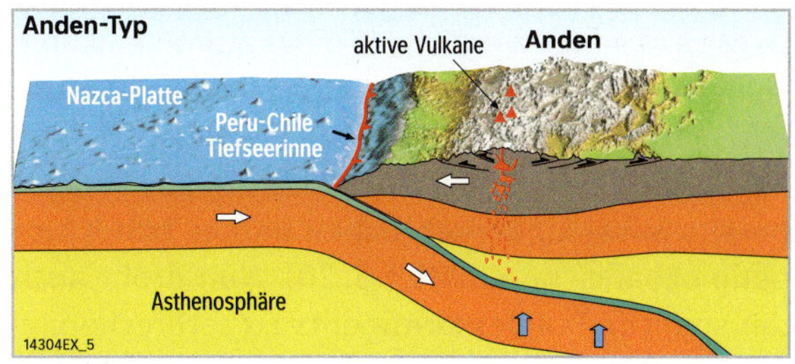

M5 *erzwungene Subduktion*

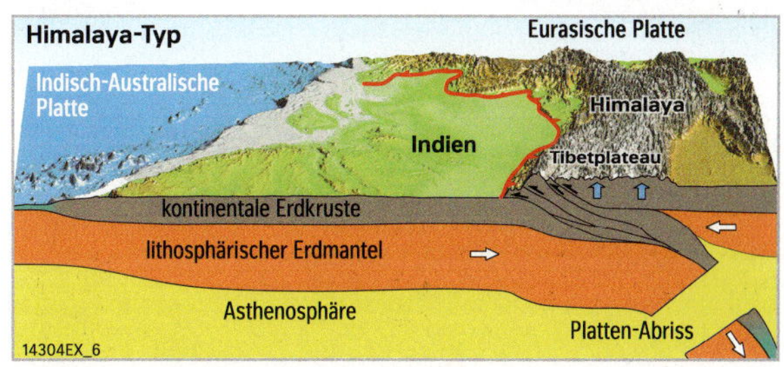

M6 *Kontinent-Kontinent-Kollision*

1. *Beschreibe* den Prozess der Subduktion (Text, M4, M5).

2. *Begründe,* warum das Abtauchen der ozeanischen Kruste bei der erzwungenen Subduktion normalerweise in einem flacheren Winkel als bei der freien Subduktion erfolgt (Text, M4, M5).

3. *Erläutere* ausgehend von M3 den Zusammenhang zwischen Subduktion, Erdbeben und Vulkanismus (Text, M1 – M5).

4. Transfer! *Erläutere* die Entstehung der Alpen mithilfe des Atlas und M6.

5. Meinung! *Beurteile* die Speicherung von CO_2 in Tiefseerinnen.

›S. 16: M2

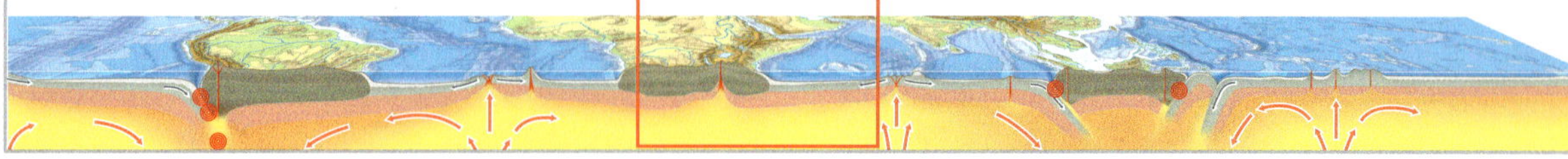

Grabenbildung – Plattengrenze in Entstehung

Platten trennen sich

Quer durch Afrika zieht sich vom Jordantal über das Rote Meer, die Afar-Senke und Äthiopien bis hin nach Mosambik ein gigantischer Riss von mehr als 6000 Kilometern Länge (M1). Entlang des sogenannten großen Afrikanischen **Grabenbruchs** bewegt sich der westliche Teil des Kontinents von seiner östlichen Seite weg. Spannungen, Erdbeben und Vulkanausbrüche sind die Folge.

Im Bereich des Roten Meers ist die Landmasse bereits auseinandergebrochen und es bildet sich neue ozeanische Kruste (›S. 20). Nun droht auch der südliche Teil des Kontinents zu zerbrechen.

M1 *Der Ostafrikanische Grabenbruch (aus Satellitendaten errechnetes Bild)*

Kontinente zerbrechen

Als Ursache des Afrikanischen Grabenbruchs (engl. *Rift*) vermuten Geologen, dass von unten aus der Asthenosphäre aufsteigendes Magma aktiv gegen die *Erdkruste* drückt und die Erdoberfläche aufwölbt (›S. 15: M2). In der Folge reißt die Kruste wie die Rinde eines Brots, das sich beim Backen ausdehnt. Einzelne Schollen sinken ab, der Graben bildet sich.

Demgegenüber stehen passive Grabenbrüche, wie sie beim Oberrheingraben vermutet werden. Hier ist die Ursache laut Geologen eine Dehnung der Kruste. Diese wird durch Plattenbewegungen ausgelöst und führt zu einer Ausdünnung des starren oberen Mantelbereichs (›S. 15: M4). Reißt dieser auf, so steigt Magma bis zur Kruste und bildet dort ein Mantelkissen. Die Kruste wölbt und dehnt sich – ein Teil davon bricht ein (M2).

Ozeane entstehen

Sobald die Kruste in einem Grabensystem durchgerissen ist, bildet sich zwischen den Platten neue ozeanische Kruste. Der Grabenbruch entwickelt sich langsam zu einem *mittelozeanischen Rücken*: Die *Ozeanbodenspreizung* setzt ein.

In diesem Stadium befindet sich das Rote Meer. Folgt man dem *Wilson-Zyklus* (›S. 17), lässt sich eine weitere regionale Entwicklung vorhersagen.

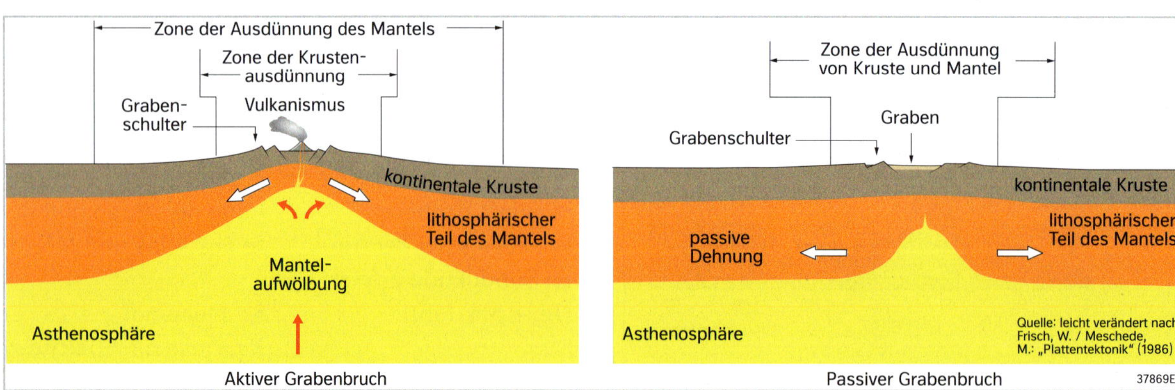

M2 *Aktive und passive Grabenbildung*

100800-154 schueler.diercke.de
100852-102 schueler.diercke.de

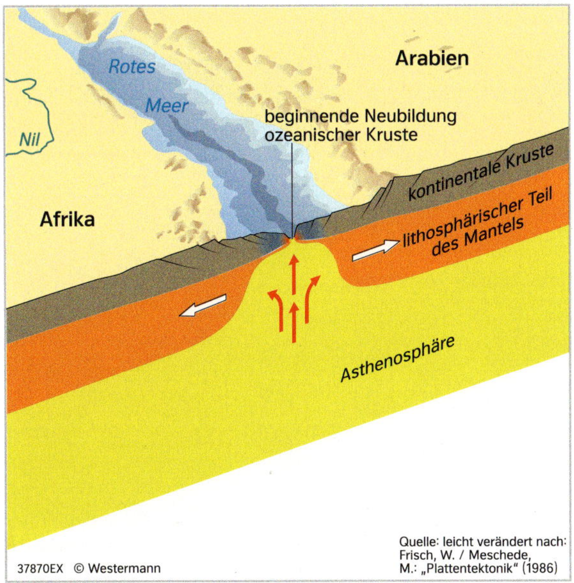

M3 *Das Rote Meer im Blockbild*

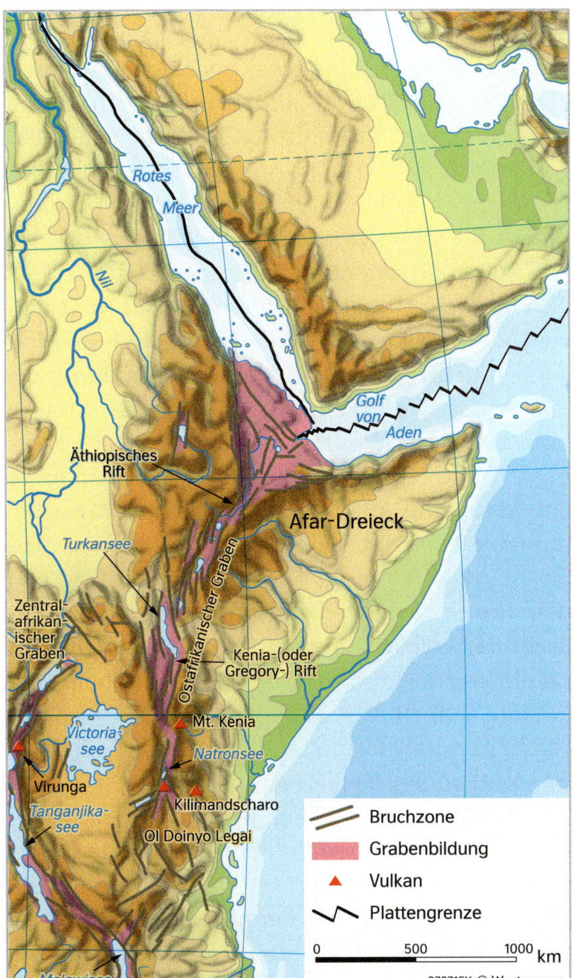

M4 *Der Große Afrikanische Grabenbruch*

Wenn Kontinente zerbrechen, wird es warm auf der Erde

[...] Der maßgebliche CO_2-Eintrag in die Atmosphäre geschieht an Grabensystemen auf Kontinenten wie etwa dem Ostafrikanischen Rift [...]. „Grabensysteme entstehen, wenn Kontinente gedehnt werden, was schließlich zum Auseinanderbrechen ganzer Erdplatten führen kann", erläutert Hauptautor Sascha Brune vom GFZ. „Das Rift in Ostafrika ist mit einer Länge von etwa 6000 Kilometern das größte Grabensystem weltweit, allerdings [ist] es klein im Vergleich mit den Riftsystemen, die vor 130 Millionen Jahren zum Zerbrechen des Superkontinents Pangaea geführt haben und ein Netzwerk von über 40000 Kilometern Länge bildeten."

Mithilfe von plattentektonischen Modellen der vergangenen 200 Millionen Jahre und anderen geologischen Indizien haben die Wissenschaftler die Entwicklung des globalen Riftnetzwerks rekonstruiert. Dabei konnten sie die Existenz zweier großer Rift-Perioden nachweisen: vor rund 130 und 50 Millionen Jahren. Mittels numerischer Modelle des globalen Kohlenstoffkreislaufs haben die Forscher den Einfluss erhöhter CO_2-Entgasungen in Rifts simuliert und konnten zeigen, dass beide Rift-Perioden mit einer erhöhten CO_2-Konzentration der damaligen Atmosphäre korrelieren.
„Die weltweiten CO_2-Entgasungsraten von Rifts entsprechen allerdings nur einem Bruchteil der derzeitigen anthropogenen CO_2-Freisetzung", ergänzt Brune. „Dennoch stellen sie eine bisher fehlende Schlüsselkomponente des tiefen Kohlenstoffkreislaufs dar, der den langfristigen Klimawandel über Jahrmillionen hinweg steuert."

Quelle: www.gfz-potsdam.de, 13.11.2017

M5 *Grabenbildung und Klimawandel*

1 Aktiv!
Lege eine Folie über M1 und *erstelle* eine Abbildung, die den Verlauf des ostafrikanischen Grabensystems zeigt (Atlas).

2 *Erkläre* ausgehend von M2 die aktive und passive Grabenbildung.

3 *Ordne* das Rote Meer (M3, M4) mithilfe von M2 in den Wilson-Zyklus *ein* (›S. 17: M3).

4 *Entwickle* eine Prognose für die weiteren tektonischen Prozesse im Bereich des Malawisees (M4, Atlas).

5 Transfer!
Arbeite mithilfe des Atlas weitere regionale Beispiele für Grabenbrüche *heraus*.

6 **Differenziert:**
Erstelle mithilfe des Arbeitsblattes eine Übersicht zu den wichtigsten plattentektonischen Prozessen.

›S. 16: M2

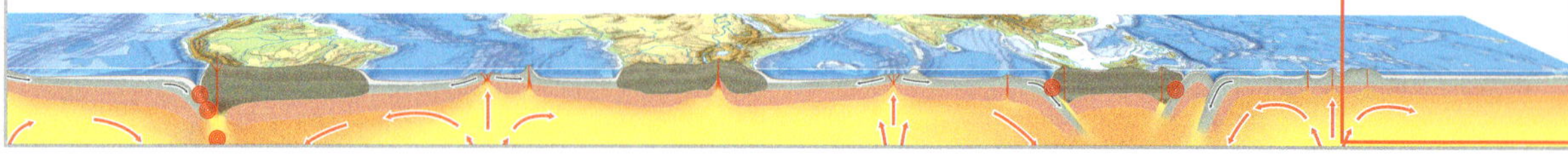

Raumbeispiel: Hawaii (USA)

M1 *Die Hawaii-Inseln – Vulkanismus außerhalb von Plattengrenzen*

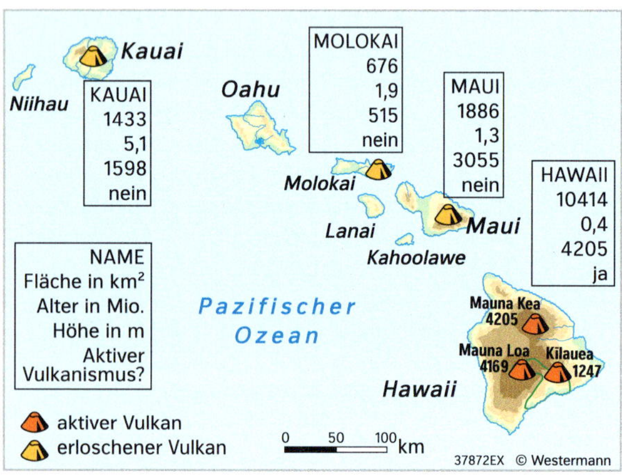

M2 *Ausgewählte Kennzeichen der Hawaii-Inseln*

INFO

Hot Spot-Theorie

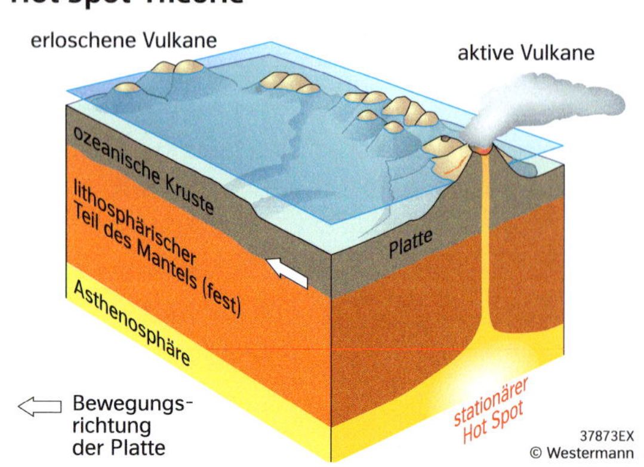

Schildvulkane auf dem Fließband

Vulkane entstehen an Plattengrenzen. Doch es gibt Ausnahmen: Die Hawaii-Inseln sind vulkanischen Ursprungs und auf der größten Insel gibt es auch aktiven Vulkanismus (M2). Die Inseln liegen jedoch mitten im Pazifik und damit weit entfernt von einer Plattengrenze. Welche Erklärung gibt es für diesen *Intraplattenvulkanismus*?

Die Vulkane tragende pazifische Platte bewegt sich über einen magmafördernden **Hot Spot** hinweg, der relativ zur Platte stationär ist. Er wirkt wie ein Schweißbrenner: Magma durchdringt die *Lithosphäre* und fließt an der Meeresoberfläche heraus. Die basaltische **Lava** verbreitet sich dabei großflächig. Es entstehen sehr weit gespannte **Schildvulkane**, die aus zahlreichen Lavadecken aufgebaut sind (M3).

Bricht die Verbindung zwischen dem Vulkan und dem Hot Spot durch die Drift der Platte ab, so erlischt der Vulkan. An anderer Stelle entsteht hingegen ein neuer, aktiver Vulkan: Loihi heißt der jüngste Vulkan, der 35 Kilometer südöstlich der Hauptinsel Hawaii entstanden ist. Sein Gipfel liegt 975 Meter unter dem Meeresspiegel.

Die meisten Schildvulkane produzieren nicht genug Lava und bleiben für immer unterirdisch. Bei anderen war der Nachschub jedoch so beständig, dass die Vulkane aus dem Meer herausragen. Weil sich die Platte über den stationären Hot Spot hinwegbewegt, entsteht eine Kette von Inseln, die sich alle an der gleichen Stelle gebildet haben.

MODELL

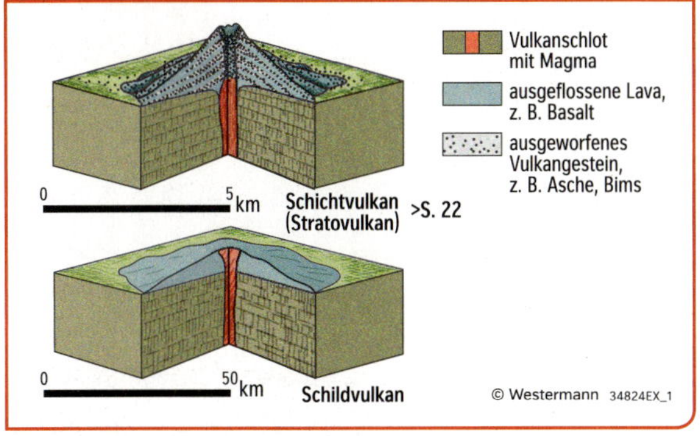

M3 *Vulkanformen*

Basaltische Laven

[...] Basaltische Magmen – die Produkte von Schmelzvorgängen im Erdmantel – sind die am häufigsten vorkommenden Magmen.
Die Vulkaninseln von Hawaii, die im Wesentlichen aus basaltischen Laven bestehen, liegen über einem Hot Spot. Basaltische Laven fließen erst dann aus, wenn heiße, fluide Magmen das Fördersystem des Vulkans füllen und schließlich überlaufen. Basaltische Vulkanausbrüche erfolgen daher selten explosiv. Auf dem Festland fließt die Lava auf den Flanken des Vulkans in ausgedehnten Lavaströmen hangabwärts und zerstört alles, was ihr im Weg steht.

In erkaltetem Zustand ist basaltische Lava schwarz bis dunkelgrau; zuvor, wenn sie bei Temperaturen zwischen 1000 und 1200 °C ausfließt, glüht sie rötlich und gelblich. Wegen der hohen Temperatur und des geringen SiO_2-Gehalts sind basaltische Laven extrem dünnflüssig, sodass sie sich rasch hangabwärts und über weite Strecken ausbreiten können. Man hat Lavaströme beobachtet, die Fließgeschwindigkeiten bis zu 100 km/h erreichten, weit häufiger liegt sie jedoch in der Größenordnung von einigen Stundenkilometern. [...] Lavaströme mit einer Länge von mehr als 50 km sind dokumentiert.

Quelle: Grotzinger, J. & Jordan, T.
In: Allgemeine Geologie, 2017

M4 *Fachbuchartikel*

GEO-Praxis: Vulkanologe/in

Der deutsche Vulkanologe Dr. Tom Pfeiffer hat an verschiedenen Vulkanobservatorien gearbeitet und 2003 über einen Vulkanausbruch auf der Insel Santorin promoviert.

Wie kommt man dazu, [...] Vulkane zu erforschen?
Die Schönheit des Phänomens Vulkan und die Urgewalt, die davon ausgeht, hat mich seit Kindertagen gefesselt. Die negativen Aspekte wie die Asche, die Gase sind in der Regel überschätzt, wenn man weiß, wie man damit umgehen kann, zum Beispiel einen Standpunkt wählt, wo man den Wind im Rücken hat.

Wie nah waren Sie schon mal dran?
Je nach Art des Vulkans und seiner Tätigkeit gibt es verschiedene Größenordnungen der Annäherung: Bei den Lavaströmen am Kilauea auf Hawaii kann man in der Regel unmittelbar an den Rand des Stroms, bei explosiven Ausbrüchen wie am Krakatau sollte man weit genug weg sein, um nicht mehr in der Reichweite von niederfallenden Geschossen zu sein, oder noch weiter weg, wenn die Gefahr von Glutlawinen besteht. Das sind dann in der Regel einige Kilometer.

Wie setzt sich Ihre Ausrüstung zusammen?
Rucksack, viel Wasser, Wind- und Regenmantel, Bergschuhe, etwas Warmes zum Anziehen darunter, Helm, Gasmaske, Erste-Hilfe-Set, Handy, Uhr, eventuell GPS, Taschenlampe und dann die Fotoausrüstung.

Können Sie als Fotograf die Ästhetik Ihrer Bilder genießen, oder mischt sich immer der Vulkanologe mit in die Beurteilung ein?
Beide Aspekte ergänzen sich wunderbar. Nicht zuletzt ist Vulkanologie sicher eine der Disziplinen der Naturwissenschaft, die am stärksten mit Beobachtung zu tun haben. Selbst in der Sprache zeigt sich das – ein Vulkanobservatorium ist der Ort, wo man einen Vulkan beobachtet.

Quelle: Pfeiffer, T. In:
www.volcanophotography.com, 24.02.2018

M5 *Bericht eines Vulkanologen*

1 Die Hawaii-Inselkette wird in M2 näher dargestellt.
a) *Begründe* Lage, Alter und Vulkantätigkeit dieser Inseln mit der Hot Spot-Theorie.
b) *Arbeite* die Driftrichtung und -geschwindigkeit der pazifischen Platte *heraus*.

2 Aktiv!
Erstelle eine Karte mit Gradnetz der Hawaii-Inseln in 10 Millionen Jahren.

3 *Vergleiche* den Vulkan Kilauea (Hawaii) mit dem Sakurajima (Japan, ›S. 22) hinsichtlich Form, Entstehung, Eruption und Gefahrenpotenzial.

4 Meinung!
Überprüft mithilfe des Atlas, ob es sich bei folgenden Vulkaninseln um Hot-Spot-Vulkanismus handelt: Osterinseln, Liparische Inseln, Island.

++++ NEWSTICKER ++++ 25. August 2014 ++++ Erdbeben der Stärke 6,0 in San Francisco! ++++

M1 *Warten auf „The Big One“*

M4 *Orangenplantage in Kalifornien*

Raumbeispiel: Kalifornien (USA)

Heute:	5
In einer Woche:	48
Im letzten Monat:	230
Im letzten Jahr:	2833

Daten aus: www.earthquaketrack.com, 18.9.2018

M2 *Häufigkeit von Erdbeben der Stärke 1,5 und mehr in Kalifornien*

INFO 1

Horizontalverschiebung

Horizontalverschiebungen sind Verwerfungen an Plattengrenzen, an denen Platten aneinander vorbeigleiten. Da dort Lithosphäre weder neu gebildet noch subduziert wird, spricht man auch von einer konservativen Plattengrenze.
Horizontalverschiebungen können eine beachtliche Länge erreichen und gehören, wie alle Plattengrenzen, zu den Erdbebenschwerpunkten.
Bekannte Beispiele sind neben der San-Andreas-Verwerfung in Kalifornien auch die Nordanatolische Störung in der Türkei.

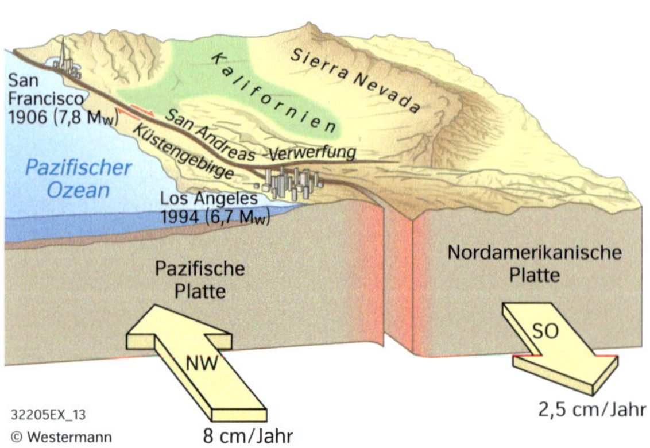

M3 *Plattentektonik in Kalifornien*

Kalifornien ist der bevölkerungsreichste Bundesstaat der USA und einer der wirtschaftsstarken Räume des Landes. Zugleich liegt es in einer der gefährlichsten Schwächezonen der Erde. Tausende **Erdbeben** im Jahr sind die Folge (M2). Die meisten davon verliefen in den letzten Jahrzehnten glimpflich: Das Erdbeben 2014 forderte 170 Verletzte und verursachte kaum größere Sachschäden. Beim Beben 1906 in San Francisco hingegen starben Tausende Menschen und die Stadt wurde zu 80 Prozent zerstört (M7). Seismologen sind sich sicher, dass das nächste große Erdbeben in Kalifornien überfällig ist und ähnliche Folgen haben könnte.

Die Ursache dieser Beben ist eine *konservative Plattenbewegung*. Die nordamerikanische Platte driftet an der pazifischen Platte horizontal vorbei (›S. 16: M1). In der Landschaft ist die Plattengrenze als **Verwerfung** zu erkennen (M1). Sie erstreckt sich auf 1300 Kilometern Länge von Mexiko bis nach San Francisco und teilt Kalifornien plattentektonisch in zwei Teile. Deren gegensätzliche Bewegungen bauen Spannungen auf, die durch Erdbeben ruckartig gelöst werden. Während des großen Erdbebens von 1906 wurden einige Stellen in Kalifornien um mehrere Meter versetzt. Gegenwärtig beträgt die Verschiebung der Platten im Durchschnitt wenige Zentimeter pro Jahr (M5).
Die Bevölkerung stellt sich auf die unvermeidbare **Naturgefahr** durch Erdbeben ein: Erdbebenfrühwarnsysteme, strenge Bauvorschriften und Baumaßnahmen, wie die Verstärkung von Brücken, können Menschenleben retten und Schäden verringern. Die **Verwundbarkeit** nimmt hierdurch ab.

INFO 2

Risikopotenzial

Faktoren der VERWUNDBARKEIT	x	GEFÄHRDUNG von Menschen/Sachwerten	=	RISIKOPOTENZIAL
• Entwicklungsstand (HDI) • Qualität der Regierungsführung • Schutz der Umwelt • Anfälligkeit der Infrastruktur • Frühwarnsysteme • …		durch Naturgefahren: • Erdbeben • Wirbelsturm • Vulkanausbruch • Überschwemmung • Dürren • Meeresspiegelanstieg		

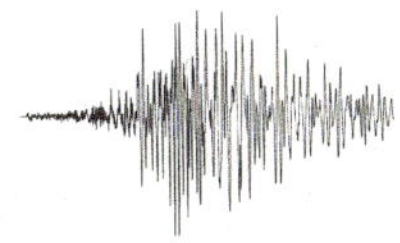

Der Tag davor

Der Großraum Los Angeles: ein schier endloses Häusermeer. Wolkenkratzer, Hochhäuser, Apartments, Villen, Einfamilienhäuser über Einfamilienhäuser, Malls, Flughäfen, zahllose und endlose Straßen mit Tausenden von Brücken. [...]
2008 hatten mehr als 300 Seismologen, Ingenieure und Statiker ein „Big one" simuliert, eine Version des gefürchteten großen Bebens. Sie wählten ein Epizentrum [...] südöstlich von Los Angeles als Stärke 7,8.
Das Ergebnis war desaströs: Alle nicht verstärkten gemauerten Gebäude in bis zu 25 Kilometern Entfernung wurden vollständig zerstört, 1800 Menschen starben. Der wirtschaftliche Schaden: 200 Milliarden US-Dollar. Insgesamt 600,000 Gebäude wurden beschädigt, darunter auch Hochhäuser. Zwei Drittel aller Krankhausbetten in den Counties Los Angeles, Orange, Riverside und San Bernardino standen nicht mehr zur Verfügung. Strom- und Telefonkabel waren unterbrochen, ebenso wichtige Straßenverbindungen. [...]
Am kritischsten erscheinen die Probleme mit der Wasserversorgung. [Hinzu] kommen noch [Probleme] mit dem Abwassersystem von Los Angeles. Brechen diese Rohre, könnte das gesamte Wassersystem von LA kontaminiert werden. [...] Das würde die Überlebensfähigkeit der Megacity Los Angeles auf die Probe stellen.

Quelle: Röhrlich, D.
In: www.deutschlandfunk.de, 09.01.2011

M5 *Risikoraum Los Angeles*

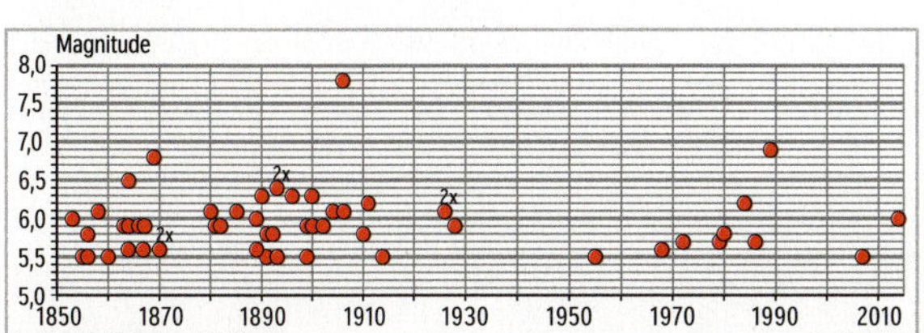

M6 *Erbeben in der Bucht von San Francisco*

M7 *San Francisco nach dem Erdbeben von 1906*

INTERNET

Aktuelle Erdbeben: geofon.gfz-potsdam.de

❶ a) *Beschreibe* und *erkläre* Auffälligkeiten in M4.
b) *Charakterisiere* die konservative Plattenbewegung.

❷ *Arbeite* ausgehend von M3 *heraus*, wann San Francisco und Los Angeles Nachbarstädte sein werden.

❸ a) *Erkläre* die Entstehung von Erdbeben in Kalifornien.
b) *Beurteile* die Verwundbarkeit und Gefährdung von Los Angeles durch Erdbeben.

❹ *Entwickle* eigene Vorschläge zur Risikominimierung von Erdbeben in Kalifornien.

M1 *Zerstörungen durch den Tsunami 2004*

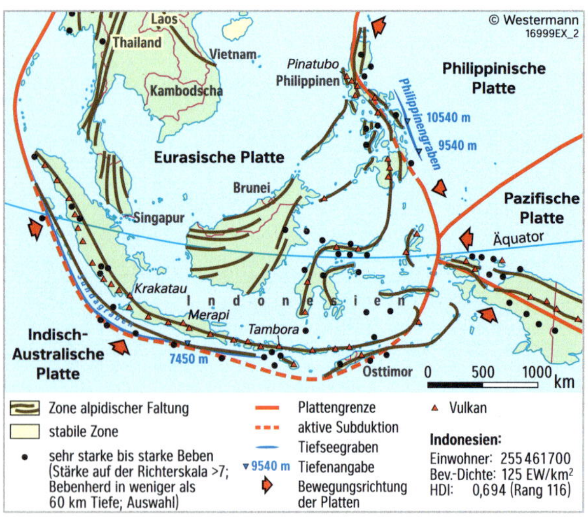

M2 *Plattentektonik im indonesischen Raum*

Raumbeispiel: Indonesien

Gefahr durch Tsunamis

Im März 2016 hatten indonesische Behörden eine Tsunamiwarnung ausgesprochen. Viele Männer, Frauen und Kinder rannten überstürzt durch die Dunkelheit zu höher gelegenen Plätzen. Die Menschen fühlten sich an den zweiten Weihnachtsfeiertag 2004 erinnert, als eine „Todeswelle“ von bis zu 17 Meter Höhe von Indonesien bis Somalia eine Viertelmillion Menschen in den Tod riss (M1, M4). Der Begriff **Tsunami** ist Japanisch und bedeutet „Große Welle im Hafen“. Tsunamis entstehen zumeist bei **Seebeben** an *Subduktionszonen*. Das Wasser über dem **Epizentrum** wird innerhalb weniger Sekunden emporgehoben. Von diesem Ort breiten sich kreisförmig Wellen aus, die sich in Küstennähe zu Flutwellen auftürmen (M3).

Einen direkten Schutz vor diesen Flutwellen gibt es nicht. *Frühwarnsysteme* stellen aber eine Maßnahme dar, um ihre Folgen für den Menschen zu minimieren. 2016 konnten sie Entwarnung geben.

Gefahr durch Vulkanismus

Aufgrund der Lage am *pazifischen Feuerring* stellen *Vulkane* eine weitere Bedrohung für den bevölkerungsreichen Inselstaat dar. Aufgrund ihrer Zusammensetzung ist die Lava dieser **Stratovulkane** sehr zähflüssig und gasreich: Explosive und für die Menschen extrem gefährliche Eruptionen sind die Folge (M5). Die Vulkane sorgen jedoch gleichzeitig auch für fruchtbare Böden und liefern für Indonesien wertvolle Rohstoffe.

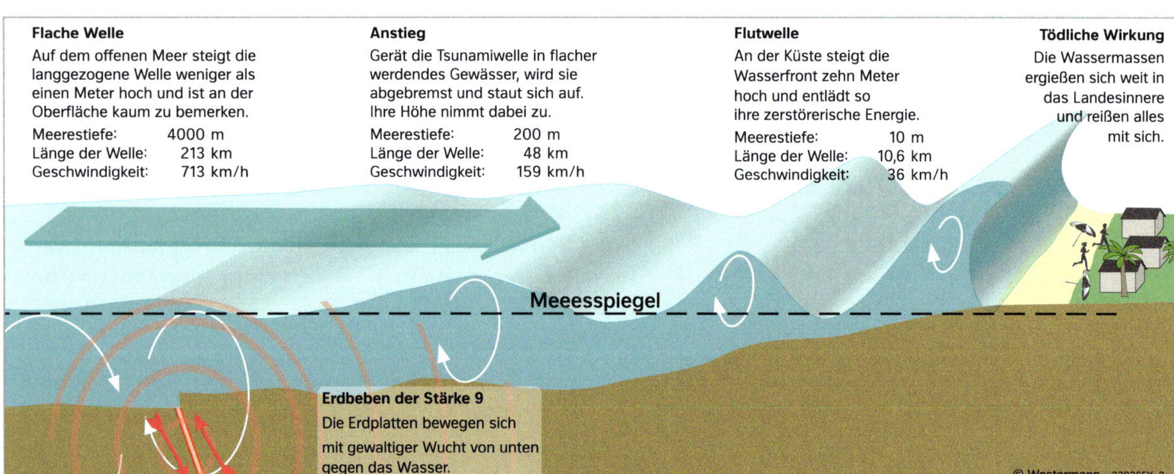

M3 *Entstehung des Tsunamis 2004*

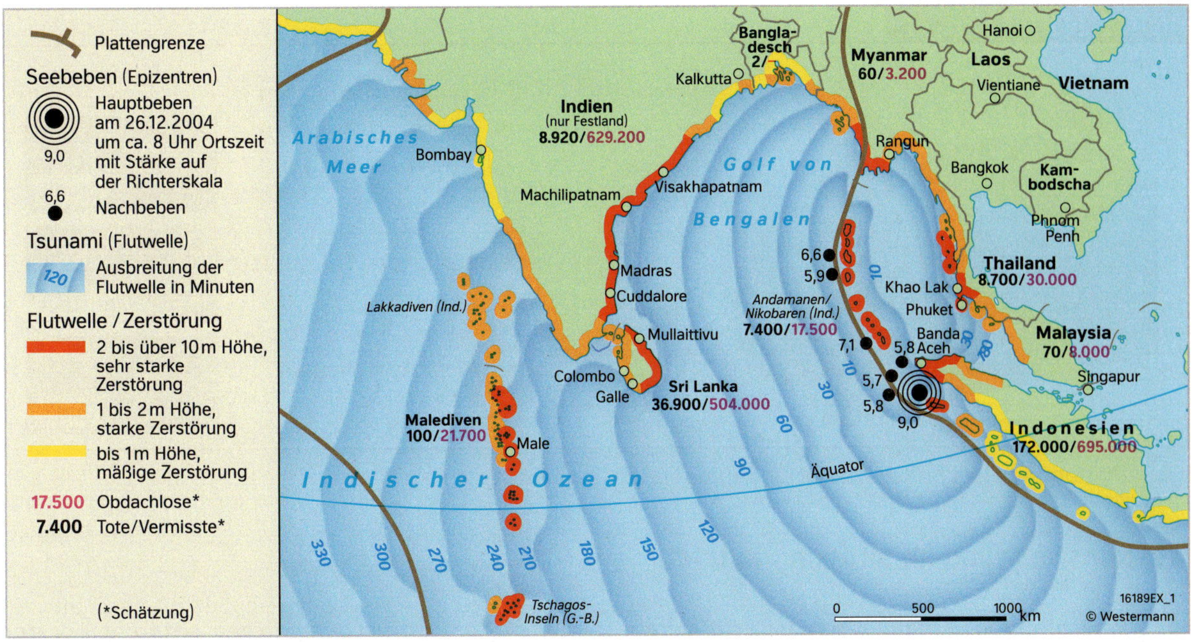

M4 *Ausbreitung des Tsunamis 2004*

Landwirtschaft am Fuße des Agung auf Bali

Im September 2017 hat sich auf der Insel Bali der Agung, ein Stratovulkan, erstmals seit Jahrzehnten wieder gemeldet. Der Agung spuckte Asche und Rauch in den Himmel. Die indonesischen Behörden haben rund 100000 Bewohner der Insel dazu aufgerufen, sich in Sicherheit zu bringen.
Der Vulkan ist gefährlich und kann extrem heiße und schnelle Glutwolken, sogenannte pyroklastische Ströme, ausstoßen – ein Gemisch aus Gasen, Asche und Gesteinsbrocken. Bei Regenwetter können sich auch Schlammströme (*Lahare*) bilden.
Aus Sorge, dass die Asche des Vulkans Schäden in den Triebwerken anrichtet, hatten die indonesischen Behörden den Flughafen Dengpasar zudem vorübergehend gesperrt. Tausende Urlaubstouristen konnten somit ihre Heimreise nicht antreten.

M5 *Vulkanausbruch und Wirtschaft*

ERSTAUNLICH!

Vulkanausbrüche und die Atmosphäre
Der Tambora liegt 340 Kilometer nördlich des Sundagrabens (M2) auf Sumbawa, einer der vielen Vulkaninseln östlich von Java. Er ist ein Stratovulkan und wurde durch die besonders heftige Eruption im Jahr 1815 bekannt. Das durch die Eruption ausgeworfene Material bewirkte neben massiver Zerstörung in direkter Umgebung auch eine globale Klimaveränderung, die dem darauffolgenden Jahr eine besondere Bezeichnung einbrachte: Das Jahr ohne Sommer. Heute wird das Gebiet wieder durch die Landwirtschaft genutzt.

1 a) *Erkläre* mittels der Plattentektonik (M2) die Entstehung eines Tsunami vor der indonesischen Küste.
b) *Erläutere* die Ausbreitung des Tsunamis von 2004 (M4).

2 *Erstelle* ein Wirkungsgefüge zu Ursachen und Folgen eines Vulkanausbruchs. Beachte alle Teilsysteme der Geographie.

3 *Beurteile* das Risikopotenzial in Indonesien im Vergleich zu Hawaii (›S. 26) und Kalifornien (›S. 28).

4 Aktiv!
Überprüft die Notwendigkeit einer App zur Tsunamiwarnung für folgende Urlaubsregionen: Türkische Riviera, Sumatra, Kanarische Inseln, Rügen und Hawaii.

ERINNERE DICH!

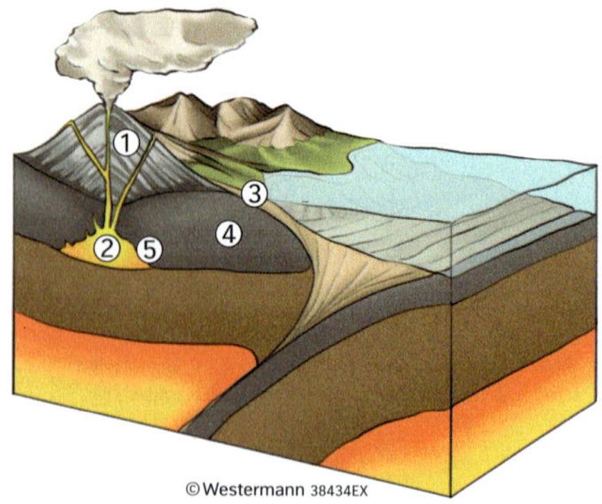

Gesteinsart	Gesteinsbildender Prozess	
Magmatit	Kristallisation von Magma	 Granit
Sedimentit	Verfestigung von verwitterten Material	 Sandstein
Metamorphit	Rekristallisation in festem Zustand	 Gneis

M1 *Plattentektonik und Gesteinsarten (Aufgabe 1b)*

Gesteinsrecycling im aktiven Planeten

Ist etwas „in Stein gemeißelt“, so ist es unveränderlich. Gestein scheint uns als nicht wandelbar. Doch kein Gestein besteht für immer!
Schon vor ALFRED WEGENER (›S. 13) war das Wechselspiel zwischen der Zerstörung und Neubildung von Gesteinen bekannt. Mit der Theorie der *Plattentektonik* kann ein vollständiger Gesteinskreislauf aus Gesteinsentstehung und Gesteinszerstörung beschrieben werden.

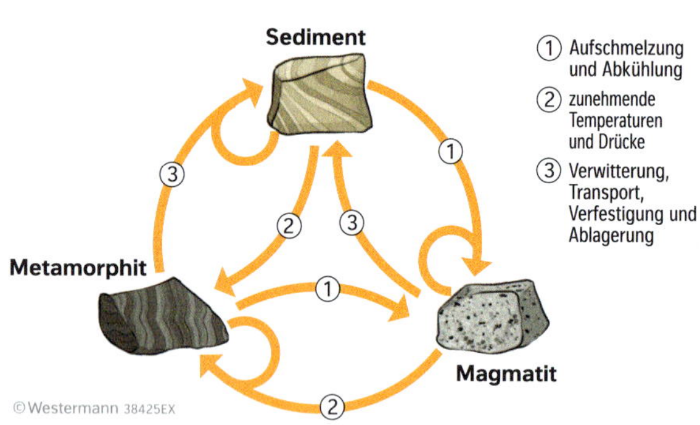

M2 *Gesteinskreislauf schematisch*

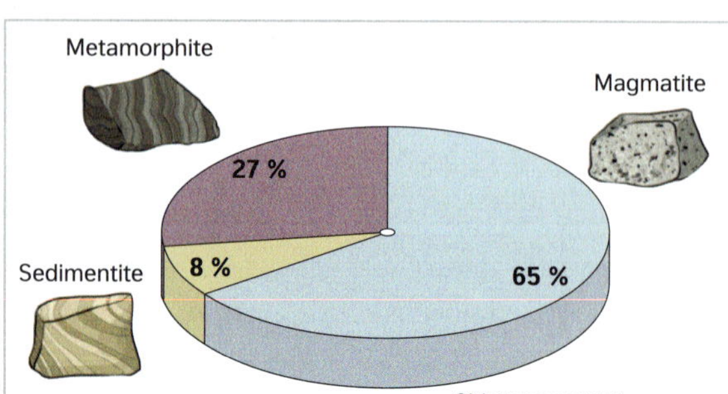

M3 *Anteile der Gesteinstypen an der Erdkruste*

An Mittelozeanischen Rücken entsteht bei der Abkühlung von *Magma* durch **Kristallisation** Gestein (z. B. *Basalt*) und bildet die ozeanische Kruste. Nicht nur an konstruktiven Plattengrenzen, sondern auch bei Vulkantätigkeit und im Erdinneren erstarrt Magma. Diese Gesteine werden nach ihrer Entstehung **Magmatite** genannt. Sie bilden den größten Teil der Erdkruste (M3).
An *Subduktionszonen* werden demgegenüber durch das Abtauchen der ozeanischen Kruste und der damit verbundenen Temperaturzunahme Magmatite aufgeschmolzen. Diese Gesteinsschmelze steht somit für neue Gesteinsbildung zur Verfügung. Gesteine werden also recycelt.

Gestein kann aber infolge von erhöhter Temperatur- oder Druckzunahme auch ohne Aufschmelzung umgewandelt werden. Bei dieser Umwandlung (**Metamorphose**) bleibt das Gestein fest. Durch Rekristallisation entstandene Gesteine nennt man **Metamorphite** (z. B. *Gneis*).

Gelangt Gestein an die Erdoberfläche, so ist es der **Verwitterung** ausgesetzt. Verwittertes Material wird transportiert (**Erosion**), abgelagert (**Sedimentation**) und erneut verfestigt. Die dabei entstehenden Gesteine werden als **Sedimentite** bezeichnet (z. B. **Sandstein**). Am Meeresboden befindliche Sedimentite können in *Subduktionszonen* umgewandelt oder aufgeschmolzen werden. So kann aus jeder Gesteinsart eine andere entstehen: Der Kreislauf schließt sich (M2).

ERSTAUNLICH!

Steinalt

Das bislang älteste Gestein der Erde, das mit Sicherheit datiert wurde, ist 4 Milliarden Jahre alt. Es ist ein Gneis aus dem Nordwesten Kanadas.

2008 wurde von Forschern der McGill-Universität in Kanada behauptet, im nördlichen Kanada, an der Hudson Bay, ein noch älteres Gestein gefunden zu haben. Es soll 4,28 Milliarden Jahre alt sein. Diese Datierung ist jedoch unter den Wissenschaftlern umstritten; die Forschungen und Prüfungen dauern noch an.

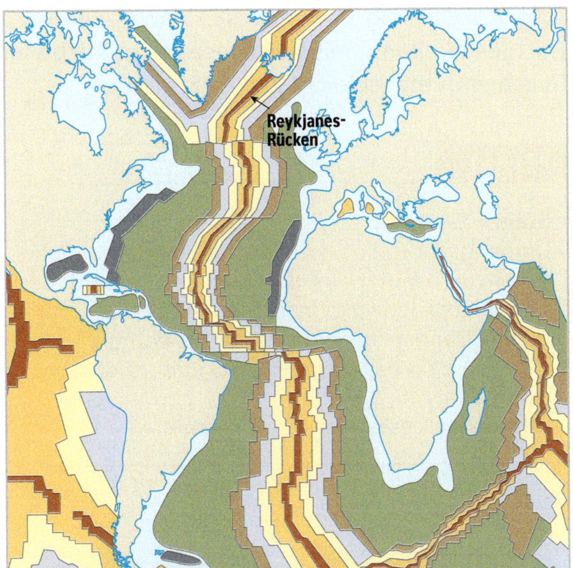

Alter der ozeanischen Kruste (in Mio. Jahren)

© Westermann 13368EX_2

0 - 5	Pliozän - heute
5 - 23	Miozän
23 - 34	Oligozän
34 - 56	Eozän
56 - 66	Paläozän
66 - 145	Kreide
145 - 174	Jura (oberer und mittlerer)

M4 *Alter des Gesteins im Atlantik*

Die meisten der alten Sandsteingebäude in New York bestehen aus 250 Millionen Jahre altem Sandstein aus der Triaszeit, der im nahe gelegenen Tal des Connecticut River gebrochen wurde. Manche bestehen jedoch aus schottischem Sandstein, der im 19. Jahrhundert aus Dumfriesshire über den Atlantik transportiert wurde. Segelschiffe, die ohne Ladung in die Vereinigten Staaten zurückkehrten, mussten Gestein als Ballast mitnehmen und es abladen, wenn sie in den Hafen einliefen.
Heute ist es sehr schwierig, auseinanderzuhalten, aus welchem Sandstein die Gebäude nun bestehen. Beide Arten sind nämlich unter denselben Bedingungen im selben Großraum entstanden. Zur Zeit der Trias erstreckte sich ein Gebirgszug quer über den nördlichen Superkontinent. Gebirgsflüsse transportierten den Schutt aus diesen Bergen in ein Wüstengebiet im Süden, wo er schließlich als Wüstensandstein abgelagert wurde.

In den 200 Millionen Jahren nach seiner Ablagerung haben die Vorgänge der Plattentektonik den Atlantischen Ozean entstehen lassen, und heute liegen die zwei Seiten etwa 7000 km auseinander. Die Menschen haben unbeabsichtigt den Sandstein in einer Stadt wieder zusammengeführt.

Quelle: Dixon, D. & Bernor. R. L.: Geologie für Amateure (1998)

M5 *Eine Stadt trotzt der Plattendrift*

1 a) *Beschreibe* den Gesteinskreislauf ausgehend von M2.
b) *Ordne* für die im Profil M1 gekennzeichneten Stellen ① bis ⑤ Gesteine *zu. Erkläre* ihre Entstehung.

2 a) *Erläutere* das Gesteinsalter in M4.
b) *Erkläre*, warum es auf der Erde 4 Mrd. Jahre altes Gestein gibt, Gestein der ozeanischen Kruste jedoch kaum älter ist als 200 Mio. Jahre.

3 Aktiv!
a) *Erstellt* in Gruppen ein Erklärvideo zu eurem Steinbruch (›S. 36 – 39). Berücksichtigt Lage, Gestein(-styp), Merkmale, Entstehung, tektonische Zusammenhänge und die Nutzung des Gesteins.
b) *Erstellt* anhand der Erklärvideos eine tabellarische Ergebnisübersicht zu den Gesteinen.

sehr große Härte (reagiert nicht auf Säure)	relativ große Härte (reagiert nicht auf Säure)	relativ geringe Härte (reagiert nicht auf Säure)	sehr große Härte (reagiert nicht auf Säure)

M1 *Gesteinsname gesucht!*

Wie bestimme ich Gesteine?

Betrachtet man **Gestein** unter der Lupe, erkennt man die Bauteile: ein Mosaik miteinander verbundener Partikel. Diese Partikel sind **Mineralien**. Wichtige gesteinsbildende Mineralien sind Quarz, Feldspat, Glimmer und Olivin. Bei *Granit* sind die Mineralien mit bloßem Auge gut erkennbar (M2). Zur Bestimmung eines Gesteins werden verschiedene Erkennungsmerkmale verwendet (M4): Farbe, Größe (Struktur), Anordnung (Textur) der Mineralien und Härte.
Granit beispielsweise ist zumeist schwarz/weiß, hat eine körnige Struktur und eine richtungslose Textur. Quarz ist das härtebestimmende Mineral, weshalb Granit Fensterscheiben ritzt und nach MOHS (M3) ein Hartgestein mit Härtegrad 7 ist.

Gerade die Härte eines Gesteins ist für die praktische Anwendung im Bauwesen von Bedeutung: Hartgestein kann beispielsweise in der Küche im üblichen Gebrauch nicht zerkratzt werden.

INFO

Stein = Gestein?
Umgangssprachlich werden die Begriffe häufig synonym benutzt. In der Geographie wird der Begriff Stein jedoch nur als Wortteil für Sedimentite (z. B. Sandstein) genutzt oder als Korngröße:
Ein Stein ist größer als *Kies* (< 63 mm), aber kleiner als ein *Block* (> 200 mm).
Nicht jedes Gestein ist also ein Stein!

M2 *Baustoffe eines Gesteins am Beispiel Granit*

Der Härtgrad eines Gesteins ist eine Kombination aus Mineralienhärte, Härte des Bindemittels und der Kornbindung. Einfach zu ermitteln ist die Ritzhärte nach dem Geologen FRIEDRICH MOHS nach dem Prinzip: Harte Stoffe ritzen weiche. Danach hat er die Gesteine in einer Skala geordnet:

Härtegrad	Beschreibung
1	Gestein ist mit Fingernagel schabbar
2	Gestein ist mit Fingernagel ritzbar
3	Gestein ist mit Kupfermünze ritzbar
4	Gestein ist mit einem Nagel gut ritzbar
5	Gestein ist mit einem Nagel noch ritzbar
6	Gestein ist mit einer Stahlfeile ritzbar
7	Gestein ritzt Fensterglas
8	Gestein ritzt einen Quarzkristall

M3 *Bestimmung des Härtegrades nach MOHS*

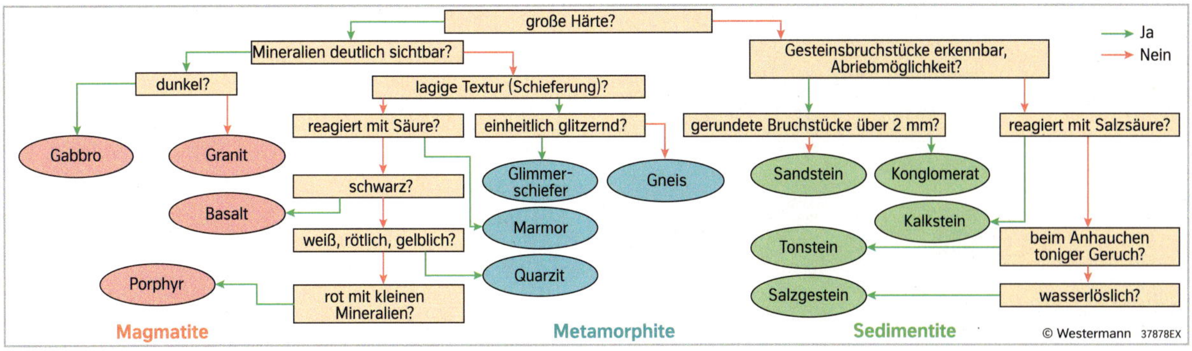

M4 *Bestimmungsschlüssel für Gesteine*

Exkursionsroute

1 Brückenstütze im Neckar: *Sandstein aus Stuttgart-Formation*
2 Säule, Boden und Fassade Neckargasse 27: *Gneis aus der Schweiz*
3 Fassade Neckargasse 7: *Sandstein aus Maulbronn*
4 Stiftskirche Südwand: *Sandstein aus dem Keuperbergland*
5 Neptunbrunnen: *Kalkstein mit eingeschlossenen Fossilien aus Gauingen bei Reutlingen*
6 Holzmarkt (Sockel Geschäftshaus H&M): *Granit aus China*

M5 *Gesteine in der Stadt: Beispiel Tübingen*

Geo in der Praxis: Geologe/in

Was machen Geologen?

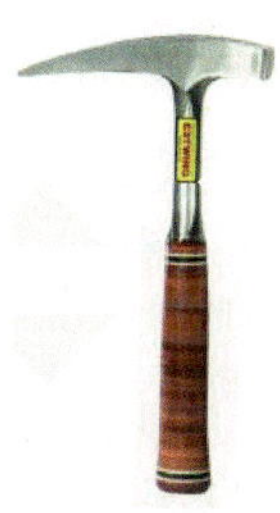

Geologen nehmen Gesteinsproben, analysieren sie im Labor und stellen die Ergebnisse in Karten dar. Diese sind Grundlage für den Bergbau, für Bauvorhaben oder die Rohstoffgewinnung. Heute sorgen Geologinnen und Geologen zudem für einen nachhaltigen Umgang mit Wasser, Boden und Bodenschätzen. Hierfür arbeiten sie bei den Behörden der Stadt- und Raumplanung, in Ingenieurbüros oder in der Forschung und Lehre.

Welche Voraussetzungen brauchen Geologen?

Analytisches und systematisches Denken sowie Interesse an den Fächern Geographie, Chemie, Physik und Mathematik!

M6 *Was machen Geologinnen und Geologen?*

1 Aktiv!
Beschreibe die Gesteine in M1 (oder Gesteine aus der Schulsammlung). *Ordne* mithilfe des Bestimmungsschlüssels (M4) jeweils den Namen *zu*.

2 Aktiv!
Unternimm eine virtuelle Exkursion (Internet) nach Tübingen und *charakterisiere* die Gesteine entlang der vorgeschlagenen Route (M5).

3 Transfer!
Gestaltet für euren Schulort eine eigene Gesteinsroute (M5).

4 Ein Baumaterial für die Terrassengestaltung? –*Beurteile* hierzu die Gesteine Granit, Gneis, Sand- und Kalkstein auf ihre Eignung.

M1 *Granitabbau (Mummelsee, Schwarzwald)*

M2 *Spaltwerk (Steinbruch Forbach-Raumünzach)*

M3 *Granitverkleidung der Schwarzenbachtalsperre*

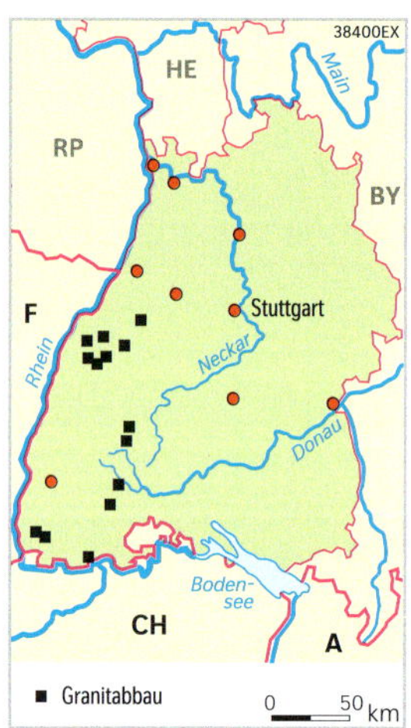

M4 *Granitabbau in Baden-Württemberg*

① Aktiv! (›S. 33)
Führe die Gruppenarbeit durch. Bearbeite die Magmatite (›S. 32).

Wahlalternativen:
② *Ordne* Vulkanite und Plutonite in den Gesteinskreislauf *ein*.

③ *Erstelle* eine Mindmap zum Granit in Baden-Württemberg.

Gruppe 1 – Magmatite: Granitabbau in unserem Bundesland

In Baden-Württemberg befinden sich Granitvorkommen in weiten Teilen des Schwarzwaldes. Sie entstanden im Zuge der Gebirgsbildung vor ca. 300 Millionen Jahren, als Magma in die Erdkruste drang. Ihre Grobkörnigkeit deutet auf ein langsames Erkalten der Schmelze hin.

Der Schwarzwaldgranit ist grau oder rötlich. Seine Farbgebung ist auf unterschiedliche Feldspate zurückzuführen.

Granit wird weltweit gehandelt. Der Preisdruck führt dazu, dass Granit zunehmend aus dem Ausland importiert und im Schwarzwald nur noch an wenigen Stellen abgebaut wird (M4). In den meisten Abbaubetrieben im Schwarzwald wird der Granit ohne Weiterverarbeitung als *Bruchstein* im Straßen- und Wegebau, als Gleisschotter oder als Gesteinskörnung in Beton verwendet. Im Steinbruch Forbach-Raumünzach (M2) wird der Granit hingegen in einem Spaltwerk weiterverarbeitet (Naturwerkstein). Granit als *Naturwerkstein* wird dann für Pflastersteine, zur Gartengestaltung, Fassadenverkleidung (M3) und aufgrund seiner Polierfähigkeit auch im Küchenbereich genutzt.

In allen Fällen nutzt man Granit, da er durch seine große Härte besonders robust ist.

INFO

Entstehungsorte der Magmatite

Magmatische Gesteine bilden sich beim Erstarren von Magma. Dringt Magma in die Erdkruste ein, geschieht dies *unterhalb der Erdoberfläche*. Es entstehen *Plutonite*. Der Abkühlungsprozess verläuft langsam. Eine deutliche Ausbildung von Mineralien, die zur typischen körnigen Struktur führt, ist die Folge. Granit ist ein Plutonit.

Gelangt Magma durch Vulkantätigkeit *oberhalb der Erdoberfläche*, verläuft der Abkühlungsprozess schneller. Es entstehen *Vulkanite*, die nur kleine Mineralien ausbilden, was zu einer feinkörnigen, einheitlichen Struktur führt. Basalt ist ein Vulkanit.

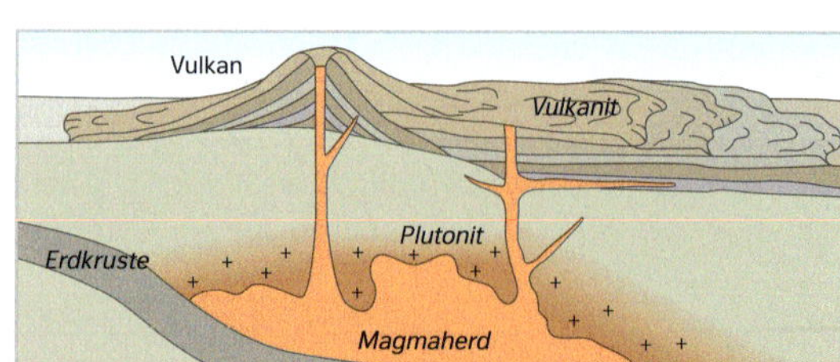

100800-88-03
schueler.diercke.de

100852-10-02
schueler.diercke.de

Gruppe 2 – Sedimentite: Kalksteinabbau in unserem Bundesland

Kalksteine stammen aus einer Zeit, in der unsere Region von einem flachen Meer bedeckt war. Durch Ablagerung kalkhaltiger Bestandteile von Mikroorganismen, von Schalenresten (Muscheln) oder Korallenstöcken entstanden Sedimente. Diese wurden durch das Gewicht weiterer Schichten zu Kalkstein verfestigt. Die *Fossilien* im Gestein zeugen von den damaligen Lebewesen.
Jurakalk entstand vor ca. 150 Millionen Jahren und bildet heute die hellen Kalkfelsen des Albtraufs der Schwäbischen Alb. Muschelkalk entstand vor ca. 240 Mio. Jahren. Kalkstein neigt zur *Verkarstung*, wenn er sich durch im Wasser gelöste Kohlensäure auflöst, daher ist er landschaftsprägend. Kalkgesteine sind in Baden-Württemberg weit verbreitet: Sie bedecken ca. 25 Prozent seiner Erdoberfläche (M4). Daher ist Kalkstein in Baden-Württemberg seit Jahrhunderten ein wichtiger Baustoff. Viele historische Gebäude wurden aus ihm errichtet. Heute wird er zudem als *Bruchstein* im Straßen- und Wegebau und als Gesteinskörnung in Beton genutzt. Weiterverarbeitet zu Kalkmehl wird er auch in der Landwirtschaft als Futtermittel und Mineraldünger (M3), in der Glasherstellung sowie in der Trinkwasserreinigung genutzt.

INFO

Entstehungsorte der Sedimentite
Sedimentite entstehen durch Verfestigung von Sedimenten. Nach dem Ursprung der Sedimente unterscheiden wir:

Klastische Sedimente, die aus der Ablagerung verwitterten Gesteinsmaterials bestehen.
Chemische Sedimente, die aus Fällung gelöster Stoffe aus übersättigten Lösungen entstehen.
Biogene Sedimente, die aus der Ablagerung pflanzlicher oder tierischer Organismen bestehen.
Die Verfestigung der Sedimente erfolgt dabei im Meer (*marin*) oder an Land (*terrestrisch*).

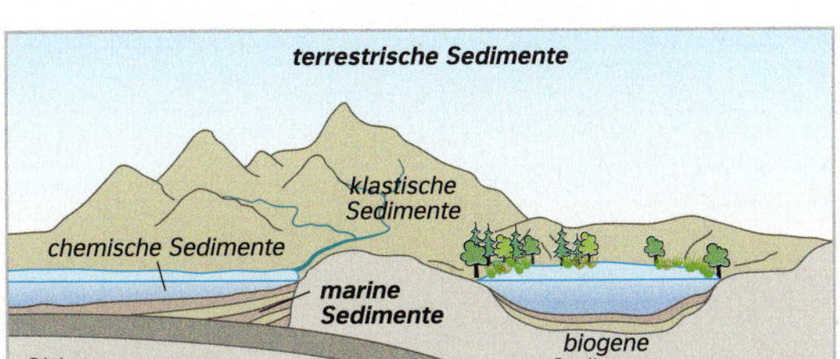

M1 *Kalksteinabbau (Haucheim-Hülen, Ostalbkreis)*

M2 *Produktionsablauf im Kalksteinbruch*

M3 *Kalkdüngung*

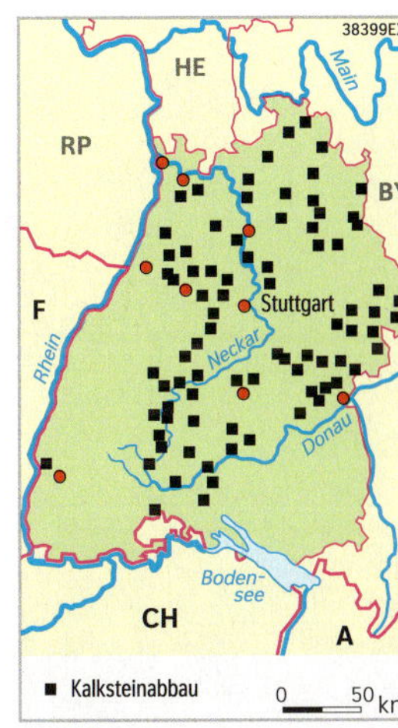

M4 *Kalksteinabbau in Baden-Württemberg*

1 Aktiv! (›S. 33)
Führe die Gruppenarbeit durch. Bearbeite die Sedimentite (›S. 32).

Wahlalternativen:
2 *Erkläre*, weshalb Kalkstein chemisch und auch biogen entsteht.

3 *Erkläre* ausgehend vom Gesteinskreislauf den hohen Anteil der Kalksteine an der Erdoberfläche in Baden-Württemberg.

M1 *Gneisabbau (Hausach-Hechtsberg, Kinzigtal)*

M2 *Gestein zerkleinern, sortieren, entstauben und transportieren*

Gruppe 3 – Metamorphite: Gneisabbau in unserem Bundesland

Gneis ist das älteste Gestein des Schwarzwaldes. Es findet sich an der Oberfläche, vorwiegend im Südschwarzwald. Unter hohem Druck und bei hohen Temperaturen ist es vor 350 bis 420 Millionen Jahren in großen Tiefen aus der *Umwandlung* noch älterer Gesteine entstanden. Die Anordnung der Minerale in parallelen Lagen ist ein Kennzeichen der Gneise und Folge der Umwandlung: Die Lage bildet sich senkrecht zur Druckrichtung.
Meist sind die Gneise umgewandelte Sedimentgesteine (*Paragneis*). Weniger häufig sind die *Orthogneise*, die sich aus magmatischen oder schon metamorphen Gesteinen gebildet haben.
Durch die große Härte des Gesteins sind Gneise gut geeignet für den Bau von Straßen oder Gleisbetten (M3). Durch die kantige Form verzahnen sich zudem die Steine gut und lassen sich mit Walzen zu einem sehr belastbaren Untergrund für Bauwerke verbinden.

M3 *Gleisschotter*

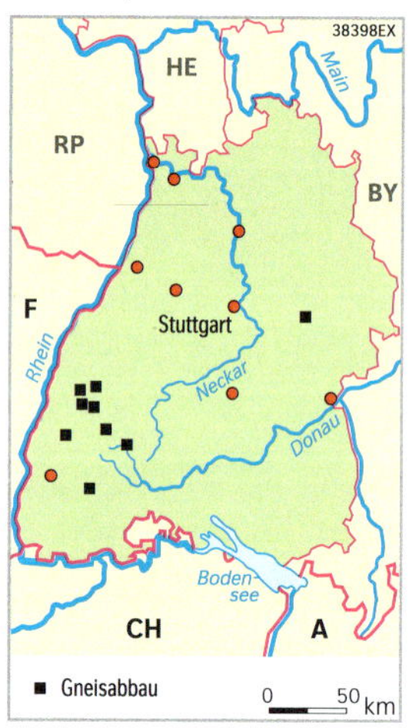

M4 *Gneisabbau in Baden-Württemberg*

1 Aktiv! (›S. 33) Führe die Gruppenarbeit durch. Bearbeite die Metamorphite (›S. 32).

Wahlalternativen:

2 *Erkläre*, weshalb sich Gneis in Baden-Württemberg an der Oberfläche nur in höheren Lagen finden lässt.

3 *Vergleiche* die Eignung von Granit, Kalkstein und Gneis als Baumaterial.

INFO

Entstehungsorte der Metamorphite

Metamorphite wurden aus einem anderen Gestein beliebigen Typs ohne Aufschmelzen umgewandelt. Dies kann an zwei Orten erfolgen:

Kontaktmetamorphose: Dringt Magma auf seinem Weg nach oben in die Erdkruste ein, wird das Gestein, mit dem es in Kontakt kommt, stark erhitzt. Seine Minerale bilden sich um (Rekristallisation). Im Kontaktbereich ist diese Umwandlung am stärksten; sie nimmt mit der Entfernung schnell ab, sodass Metamorphite nur in einer kleinen Umgebung um einen Magmaherd entstehen.
Regionalmetamorphose: Diese ist großräumig angelegt und tritt etwa bei plattentektonischen Vorgängen an Subduktionszonen auf. Das Ausgangsgestein gelangt in größere Tiefen. Druck und Temperatur nehmen so stark zu, dass es zu einer Rekristallisation des Gesteins kommt.

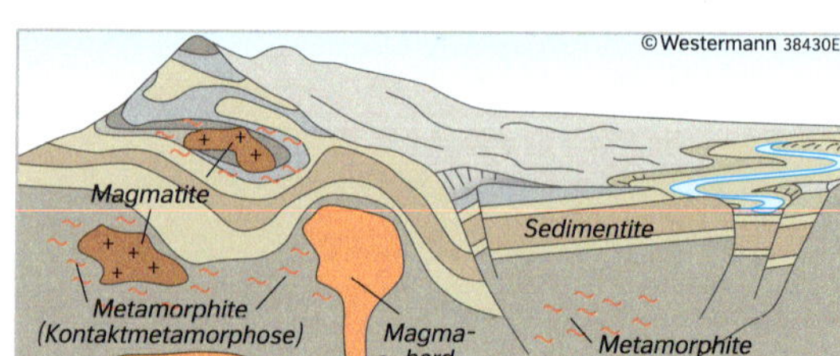

Wie erstelle ich ein Erklärvideo?

Erklärvideos sind kurze Filme, in denen prägnant Sachzusammenhänge erklärt werden. Neben professionell am PC erstellten Erklärvideos gibt es mit der Legetechnik im Kamerabereich eines Smartphones oder Tablets eine weitere Möglichkeit, schnell solche Videos zu erstellen:

4 Schritte zum eigenen Erklärvideo mit der Legetechnik:

1. Arbeitet euch inhaltlich in das Thema ein.
2. Erstellt ein Drehbuch mit einer Leitfrage.
3. Bereitet die Materialien vor: Beschriftete Karten, Ausdrucke, Fotos, reale Gegenstände (M2).
4. Erstellt euer Video nach dem Drehbuch z. B. mit der Kamera-App eines Smartphons: Schiebt, während ihr den Text sprecht, die Materialien in den Kamerabereich und entfernt sie wieder.

Tipps für ein überzeugendes Erklärvideo:

- *Teilt eure Arbeit auf!* – z. B. in Sprecher, Materialbeweger, Kamerafrau/-mann.
- *Erregt Motivation und Interesse* durch eine Rahmenhandlung (Storyboard), welche die Inhalte mit dem Leben eurer Mitschüler verknüpft.
- Unterstützt *die Merkfähigkeit* durch Strukturierung der Inhalte und kurze, verständliche Sätze.
- Erhöht die *Qualität* durch ein selbst erstelltes Stativ (M3) und eine gute Ausleuchtung.
- Beachtet die *Urheberrechte*, um die Möglichkeit zu haben, das Video ins Internet zu stellen.

INFO

Urheberschaft

Abbildungen und Bilder in diesem Schulbuch sind urheberrechtlich geschützt. Sie dürfen z. B. in einem Erklärvideo für schulische Zwecke auszugsweise und durch Angabe der Quelle genutzt werden. Eine Veröffentlichung im Internet ist allerdings nicht erlaubt und daher nicht möglich.
Im Umgang mit anderen Abbildungen und Materialien wird verwiesen auf:
lehrerfortbildung-bw.de/st_recht/urheber/checkl/

M1 *Die Klasse betrachtet ein erstelltes Erklärvideo*

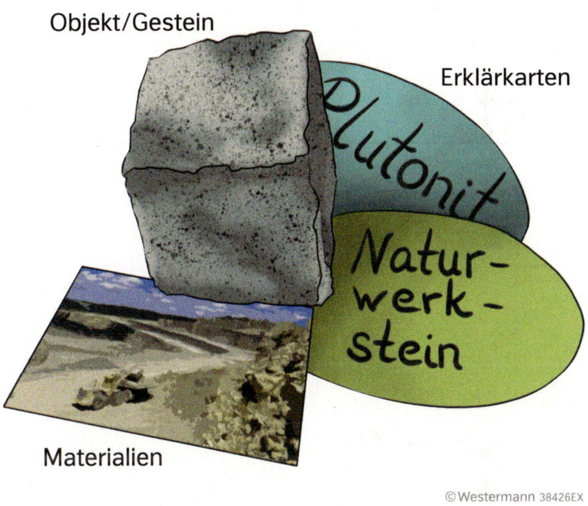

M2 *Material für euer Erklärvideo*

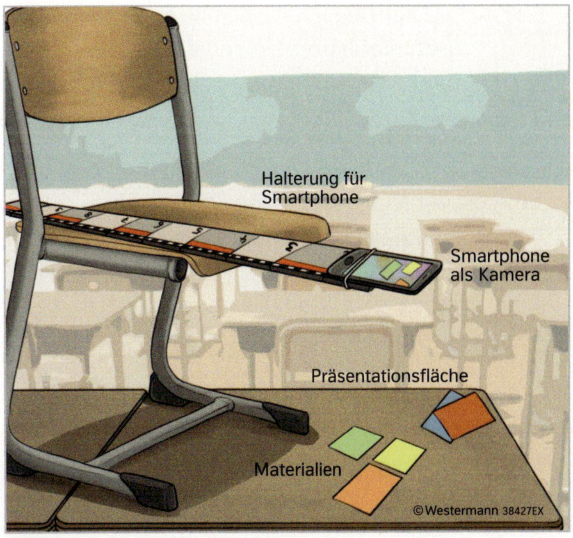

M3 *Euer Drehort*

Vertiefung

Kompetenzcheck!

	Das solltest du können!	Teste dich!	Hilf dir!
Orientierung (Orientierungs-kompetenz)	**Ich verorte ...** ... Großplatten. ... ausgewählte Vulkane, Gräben, Tief-seerinnen und ozeanische Rücken.	1. Benenne die Großplatten A–L in M1. 2. *Ordne* die topographischen Begriffe aus M2 den Zahlen 1 bis 10 *zu*.	›S. 12/13 ›Atlas
Methode (prozessbezogene Kompetenzen)	**Ich nutze ...** ... Seismogramme zur Bestimmung von Erdbebenstärke und zur Lokalisierung des Erdbebenherdes.	3. *Erkläre* den Aufbau eines Seismo-gramms am Beispiel der ›S. 19.	›S. 18/19
	... den Suchpfad der Gesteine zur Gesteinsbestimmung.	4. Bestimme Gesteine aus der Gesteins-sammlung ohne und dann mit dem Suchpfad (›S. 35: M4).	›S. 35
Inhalt (inhaltsbezogene Kompetenzen)	**Ich kann ...** ... den Schalenbau der Erde darstellen.	5. *Ordne* die Begriffe zum Aufbau der Erde entsprechend *zu* (M3).	›S. 15
	... die Plattenbewegung und ihre Antriebskräfte beschreiben.	6. *Beschreibe* die Antriebskräfte der Plattenbewegung.	›S. 16/17
	... drei Arten der Plattengrenzen unter-scheiden und Vorgänge an den jeweili-gen Grenzen erläutern.	7. a) Ergänze die Legende (M1) in deinem Heft.	›S. 20–25
		b) *Ordne* die Bilder in M7 passenden Stellen in der Karte M1 *zu*.	›S. 20–25
		8. *Ordne* die Grundbegriffe des Kapitels – sofern möglich – den drei Arten der Plattengrenzen *zu*.	›S. 20–25 ›S. 28–29
	... die Entstehung von Erdbeben, Tsu-namis und Vulkanismus als Folge der Plattentektonik erklären.	9. a) *Benenne* anhand von M1 mögliche Standorte von Vulkanen und erkläre wie sie dort entstanden sind.	›S. 20–27
	... für eine Region die Gefährdung durch Naturkatastrophen und die Verwund-barkeit erläutern und damit das Risiko-potenzial beurteilen.	b) *Charakterisiere* den Vulkan (M6) und beurteile die Gefährdung.	›S. 26–27 ›S. 30–31
		10. Verorte die Erdbebengebiete (M5) aus plattentektonischer Sicht. *Begründe* Änderungen in der Bebentiefe.	›S. 20–23 ›S. 26–31
		11. *Ordne* die Staaten M4 begründet in das Wertequadrat *ein* (Atlas). *Beurteile* jeweils das Risikopotenzial.	›S. 26–31
	... Merkmale, Entstehung und Beispiele für alle drei Gesteinsarten beschreiben.	12. a) *Ordne* Basalt und marine Sedimente in den Gesteinskreislauf *ein*.	›S. 32–35
	... den Kreislauf der Gesteine im Zu-sammenhang mit der Plattentektonik erläutern.	b) *Beschreibe* und *erkläre* das Gesteins-alter am Meeresboden (M8).	›S. 32–33

A – Z: Grundbegriffe des Kapitels (vergleiche Lexikon im Anhang)
Asthenosphäre, Basalt, destruktive Plattengrenze, Epizentrum, Erdbeben, Erdkern, Erdkruste, Erdmantel, Erosion, Gebirgsbildung, Gestein, Gneis, Grabenbruch, Granit, Horizontalverschiebung, Hot Spot, konstruktive Plattengrenze, Kalkstein, Kontinentalverschiebung, Kristallisation, Lava, Lithosphäre, Magma, Magmatit, Metamorphit, Metamorphose, Mineral, Mittelozeanischer Rücken, Naturgefahr, Ozeanbodenspreizung, Plattentektonik, Plattenzug, Rückenschub, Schalenbau der Erde, Schildvulkan, Sedimentation, Sedimentit, Seebeben, Seismograph, Stratovulkan, Subduktion, Tiefseerinne, Tsunami, Verwerfung, Verwitterung, Verwundbarkeit, Vulkan, Vulkanismus, Wilson-Zyklus

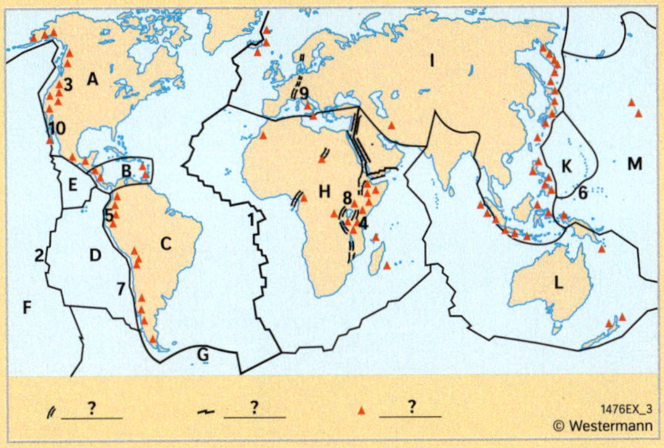

M1 *Großplatten der Erde*

Mittelatlantischer Rücken, Cotopaxi, Kilimandscharo, Mt. St. Helens, Marianen-Tiefseerinne, Ostafrikanischer Graben, Oberrheingraben, Atacama-Tiefseerinne, San-Andreas-Verwerfung, Ostpazifischer Rücken

M2 *Topographische Begriffe*

kontinentale Kruste	bis fast 6000 °C
ozeanische Kruste	Konvektionsströme
Erdkruste	oberhalb von 700 km Tiefe
Lithosphäre	zerbrochen in Platten
Asthenosphäre	verformbarer Teil des oberen Mantels
oberer Mantel	oberhalb der Moho-Grenze
unterer Mantel	vorwiegend Basalt (3 g/cm³)
äußerer Kern	keine Durchdringung von S-Wellen
innerer Kern	Dichte von ca. 2,7 g/cm³

M3 *Schaffe Ordnung im Aufbau der Erde!*

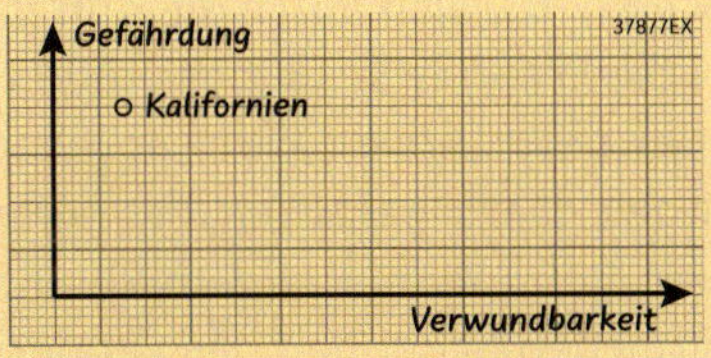

Weitere Staaten:
Hawaii (USA)
Indonesien
Ecuador
Kanada
Japan

M4 *Bewertung des Risikopotenzials*

M6 *Der Cotopaxi in Ecuador*

M7 *Details eines Reliefglobus*

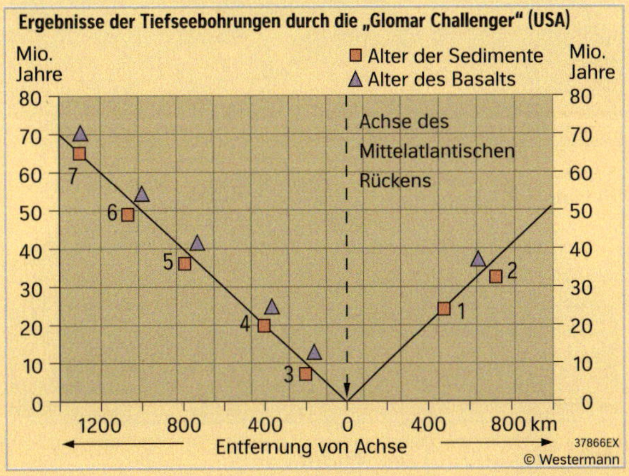

M8 *Gesteinsalter am Meeresboden des Atlantiks*

Beispiel A:

Lage im Gradnetz (°S/°W)	21/72	20/70	19/68	18/66
Tiefe des Erdbebenherdes (km)	50	100	170	280

Beispiel B:

Lage im Gradnetz (°N/°O)	32/142	35/140	38/138	41/136
Tiefe des Erdbebenherdes (km)	50	150	250	350

M5 *Erdbebengebiete*

CHECK

M1 *Ausbruch des Calbuco (Chile, 2015), im Hintergrund die Andenkette*

Reise durch Amerika – Unterwegs in den Anden von Chile

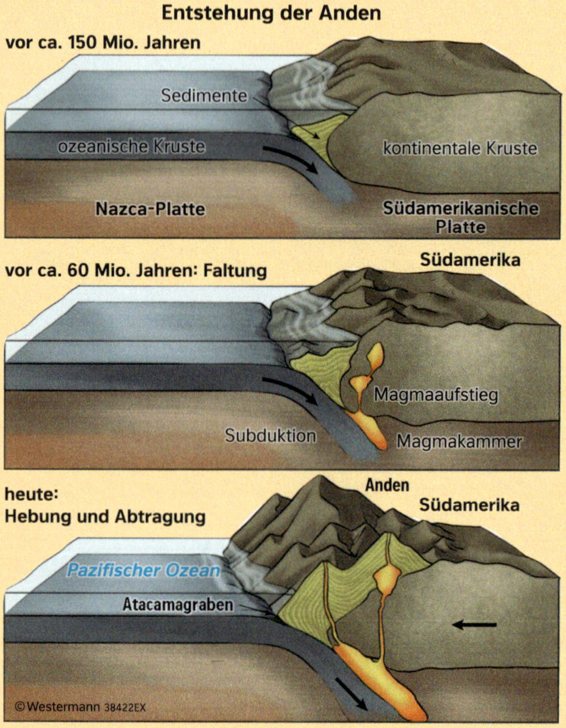

M2 *Entstehung der Anden*

Die Anden sind mit ihren rund 7500 Kilometern das längste Gebirge der Welt. Sie entstehen seit rund 150 Millionen Jahren. Damit sind sie erdgeschichtlich gesehen ein junges Gebirge, ähnlich dem Himalaya. Auch die Anden sind ein *Faltengebirge*. Sie bilden sich durch die Kollision der ozeanischen Nazca-Platte mit der kontinentalen Kruste der südamerikanischen Platte (M2).

Die *Subduktion* der Nazca-Platte macht Chile zu einer der von *Erdbeben* am schwersten betroffenen Regionen der Erde (M5). Die enormen Wassermassen, die bei der Subduktion „verschluckt" werden und teils wieder nach oben drängen, sind unter anderem auch Grund für einen explosiven *Vulkanismus*. Hierdurch bildete sich aber auch der Rohstoffreichtum des Landes aus: Die heißen Dämpfe lösten und konzentrierten Mineralien in *Lagerstätten* (›S. 80/81), die sich durch die Auffaltung der Anden an die Erdoberfläche bewegten.

Chiles Lage an einer ***destruktiven Plattengrenze*** verursacht also hohe Naturgefahren, ist aber auch eine Grundlage für Wohlstand (M9) und Basis der landschaftlichen Schönheit des Landes.

M3 *Relief im westlichen Südamerika (überhöhtes Satellitenbild)*

ERSTAUNLICH!

Wusstest du ...,
dass es 183 aktive Andenvulkane gibt, davon 55 in Chile und dass deren Magma-Art den Gesteinsbegriff *Andesit* geprägt hat? In andesitischer Lava bildet sich oft ein hoher Gasdruck, der starke Explosionen hervorruft. Dieses Magma kann aber auch effusiv gefördert werden, wie auf Hawaii (›S. 26).

TRANSFER

M4 *Erdbebenschäden in Concepción*

M7 *Las Condes, nahe Santiago de Chile*

Rekordverdächtig – Erdbeben in Chile

Am 27.02.2010 ereignete sich in der Küstenregion Maules, 150 Kilometer nordöstlich der Stadt Concepción, ein schweres Erdbeben, welches noch in der 325 Kilometer entfernten Hauptstadt Santiago de Chile zu spüren war. Es hatte die Stärke 8,8 und war damit eines der schwersten Beben seit Beginn der Aufzeichnungen im Jahre 1900. Der darauf folgende Tsunami traf die Menschen an der chilenischen Küste hart: etwa 700 Menschen starben. In der Stadt Concepicón richtete das Beben schwere Schäden an. Der Gesamtschaden in Chile wurde auf 30 Milliarden US-Dollar geschätzt.

Fünfeinhalb Jahre später ereignete sich wieder ein schweres Erdbeben, mit einer Stärke von 8,4. Es traf vor allem die Region Illapel, 230 km nördlich von Santiago, wo ebenfalls hohe Häuser schwankten. Am 17.09.2015 wurde frühzeitig vom nationalen Katastrophenschutz Tsunamialarm ausgelöst, u.a. über Twitter. Etwa 1 Million Menschen wurden evakuiert und mussten die eingerichteten Sicherheitszonen aufsuchen. In der Folge waren „nur“ acht Tote zu beklagen. Seit 2010 hat sich der Andenstaat besser gegen Erdbeben gewappnet.

M5 *Erdbeben in Chile*

14.07.2007	nahe Tocopilla
27.02.2010	Küste von Maule (M5)
11.03.2010	bei Pichilemu
02.01.2011	bei Temuco
01.04.2014	bei Pisaqua
16.09.2015	bei Illapel (M5)
25.12.2016	bei Puerto Montt

M6 *Erdbeben in Chile seit 2000 (Stärke: 7 oder >7)*

M8 *Ausgewählte Schutzmaßnahmen in Chile*

Chile ist [einer] der wichtigsten Rohstoffproduzenten der Welt. [Es] verfügt über die weltweit größten Kupfervorkommen. [...] Weitere bedeutende Rohstoffe des Landes sind Molybdän, Rhenium, Gold und Silber [...]. Hinzu kommen Lithium und Nitrate, bei denen Chile zu den weltweit führenden Produzenten gehört. Daneben finden sich Eisen-, Mangan-, Blei- und Zinkressourcen.
Quelle: www.deutsche-rohstoffagentur.de, 20.09.2018

M9 *Einschätzung der Bundesanstalt für Rohstoffe*

1 a) *Charakterisiere* die besondere Lage Chiles aus plattentektonischer Sicht und *benenne* daraus resultierende Vor- und Nachteile. Nutze auch den Atlas.

b) *Beurteile* folgenden Ansatz aus Chile: „Gefährdung katastrophal – Verwundbarkeit minimal!“

Vertiefung

Raumanalyse Atlantik – Wie steht es um unsere Meere?

Die Nordsee gehört als Teil des Atlantischen Ozeans zu den Meeren, die besonders intensiv von uns Menschen genutzt werden. Nenne Beispiele hierfür! Sind dir auch mögliche Folgen und Probleme dieser Nutzungen bekannt?

Raumanalyse Atlantik – Wie wird aus Ausbeutung nachhaltige Nutzung?

Über 3600 selbstständig arbeitende Mess-Sonden des ARGO-Projekts sind in den Ozeanen aktiv. Sie sind Teil eines internationalen Programms zur Meeresforschung, an dem sich über 25 Nationen beteiligen. Ihre Aufgabe ist es, Daten zu Temperatur, Druck und Salzgehalt des durchschwommenen Meerwassers in bis zu 2000 Metern Tiefe zu erheben.

Warum interessieren sich Wissenschaftler für diese Daten?

Der berühmteste Eisberg ist wohl derjenige, der für den Untergang der Titanic verantwortlich war. Noch immer gibt es solch große Eismassen im Ozean, auch wenn sich ihr Vorkommen derzeit aufgrund des Klimawandels rasant verändert.

Wie verändert sich der Ozean, wenn sich das Klima ändert?

In den Meeren herrscht Goldgräberstimmung!
Immer mehr Staaten zeigen Interesse daran, seltene Metalle im sogenannten Meeresbergbau zu gewinnen. Dabei sind nicht nur die bekannten Manganknollen von Interesse.

Wo gibt es im Ozean Lagerstätten, an denen metallische Rohstoffe abgebaut werden könnten?

Weltweit steigt der Fischkonsum rasant an. Viele Fischarten und andere Meereslebewesen sind daher vom Aussterben bedroht.

Wie kann man mit gutem Gewissen Fisch essen?

„Die Niederländische Gemeinde Walcheren versinkt im Meer!“ – so oder ähnlich könnten in naher Zukunft häufig Nachrichten aus dem „Niederen Lande“ lauten.

Warum verschärfen sich die Probleme mit Hochwasser im Zuge des Klimawandels und welche Maßnahmen werden schon heute dagegen ergriffen?

Im Atlantik, wie auch in den anderen Ozeanen, befinden sich unter anderem unvorstellbare Mengen an Kunststoffmüll. Von kleinen Nanopartikeln bis zu ganzen Gewächshäusern ist dort alles vorzufinden, was die Konsumgesellschaft an Plastikprodukten verwendet.

Welche sinnvollen Wege gibt es, die Vermüllung der Meere zu vermeiden?

LEITFRAGE

Wie lässt sich der Atlantik als marines Ökosystem schützen und gleichzeitig wirtschaftlich nutzbar machen?

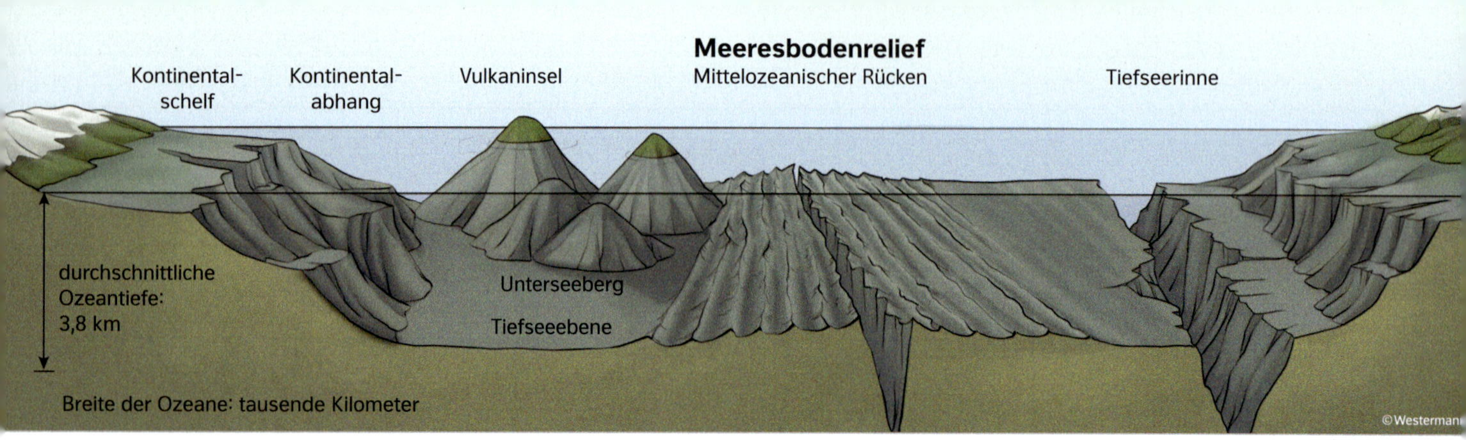

M1 *Das Relief des Meeresbodens (Blockbild)*

Der Ozeanboden – alles andere als eben

Das Weltmeer nimmt mehr als zwei Drittel der Erdoberfläche ein. Es ist damit das größte zusammenhängende **Ökosystem** der Erde. Die mittlere Tiefe des Ozeans beträgt etwa 3700 Meter. Der Großteil des Weltmeeres besteht aus 3000–5000 Meter tiefen Meeresbecken. Sie werden von der riesigen, teilweise die Meeresoberfläche überragenden Gebirgskette der *Mittelozeanischen Rücken* (›S. 20) und von über 6000 Meter tiefen *Tiefseerinnen* durchzogen. Die tiefste bekannte Stelle liegt mit 11034 Metern im Marianengraben.
Kontinente und *Inseln* erheben sich aus den Meeren. Ozeanische Inseln ragen abseits der Kontinente aus dem Ozean hervor (etwa als Bestandteil von Mittelozeanischen Rücken oder als Ergebnis von *Hot Spot*-Vulkanismus ›S. 26). Kontinentale Inseln befinden sich in einem *Schelfmeer* in relativer Nähe zu einer kontinentalen Landmasse.

Da Wasser Licht nur bedingt durchlässt, ist es ab einer Tiefe von 200 Metern fast vollständig dunkel. Deshalb kann die *Fotosynthese* auch nur im oberen Bereich stattfinden, was die Verbreitung der Lebewesen beeinflusst.

Die Artenvielfalt der Meere ist noch weitestgehend unbekannt. Bisher wurden nur die Küstengewässer und flache Wasserbereiche über dem Kontinentalschelf ausreichend erforscht. Das sind nur neun Prozent der Meeresfläche. Aufgrund des hohen Drucks (in 1000 Metern Tiefe lastet ein Gewicht von 100 Kilogramm auf jedem Quadratzentimeter), der großen Kälte sowie der Dunkelheit haben Wissenschaftler noch bis 1980 Leben unterhalb von vier Kilometern Tiefe ausgeschlossen. Erst moderne Tauchroboter bewiesen, dass auch in tieferen Regionen Leben existiert.

Vom **Kontinentalschelf**, den vom Ozean überfluteten Rändern der Kontinente, bilden die **Kontinentalabhänge** den Übergang in die Tiefsee.
Die **Tiefseebecken** galten lange Zeit als völlig eben. Heute sind dort mehr als 30000 größere Unterwasserberge, sogenannte *Seamounts*, bekannt, die ihre Umgebung um mehrere Tausend Meter überragen. Beispiele sind die Gorringe-Bank im Atlantik, die Hawaii-Emperor-Kette im Pazifik sowie die Tiefseeberge Ferdinandea und Marsili im Mittelmeer.
Während an den **mittelozeanischen Rücken**, den alle Ozeane durchziehenden untermeerischen Gebirgen, ozeanische Kruste entsteht, wird in den **Tiefseerinnen** Meeresboden durch *Subduktion* wieder aufgeschmolzen.

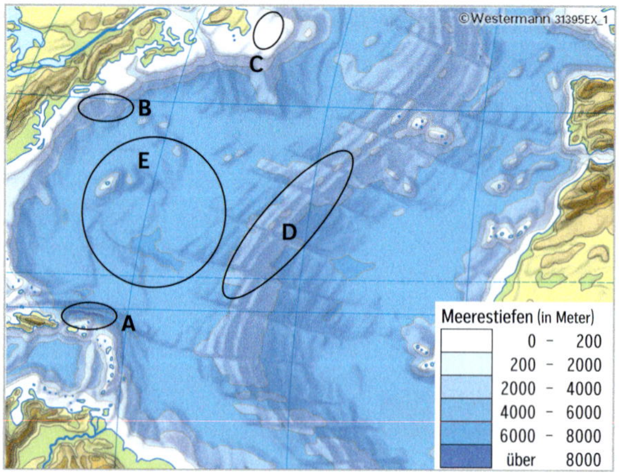

M2 *Das Relief des Meeresbodens*

MODELL

Die *hypsometrische Kurve* ist die grafische Darstellung der Anteile der verschiedenen Höhenstufen am *Relief* der gesamten Erdoberfläche.

Dazu werden in einem rechtwinkligen Koordinatensystem die jeweiligen Flächenanteile der auf der Erde vorkommenden Höhen von der tiefsten Meerestiefe bis zur höchsten Erhebung des Festlandes eingetragen.

Die größten Flächen auf der Erde werden von der Kontinentalplattform mit Höhen (bezogen auf den Meeresspiegel) zwischen – 200 m und 2000 m und den Tiefseebecken zwischen – 3000 m und – 5000 m eingenommen.

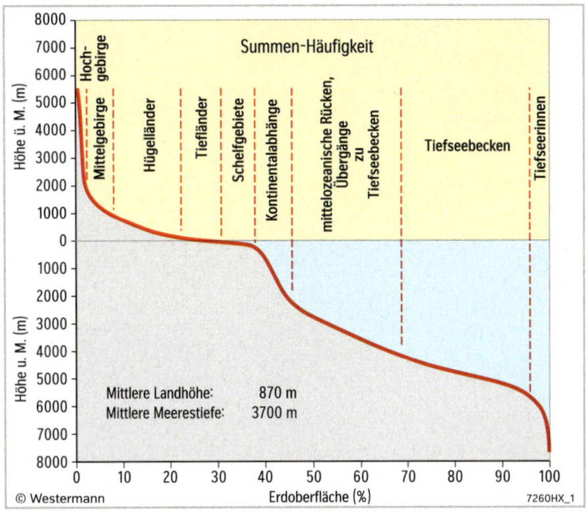

M3 *Die hypsometrische Kurve*

INFO

Census of Marine Life

Ab dem Jahr 2000 versuchten über 2700 Forscher aus 80 Ländern, zehn Jahre lang mit ihrer Volkszählung der Meere den gigantischen Lebensraum Ozean besser kennenzulernen. Niemals zuvor wurden so viele ungewöhnliche, seltene oder verblüffende Entdeckungen gemacht!
Nahe einer Thermalquelle in 3000 Meter Tiefe fanden Meereswissenschaftler unter anderem Garnelen. Das Wasser weist dort 407 °C auf, die höchste Unterwassertemperatur, die je gemessen wurde.
In einer Probe aus 5000 Meter Tiefe fanden Forscher über 500 Arten, darunter verschiedene Flohkrebse. Ein lebendes Fossil ging den Wissenschaftlern vor der Küste Australiens ins Netz: Sie fanden eine Garnele, von der man bisher dachte, sie sei schon vor 50 Millionen Jahren ausgestorben.

Obwohl die zehn Jahre intensiver Forschungsarbeit mehr als 1200 bisher unbekannte Arten zu Tage gefördert haben, bleibt die Erkenntnis, dass große Teile des Ozeans wahrscheinlich für immer unerforscht sein werden.

Bartwürmer an Thermalquelle in der Tiefsee

ERSTAUNLICH!

„Wir wissen mehr über die Oberfläche von Mars und Mond als über den Grund der Ozeane."
(PAUL SNELGROVE, Meeresbiologe)

❶ a) *Ordne* den Buchstaben A – E in M2 die passende Reliefform *zu*.
b) *Benenne* mithilfe einer physischen Karte einen mittelozeanischen Rücken und eine Tiefseerinne im Pazifischen Ozean (Atlas).
c) *Nenne* jeweils die beiden Platten, die an dieser Stelle aneinandergrenzen (Atlas).

❷ *Erkläre* Zusammenhänge zwischen den Reliefformen des Meeres und plattentektonischen Prozessen.

❸ a) *Arbeite* mithilfe von M3 den Anteil des untermeerischen Reliefs und der Tiefseerinnen *heraus*.
b) *Begründe*, weshalb die hypsometrische Kurve nur eine Momentaufnahme der Erdgeschichte abbildet.

❹ EDWARD FORBES erforscht Mitte des 19. Jhds. als einer der ersten Meeresforscher die Tiefsee. Weil mit zunehmender Tiefe immer weniger Tiere auffindbar waren, schloss er, dass die Ozeane unterhalb von 550 m leblos (azoisch) seien.
Stelle mögliche Argumente *dar*, mit denen Forbes seine Theorie gestützt haben könnte.

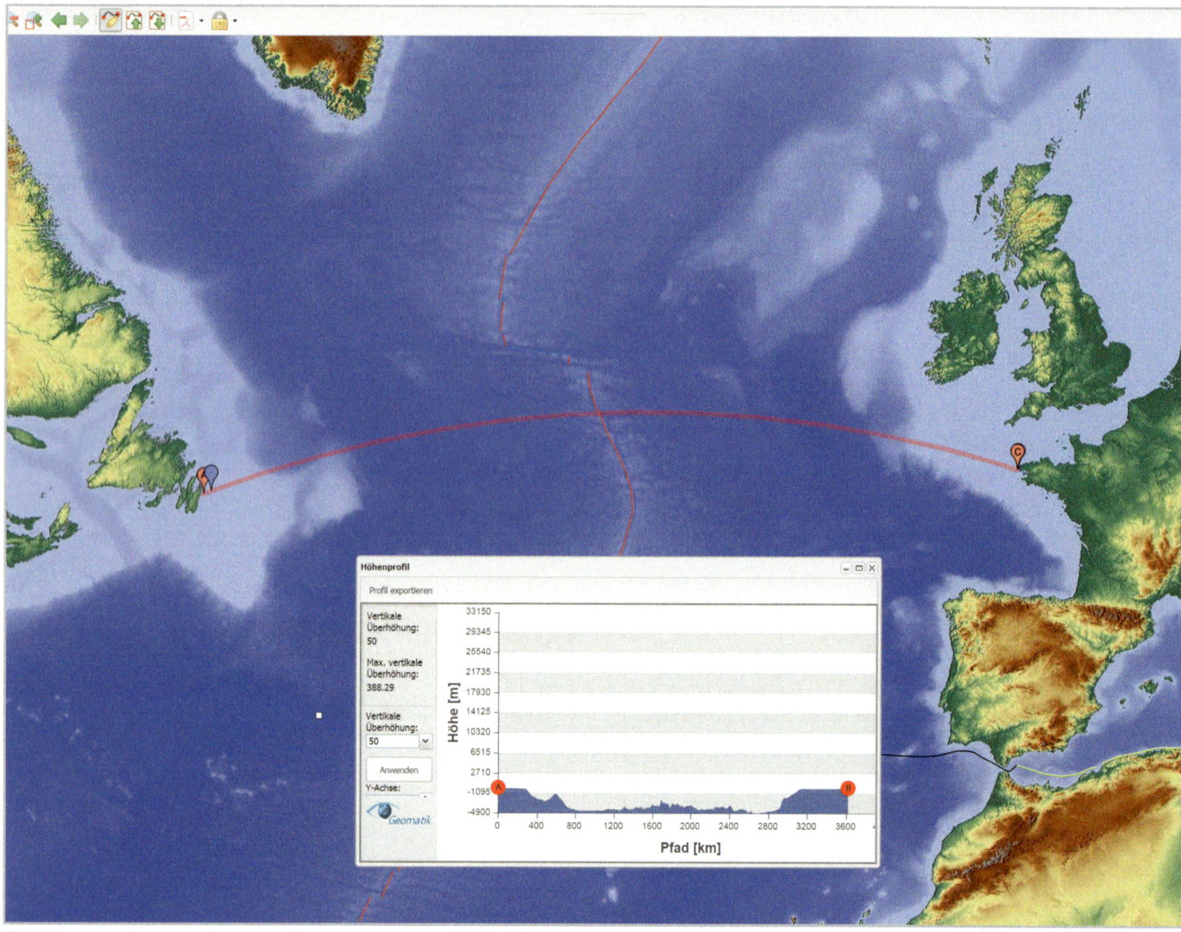

M1 *Profil durch den Atlantik von Neufundland in die Bretagne mit Profillinie (Überhöhungsfaktor: 50)*

Wie erstelle ich ein digitales Geländeprofil?

Ein *Profil* ist ein grafischer Querschnitt durch einen bestimmten Abschnitt der Erdoberfläche. Bei der Vorbereitung von Wanderungen oder Fahrradtouren zum Beispiel ist es von großem Nutzen, wenn durch ein Geländeprofil der Strecke die Steigungen bekannt sind und somit die Strecke genauer geplant werden kann.

INFO

Überhöhung
Um das Profil verdeutlicht darzustellen, kann es sinnvoll sein, den Höhenmaßstab vom Längenmaßstab zu unterscheiden Die Vergrößerung des Höhenmaßstabes gegenüber dem Längenmaßstab wird als *Überhöhung* bezeichnet. Das Verhältnis der beiden Maßstäbe zueinander nennt man *Überhöhungsfaktor*.

Durch Profile können aber auch bestimmte geographische Sachverhalte genauer analysiert werden. Vor allem die Tektonik und Geomorphologie eines Raumes lassen sich durch die zusätzliche Analyse eines Profils besser verstehen. Dies gilt natürlich auch für den untermeerischen Formenschatz, der sich durch Profile erschließen lässt.

Aus topographischen Karten lassen sich unter Nutzung der Höhenlinien Profile von Hand zeichnen (›Diercke 5/6).
Mithilfe von digitalen Karten ist sogar das Erstellen von digitalen Profilen möglich. Das Landesmedienzentrum (LMZ) Baden-Württemberg bietet dazu auf seiner Internetseite ein Werkzeug an. Auch das verbreitete Google Earth ermöglicht digitale Profile, wobei hier allerdings keine Profillinien durch die Ozeane erstellt werden können.

Schritt für Schritt: Wir erstellen ein digitales Höhenprofil

Je nachdem, mit welchem Programm man arbeitet, unterscheidet sich die Bedieneroberfläche ein wenig. Grundlegende Arbeitsschritte bleiben aber immer die gleichen:

1. Kartenausschnitt auswählen

✓ Navigiere in der Karte zu dem Teil der Erdoberfläche, in dem das Profil erstellt werden soll.

2. Anfangs- und Endpunkt festlegen

✓ Wähle den Anfangs- und Endpunkt für dein Profil.

✓ Markiere die Punkte durch Setzen der Ortsmarkierung. Klicke dazu in der Symbolleiste auf das Markierungssymbol (Fähnchen oder Pinnnadel) und danach auf den entsprechenden Punkt auf der Karte.

✓ Durch das Setzen von Zwischenpunkten können auch geknickte Profillinien erstellt werden.

3. Profillinie zeichnen

✓ Verbinde beide Punkte durch das Zeichenwerkzeug. Ein Klick auf den Button (Stift oder durch Linie verbundene Punkte) aktiviert diese Funktion.

✓ Mit einem Klick markiert man den Startpunkt des Profils. Durch einen Doppelklick auf den Endpunkt beendet man das Zeichen.

4. Profil erstellen

✓ Im Modul des LMZ erscheint nun automatisch das Profil in einem Fenster.

✓ Bei Google Earth muss man im Reiter „Bearbeiten“ den Befehl „Höhenprofil anzeigen“ anwählen.

Tipp:
Die Überhöhung wird von beiden Programmen selbstständig gewählt. Im Angebot des LMZ kann man die Überhöhung aber durch eine Eingabe gezielt verändern (M2). Die Überhöhung sollte so gewählt werden, dass die zu beschreibende Oberflächenform gut erkennbar, aber nicht übertrieben dargestellt wird.

1. Profil mit Überhöhungsfaktor 390

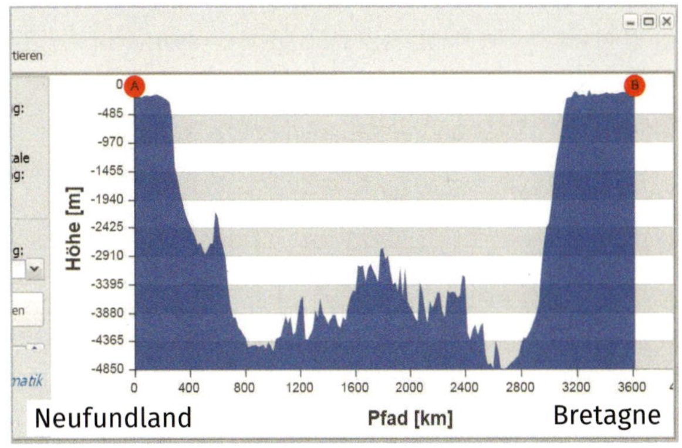

2. Profil mit Überhöhungsfaktor 5

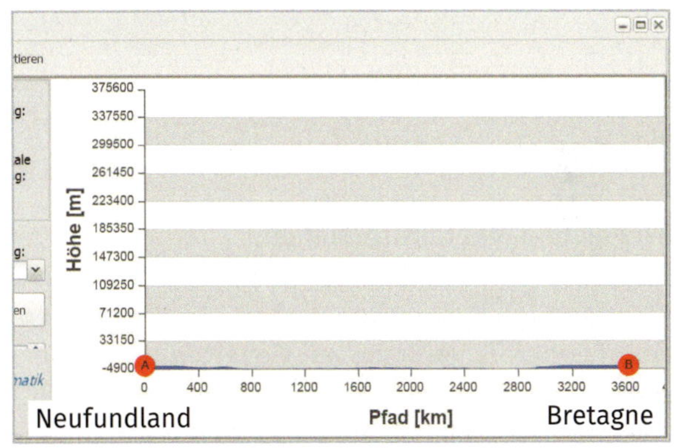

M2 *Profil durch den Atlantik*

INTERNET

http://gis.lmz-bw.de/geomorphologie
(Quelle für M1 und M2)

1 a) *Beschreibe* das Profil durch den Meeresboden des Atlantiks (M2) mit den Fachbegriffen für das Relief des Meeresbodens.
b) *Stelle* den Zusammenhang zur Plattentektonik *dar.*

2 a) *Vergleiche* die Profile in M1 und M2.
b) Wähle die geeignete Überhöhung und *begründe* deine Wahl.

3 Transfer!
a) *Erstelle* ein digitales Profil vom Grund des Indischen Ozeans mit geeigneter Überhöhung.
b) *Charakterisiere* die untermeerischen Reliefformen ausgehend von der Plattentektonik.

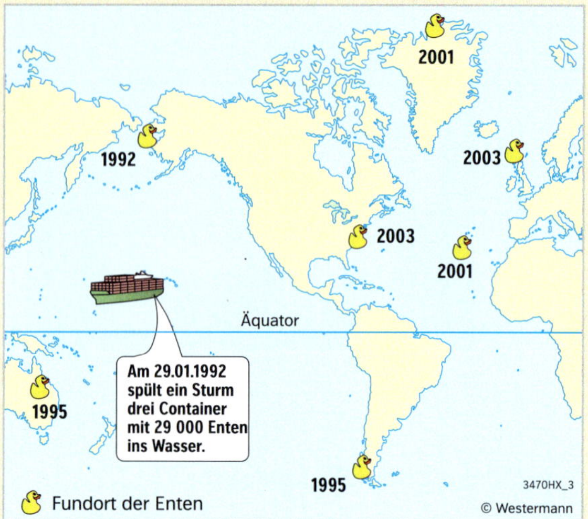

Tausende Quietsche-Enten nehmen Kurs auf England

Im Januar 1992 verlor ein Frachter aus Hongkong auf seiner Reise nach Tacoma im US-Staat Washington im Ostpazifik einige Container mit insgesamt knapp 29000 Spielzeugtieren. Die Behälter öffneten sich, und die Plastikobjekte schwammen fortan auf dem Weltmeer dorthin, wo die Strömung sie hintrieb, und verteilten sich in verschiedene Richtungen.
Im Jahr 2000, acht Jahre nach dem Unglück, wurden einige Plastikenten im Nordatlantik zwischen Maine und Massachusetts gesichtet. Durch die Firmenaufschrift „Frist Years Inc." waren sie eindeutig zu identifizieren, obwohl Sonne und Meer die Oberfläche gebleicht hatten.

Quelle: www.spiegel.de, 30.06.2007

M1 *Schwimmende Plastiktiere geben Auskunft über Meeresströmungen*

Die Ozeanzirkulation

Wellen und Meeresströmungen

Der *Ozean* ist in ständiger Bewegung. Der Wind löst Seegang in Form von **Wellen** aus, die Schwer- und Fliehkraft verursachen **Gezeiten** und untermeerische *Erdbeben* können *Tsunamis* (›S. 30) auslösen. Vor allem halten aber **Meeresströmungen** das Wasser in Zirkulation, man beschreibt diesen Kreislauf als globales Förderband.
Unterschieden wird zwischen *Oberflächenströmungen*, die in eine Tiefe von bis zu 300 Metern reichen und vor allem durch Winde entstehen und *Tiefenströmungen*, die durch Unterschiede in der Dichte des Meerwassers angetrieben werden.

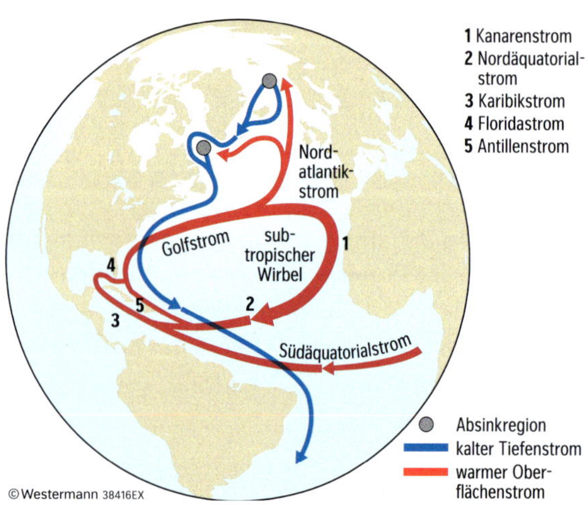

M2 *Die Nordatlantikzirkulation der Meeresströme*

Diese Dichteunterschiede sind auf die Temperatur des Wassers und seinen **Salzgehalt** zurückzuführen. Daher spricht man auch von der **thermohalinen Zirkulation** (M3, M4). Sie spielt eine Schlüsselrolle innerhalb des Wärmetransports der Erde. Für einen Umlauf werden etwa 1000 Jahre benötigt.

Meeresströmungen im Atlantik – ein Klimafaktor

Im tropischen Atlantik wird Meerwasser durch den hohen Einfallswinkel der Sonnenstrahlen erwärmt. Dieses durch hohe *Verdunstung* salzreiche Wasser wird über den Golf von Mexico nach Norden transportiert. Mit dem *Golfstrom* gelangen so enorme Energiemengen in den nordatlantischen Raum und beeinflussen das **Klima** in Europa (M2).
Das Meerwasser erwärmt die Luftmassen und kühlt dabei ab, was durch weitere Verdunstung verstärkt wird. Bei der Entstehung von **Meereis** im Nordatlantik werden nur die Wassermoleküle zu Eis gebunden und die Salzmoleküle an das flüssige Wasser abgegeben, sodass der Salzgehalt des Nordatlantikstromes weiter ansteigt. In der Labradorsee und in der Grönlandsee sinken kalte und salzreiche Wassermassen ab und fließen als Tiefenwasser in Richtung der Antarktis.
Auch auf der Südhalbkugel gibt es solche Tiefenwasserbildungszonen im Atlantik, zum Beispiel im Weddellmeer vor der Antarktischen Halbinsel.

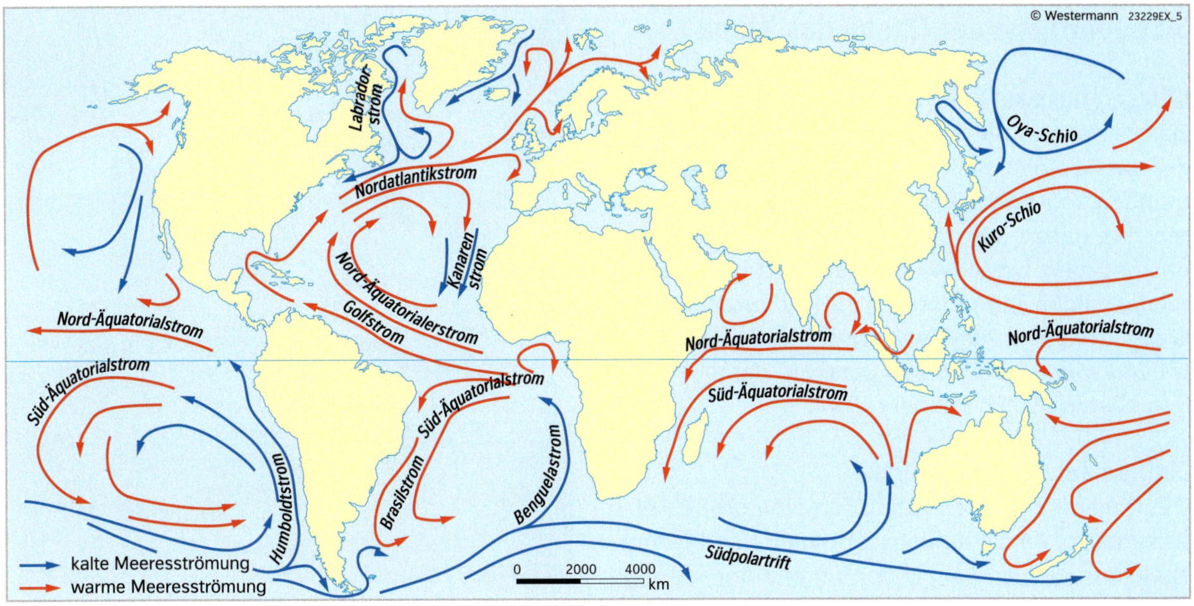

M3 *Die wichtigsten Oberflächenströmungen*

Die *Oberflächenströmungen* erfahren ihren Antrieb durch die Schubkraft der Winde, die über längere Zeit aus denselben Richtungen wehen. Urheber dieser auch als *Trift* bezeichneten Strömungen sind zum Beispiel die Passate in den Tropen sowie die Westwinde der mittleren Breiten. Die Richtungen dieser über große Entfernungen wirksamen Strömungen werden von den Kontinenten, dem Meeresbodenrelief und der Erdrotation beeinflusst. Letztere erzeugt im zentralen Bereich der Ozeane Strömungswirbel, die auf der Nord- und Südhalbkugel verschiedene Strömungsrichtungen aufweisen.

Die Dichte des Meerwassers ist nicht überall gleich: Unterschiede im Salzgehalt (Salzwasser ist dichter als Süßwasser) und der Wassertemperatur (kaltes Wasser ist bis 4 °C dichter als warmes) führen zu vertikalen Wasserbewegungen und treiben daher *Tiefenströmungen* an. Sie sind ein entscheidender Motor für das weltumspannende Strömungssystem, denn das absinkende Wasser „saugt" neues Oberflächenwasser aus den Tropen an.
An den Ostseiten der Kontinente gibt es polwärts gerichtete warme Strömungen. Ihr Wasser transportiert riesige Mengen Wärmeenergie aus den Tropen in die hohen nördlichen und südlichen Breiten. Es erwärmt die darüber liegende Luft und hat somit Einfluss auf die Temperaturen der Küstenregionen.
An den Westseiten der Kontinente verschieben die Passate hingegen warmes und nährstoffarmes Oberflächenwasser seewärts. Es wird durch aufsteigendes kaltes und nährstoffreiches Tiefenwasser ersetzt. Beispiele hierfür sind die Küstenabschnitte von Chile oder Namibia.

M4 *„Motoren" der Meeresströmungen*

1 Die Erforschung der Ozeanzirkulation wurde durch verlorenen Gummitiere vorangetrieben (M1). *Stelle* mögliche Routen der Schwimmtiere zu ihren Fundorten *dar* (M1, M3).

2 Aktiv!
Erstelle eine Skizze zum Thema „Motoren" von Meeresströmungen (Text, M3, M4).

3 a) *Arbeite heraus*, dass der Nordatlantikstrom sowohl Teil einer windbedingten Oberflächenströmung als auch Teil einer thermohalinen Tiefenströmung ist (Atlas, M2, M3).

4 Transfer!
Erläutere die Meeresströmungen und ihre Antriebsprozesse im Südatlantik (Atlas, M3).

5 a) *Begründe* die zentrale Stellung des Atlantiks in der Ozeanzirkulation (Atlas).
b) *Überprüfe* folgende Aussage (Text, M4): Ein Anstieg der Wassertemperatur im Arktischen Ozean kann für Europa weitreichende Folgen haben.

So beeinflusst der Ozean das Klima

Klimaeinfluss auf Europa

Das Klima und die Vegetation Nord- und Mitteleuropas werden maßgeblich von den Meeresströmungen im Atlantik bestimmt. Diese transportieren das ganze Jahr über warme Wassermassen nach Norden. Dieser **Wärmetransport** bewirkt die relativ milden Temperaturen in Nordeuropa.
Wasser hat eine hohe spezifische Wärmekapazität und wirkt dadurch mäßigend auf das Klima an den Küsten (›S. 55: Erinnere dich).

Einfluss auf den Klimawandel

Die Ozeane erzeugen zusätzlich eine große Pufferwirkung, da sie Kohlenstoffdioxid und Wärme speichern. Sie sind ein Dämpfungsfaktor für den anthropogenen **Klimawandel** (M2). Aufgrund der hohen Wärmekapazität des Wassers absorbieren die Meere doppelt so viel Sonnenenergie wie die Kontinente und die Atmosphäre. Damit gleichen sie extreme Temperaturschwankungen aus und fangen längerfristige Klimaänderungen teilweise ab. Sie wirken somit als riesige **Wärmespeicher**.
Das Wasser des Weltmeeres ist zudem in der Lage, atmosphärisches Kohlenstoffdioxid zu lösen und zu binden. Wissenschaftler schätzen, dass die Ozeane bis heute etwa ein Drittel des vom Menschen seit dem Beginn der Industrialisierung ausgestoßenen und durch die Verbrennung *fossiler Rohstoffe* entstandenen Treibhausgases aufgenommen haben. Anteil daran haben auch die Meereslebewesen: Korallen verarbeiten während ihres Stoffwechselprozesses das gelöste Kohlenstoffdioxid, das in Verbindung mit Kalzium die aus Kalziumkarbonat bestehenden Korallenriffe bildet. Im Laufe der Erdgeschichte wurden so große Mengen dieses Gases in Kalkstein gebunden. Die CO_2-Speicherung wird durch die globalen Meeresströmungen möglich gemacht (›S. 52, M3). Große Mengen an Oberflächenwasser sinken in die Tiefsee ab und speichern das CO_2 dort für lange Zeit (**Kohlenstoffdioxidsenke**).
Die riesigen Wassermassen der Ozeane reagieren nur sehr träge auf Veränderungen, sodass die Auswirkungen des Klimawandels nur allmählich sichtbar werden. Allerdings können diese, wenn bestimmte, aber nicht genau bekannte Schwellenwerte überschritten sind, unumkehrbar sein. Daher spricht man von sogenannten Kipppunkten (engl. „*tipping point*“). So ließen sich beispielsweise das völlige Abschmelzen der Gletscher Grönlands und ein damit verbundener Meeresspiegelanstieg um mehrere Meter ab solch einem „tipping point“ nicht mehr aufhalten.

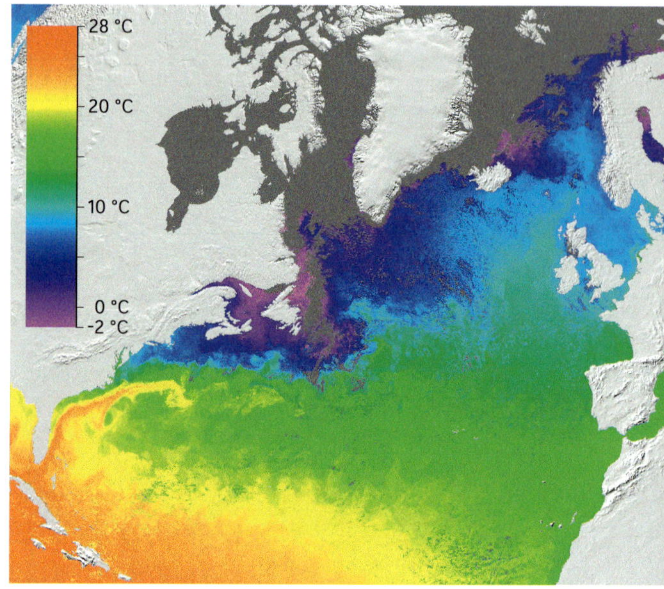

M1 *Oberflächentemperatur des Nordatlantiks*

ERSTAUNLICH!

In einer Pilotanlage auf Island wird von einem Forscherteam mit CO_2 versetztes Wasser 700 Meter tief in das Basaltgestein gepumpt. Hier reagiert die Kohlensäure (zu der CO_2 im Wasser wird) mit den im Gestein vorliegenden Mineralien und es bilden sich Carbonate. Man kann also sagen, dass das CO_2 zu Stein wird. Die Betreiber erhoffen sich durch solche negative Emissionen Klimaziele einhalten zu können. Das Verfahren ist aber teuer.

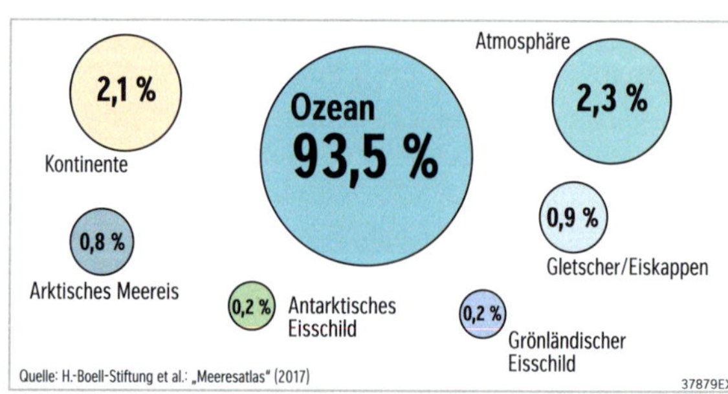

M2 *Wärmesenken des anthropogenen Treibhauseffekts*

Raumanalyse Atlantik

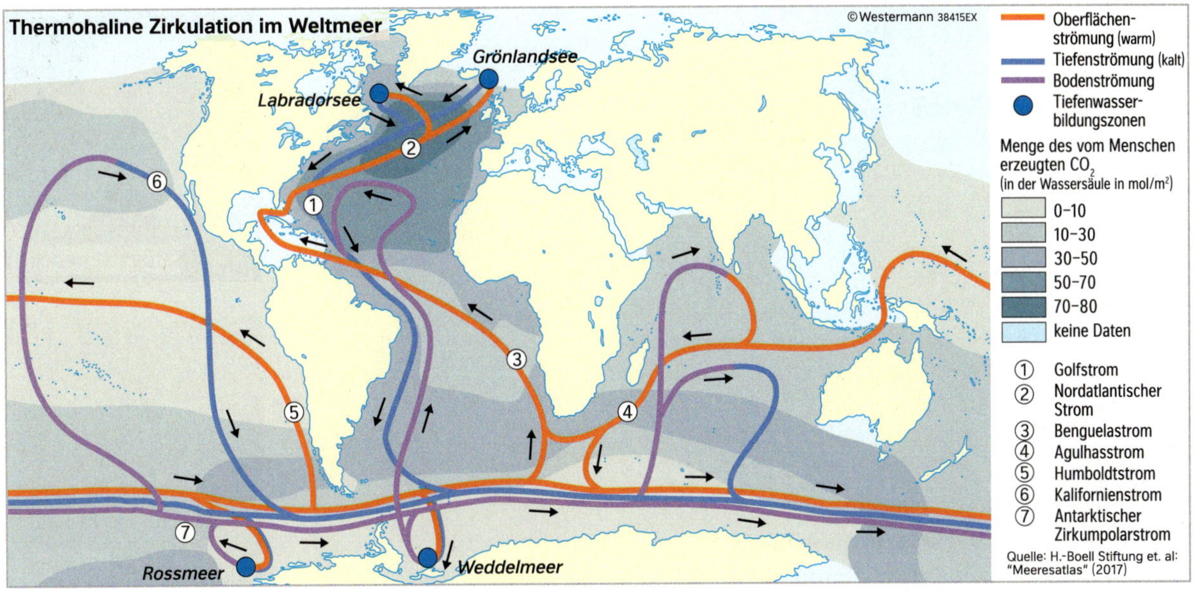

M3 *Ozeanzirkulation und CO_2-Speicher*

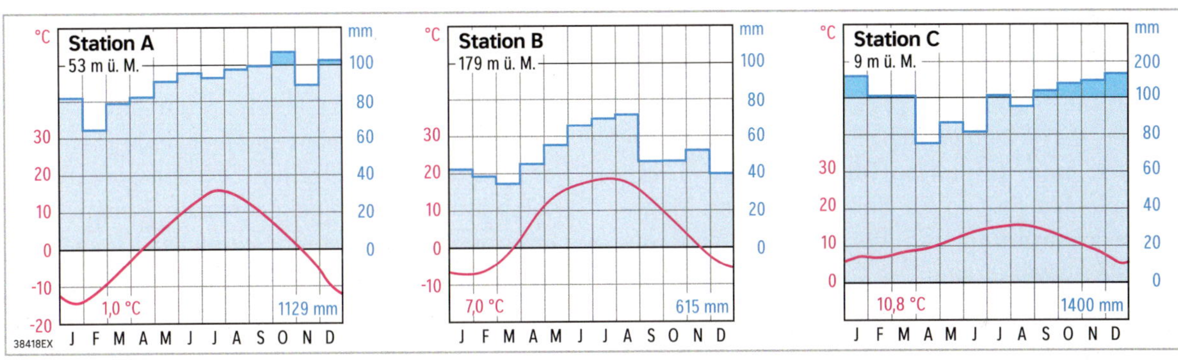

M4 *Klimadiagramme*

1 Die abgebildeten Klimadiagramme gehören zur Insel Valentia (Irland) sowie den Städten Sept Îles (Kanada) und Kiew (Ukraine).
a) *Arbeite* den Klimaschlüssel 3 zur Maritimität/Kontinentalität *heraus* (M4, ›S. 162).
b) *Erkläre* den Temperaturverlauf (M1, M3).
c) *Ordne* die Klimadiagramme begründet den drei Orten *zu*.

2 Der Ozean ist ein Klimapuffer! *Erkläre* diese Aussage.

3 Aktiv!
Erstelle ein Wirkungsgefüge zur Wechselwirkung von Atmosphäre und Ozean.

4 Warmes Wasser kann weniger CO_2 aus der Atmosphäre aufnehmen als kaltes. *Bewerte* diesen Fakt in Bezug auf die globale Erwärmung.

ERINNERE DICH!

Diercke-Klima-Baukasten

Klimaschlüssel: Maritimität/ Kontinentalität (›S. 162)

Die Entfernung zum Meer beeinflusst das Klima eines Ortes. Denn Wasser erwärmt sich im Sommer langsamer und kühlt im Winter langsamer ab. Es speichert also im Vergleich zur Erdoberfläche Wärme besser.

Vertiefung

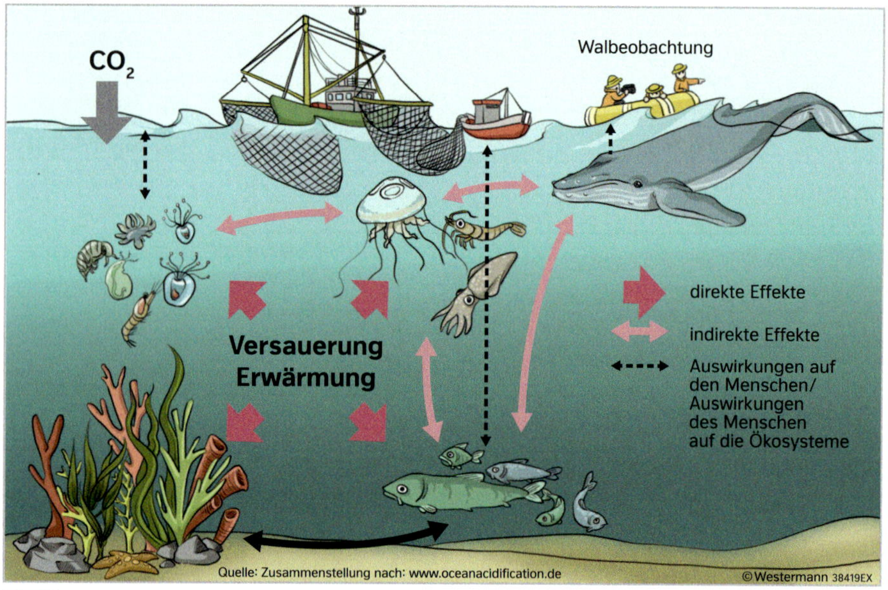

M1 *Klimawandel und Ozean*

M2 *Kalkabhängige Tiere*

So beeinflusst der Klimawandel den Ozean

Der Ozean bremst mit seinen riesigen Wassermassen den *Klimawandel*. Er dient als **Wärmespeicher** und **Kohlenstoffdioxidsenke** (›S. 54). Das aber hat Folgen für das Ökosystem: **Meerwassererwärmung** und **Versauerung** sind die zentrale Auswirkungen des Klimawandels auf den Ozean.

Ursache für die Versauerung des Meerwassers ist das chemische Gleichgewicht zwischen Luft und Wasser. Da der CO_2-Gehalt der Atmosphäre steigt, löst sich auch mehr CO_2 im Meerwasser, sodass wieder ein Gleichgewicht hergestellt wird. Im Meerwasser wird dafür Kohlensäure gebildet. Der pH-Wert verringert sich, das Wasser wird saurer, was wiederum die Sättigung mit Karbonat im Meerwasser verringert (M3).

CO_2 (atm)
↓↑
CO_2 + H_2O
gelöstes Kohlendioxid — Wasser
↓↑
H_2CO_3 ⇆ HCO_3^- + H^+
Kohlensäure — Hydrogenkarbonat — Wasserstoffion
↓↑
CO_3^{2-} + H^+
Karbonat

M3 *Reaktionsgleichungen zur Ozeanversauerung*

Dieser Prozess setzt Meeresorganismen unter Druck. Viele Lebewesen im Meer benötigen Karbonat, um ihre Skelette und Schalen aufzubauen (Kalkbildner). Dazu gehören zum Beispiel bestimmte Planktonarten, Schnecken, Muscheln, Seeigel und Korallen (M1, M2). Je knapper Karbonat ist, desto aufwendiger wird die Bildung von Calciumcarbonat ($CaCO_3$). Das kann das Wachstum der Tiere lebensbedrohend beeinträchtigen. Auch bei anderen Tieren, wie etwa Fischen, kann der reduzierte pH-Wert Stress auslösen. Besonders problematisch wird es dann, wenn weitere Faktoren wie Verschmutzung, Konkurrenzdruck oder *Überfischung* die Belastung noch erhöhen.

Die Erwärmung und Versauerung der Ozeane haben schließlich auch weitreichende Folgen für den Menschen, denn dieser ist auf verschiedene Prozesse des Ozeans angewiesen. Wenn sich immer mehr CO_2 im Meerwasser löst, sinkt auch die Fähigkeit des Ozeans, weiteres CO_2 aufzunehmen. Eine zunehmende Erwärmung verstärkt dieses Problem zusätzlich, denn je wärmer Meerwasser ist, desto weniger CO_2 kann es halten.

Wie lange können Meere noch ihre *Ökosystemleistungen* erbringen? Die Zukunft des Ozeans als Klimapuffer, als Versorger des Menschen mit Nahrung und als Garant für Biodiversität steht auf dem Spiel.

25. Oktober 2017 – Ein starkes Argument für die Begrenzung des Klimawandels:

Im November 2017 endet der deutsche Forschungsverbund zur Ozeanversauerung BIOACID (Biological Impacts of Ocean Acidification, Biologische Auswirkungen von Ozeanversauerung) nach acht Jahren intensiver wissenschaftlicher Tätigkeit. Die Experimente und Analysen, die mehr als 250 Wissenschaftlerinnen und Wissenschaftler von 20 deutschen Forschungsinstitutionen durchgeführt haben, belegen: Ozeanversauerung und -erwärmung, kombiniert mit anderen Umweltfaktoren, beeinträchtigen das Leben im Meer und gefährden für Menschen wichtige Ökosystemleistungen. [...] BIOACID-Mitglieder besuchen auch die Weltklimakonferenz COP23 in Bonn.

Quelle: Pressemitteilung des Future Ocean Netzwerk. In: www.futureocean.org, 30.10.2017

M4 *Bericht aus der Forschung*

1 *Arbeite* Ökosystemleistungen des Ozeans *heraus*, die durch Versauerung und Erwärmung beeinträchtigt werden können (M1, M4).

2 *Erkläre* die Reaktionen, die bei der Versauerung im Ozean ablaufen (M3).

3 Die Flügelschnecke ist besonders bedroht, weil ihre extrem dünne, leicht lösliche Kalkschale sie besonders anfällig macht (M2). Dies fanden Forscher bei Untersuchungen an verschiedenen Stellen im Atlantik heraus.
a) *Erkläre*, welche Gebiete im Atlantik besonders von der Ozeanversauerung bedroht sind (M5).
b) *Begründe*, warum eine Veränderung in diesen Gebieten den Menschen besonders betrifft (M1, M5).

4 Aktiv!
Die BIOACID-Forschungen setzen sich auch mit den Auswirkungen der Ozeanversauerung auf den Menschen auseinander. Recherchiere und *stelle* die Auswirkungen auf Gesellschaften und Volkswirtschaften an einem Beispiel *dar*.

INTERNET

www.ocean-acidification.de

ERSTAUNLICH!

Forscher gehen davon aus, dass die momentane Versauerung zehn- bis 100-fach schneller abläuft als jemals zuvor in den vergangen 50 Millionen Jahren.

Vor 55 Millionen Jahren gab es eine sehr viel langsamer verlaufende Versauerung. Zu dieser Zeit ereignete sich ein massenhaftes Aussterben mariner Arten.

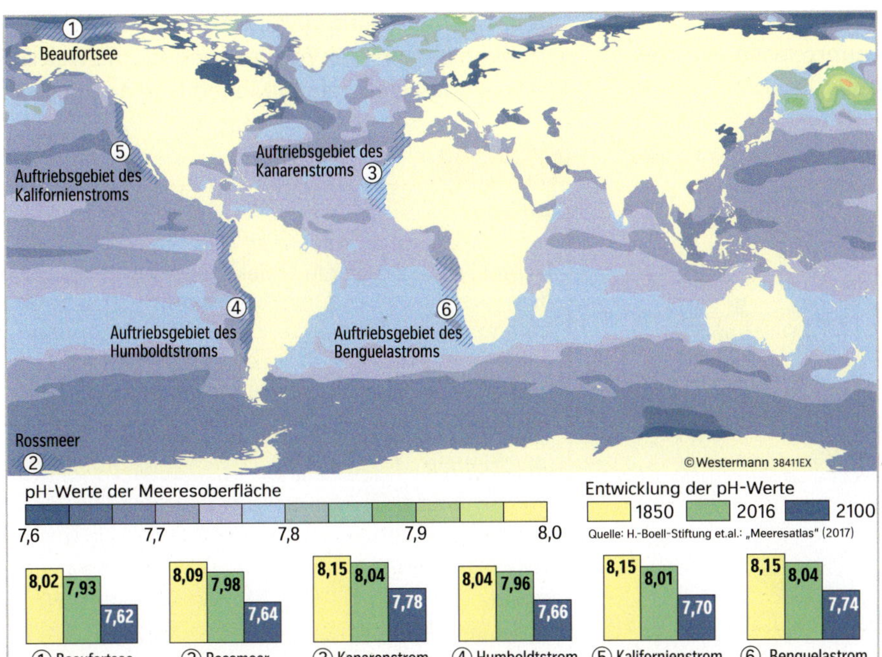

M5 *Prognose für den pH-Wert des Oberflächenwassers im Jahr 2100*

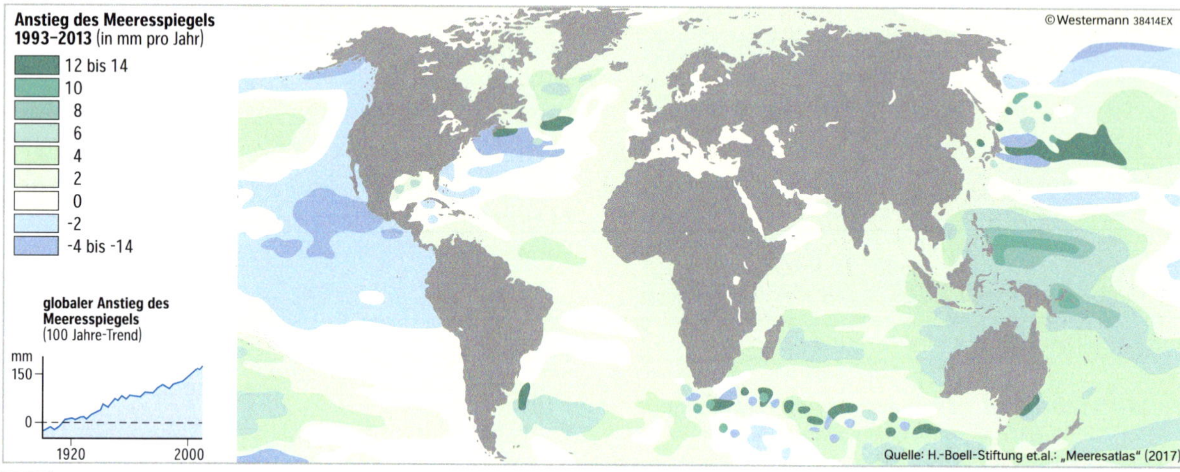

M1 *Anstieg des Meeresspiegels*

Land unter – der Meeresspiegel steigt

Die Veränderung der Luft- und Ozeantemperatur hat auch Einfluss auf das Eis der Erde. Grundsätzlich unterscheidet sich das **Meereis**, das aus gefrorenem Ozeanwasser entsteht, von *Eisschilden* (auch **Inlandeis** genannt), **Schelf**- und **Gletschereis**, die an Land durch das Gefrieren von Niederschlag entstehen.
Auch wenn es regionale Unterschiede gibt, zeigt sich, dass die Gletscher und Eisschilde weltweit an Masse verlieren. Auf der Nordhalbkugel lässt sich in den letzten 30 Jahren zusätzlich ein deutlicher Rückgang der **Meereisbedeckung** feststellen (M4). Infolge der fortgesetzten Tauprozesse von Gletschern und Eisschilden und der Ausdehnung des erwärmten Ozeanwassers stieg der globale mittlere Meeresspiegel im Zeitraum von 1901 bis 2010 um etwa 19 Zentimeter an. Der mittlere Anstieg betrug in dieser Zeit etwa 1,7 Millimeter pro Jahr. In den letzten 20 Jahren war dieser Wert mit ca. 3,2 Millimeter pro Jahr fast doppelt so groß.

Entscheidend ist dabei, dass der **Meeresspiegelanstieg** nicht überall gleichermaßen erfolgt, sondern sich starke regionale Unterschiede ergeben. Diese vor allem vom Wind verursachten regionalen Schwankungen des Meeresspiegels erschweren es, genaue Vorhersagen für die weitere Entwicklung an einzelnen Küsten zu machen (M1).

M2 *Route Rotterdam – San Francisco im Vergleich (Panamakanal und Nordwestpassage)*

INFO

Albedo
Als Albedo bezeichnet man das Verhältnis des Lichtes, das von einem Objekt reflektiert wird, zu dem, welches beim Objekt ankommt und aufgenommen wird. Die Werte, die die Albedo annehmen kann, reichen von 0 (kein Licht wird reflektiert) bis 1 (alles Licht wird reflektiert):

Objekt	Albedo
Neuschnee	0,75 – 0,95
mit Eis bedeckte Wasserfläche	0,7
mit Eis und Schnee bedeckte Wasserfläche	0,8 – 0,9
Wald	0,05 – 0,20
Asphalt	0,15
Wasserfläche	0,05 – 0,25

Auswirkungen des Klimawandels auf das Meereis: Anmerkungen aus der Wissenschaft

Wie wirkt sich die globale Erwärmung auf das arktische Meereis aus?
Durch die Erwärmung nehmen Ausdehnung und Dicke des Eises weiter ab. Zudem gibt es auch Rückkopplungen: Wenn die Eisdecke schrumpft, wird der Ozean sichtbar. Aufgrund seiner weit geringeren Albedo nimmt das Meerwasser viel mehr Sonnenwärme auf. Diese Erwärmung verstärkt wiederum das Schmelzen der arktischen Eisbedeckung. So geht das immer weiter. Wann allerdings im Sommer der Nordpol keine Meereisbedeckung mehr hat, ist derzeit schwer zu sagen.

Was könnte im schlimmsten Fall in den Polarregionen passieren?
Höhere Abschmelzraten beim grönländischen Eisschild hätten globale Folgen auf den Meeresspiegel. Zudem wird sich dort das Ökosystem völlig verändern. Demgegenüber stehen Vorteile wie vor allem die Öffnung der Nordost- und der Nordwestpassage. Das schafft für die Schifffahrt völlig neue Möglichkeiten des Transportes und zudem die Gelegenheit, dort Rohstoffe zu gewinnen.

Gibt es auch Auswirkungen auf den Meeresspiegel, wenn das Meereis in der Arktis schmilzt?
Das Meereis schwimmt im Wasser. Es verdrängt dabei so viel Wasser, wie es seinem Gewicht entspricht. Daher ändert sich am Meeresspiegel gar nichts. Womöglich gibt es aber indirekte Auswirkungen auf die regionale Verteilung von Meerwasser. Denn wo Eis schmilzt, können sich auch die Meeresströmungen ändern.

(Aussagen angelehnt an Interviews mit Klimaforschern des Alfred-Wegener-Instituts)

M3 *Meereseis und Meeresspiegel*

ERSTAUNLICH!

Durch die Veränderung der klimatischen Bedingungen verschieben sich die Ausbreitungsgebiete von Tierarten, deren Lebensräume sich ursprünglich nicht überschnitten haben. In den letzten Jahren werden immer wieder Hybride zwischen Polarbär und nordamerikanischen Braunbären (Polarbär + Grizzly = Pizzly) in freier Natur angetroffen. Bisher kannte man diese nur aus Zoos.

M4 *Minimale räumliche Meereisausdehnung in der Arktis (jeweils im September)*

1 a) *Beschreibe* die verschiedenen Formen von Eis und *nenne* für jede ein regionales Beispiel aus den Polargebieten (Atlas).
b) *Erkläre* die Einflüsse der Temperaturänderung von Ozean und Atmosphäre auf den Meeresspiegelanstieg. (Text, M3).

2 Die Rückkopplungseffekte, die in Bezug auf das arktische Meereis ablaufen, werden auch als „arktische Verstärkung“ bezeichnet. *Erkläre* diese positive Rückkopplung mithilfe der Albedowerte (M3, Info).

3 In den Polargebieten hat der Rückzug des Eises verschiedene Auswirkungen. *Beurteile* unter Berücksichtigung der möglichen Folgen, ob positive oder negative Aspekte überwiegen.

4 **Differenziert:** Der Meeresspiegelanstieg ist ein weltweites Phänomen, das aber nicht in allen Regionen gleich ausgeprägt ist und auf unterschiedliche Anpassungsfähigkeiten trifft. Wähle ein Arbeitsblatt und *arbeite* in globaler Betrachtung Unterschiede *heraus*.

Nah am Wasser gebaut

[...] Stan Fleerakkers, der Terpbauer [das heißt, sein Hof liegt auf einem Terp – einer künstlich aufgeschütteten Anhöhe], steht vor dem Hof und schaut über sein Land. Das Land liegt ein ganzes Stück unter ihm, sechs Meter, um genau zu sein. Und irgendwann, vielleicht nächstes Jahr, vielleicht aber auch erst in 100 oder 1000 Jahren, wird dieses Land um den Hof [im Overdiepse Polder gelegen] ein riesiger See sein [...].

Quelle: Steinberger, P.
In: www.sueddeutsche.de, 03.08.2013

M1 *Pressebericht vom Overdiepse Polder*

M3 *Die Niederlande – ein niedrig gelegenes Land*

Land unter – Küstenschutz in den Niederlanden

Hochwasserrisiko in den Niederlanden

26 Prozent des Landes liegen unter dem Meeresspiegel und 60 Prozent der Landfläche sind dauerhaft hochwassergefährdet (M3). Gäbe es keine *Schutzmaßnahmen*, stünden bei jedem normalen Gezeitenhochwasser große Flächen der Niederlande bis zu sechs Meter unter Wasser. Hinzu kommt die Gefährdung durch Flusshochwasser, denn auch die *Pegel* des Rheins und seiner Nebenflüsse liegen im Westen des Landes über dem Niveau der Landflächen. Der Kampf mit dem Wasser ist also schon seit langem eine nationale Herausforderung.

Verstärkt wird die Gefährdungslage durch die Folgen des **Klimawandels** (M4). Insbesondere der prognostizierte Anstieg des Meeresspiegels und die Zunahme von lokalen Starkregen-Ereignissen machen eine umfassende Erweiterung der bestehenden Schutzmaßnahmen erforderlich.

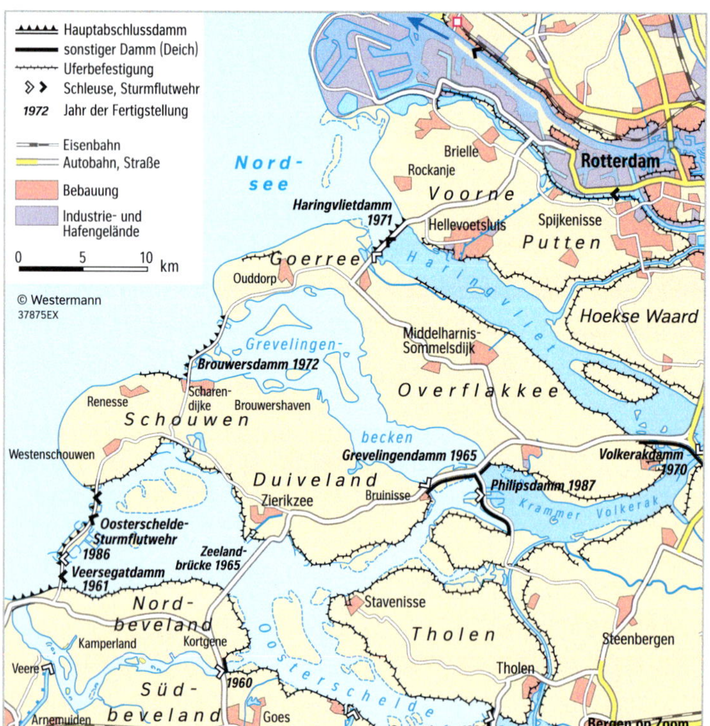

M2 *Das Deltawerke-Küstenschutzprojekt (Ausschnitt)*

Küsten- und Hochwasserschutz

Traditionell wurde das Hochwasserrisiko durch *Deiche*, künstliche Trockenlegungen (*Polder*) und *Sperrwerke* (M2, M6) minimiert. Auch Flussauen wurden in den Niederlanden schon früh durch Deiche begrenzt. Insgesamt gibt es heute Deiche und Schutzwerke mit einer Gesamtlänge von mehr als 3650 Kilometern. Diese Maßnahmen sollen 55 Prozent des Staatsgebietes und zwei Drittel der Bevölkerung schützen.

Als zukunftsfähige Anpassungsstrategie an den Klimawandel wird seit 2010 das sogenannte Deltaprogramm ausgearbeitet (M2). Neben weiteren Maßnahmen zum **Küstenschutz** wird darin auch auf die Schaffung neuer Überflutungsflächen gesetzt. Zudem wurden verbesserte Managementpläne für den Katastrophenfall verabschiedet.

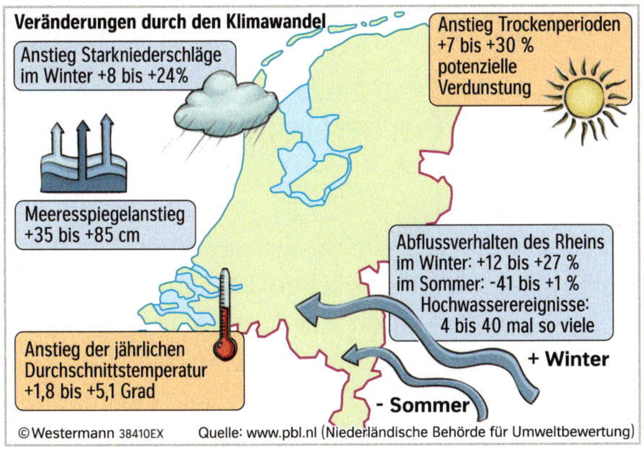

M4 *Mögliche Folgen des Klimawandels für die Niederlande*

Die Natur als Baumeister des Küstenschutzes
Ein Großteil der niederländischen Küstenlinie ist durch Sandbänke geschützt. Der Strand und die Dünen schützen das dahinter liegende Land, indem sie die Wucht der Wellen abdämpfen und damit die **Küstenerosion** und mögliche Küstenveränderungen reduzieren. Durch die vorherrschende Strömung der Nordsee werden jedoch große Mengen Sand weggespült. Diese müssen mit hohem technischen und finanziellen Aufwand wieder aufgeschüttet werden: Insgesamt 12 Millionen Kubikmeter Sand (ca. 1 Million Kipplaster-Ladungen pro Jahr)!
In der Nähe von Den Haag wird seit 2011 ein neues Konzept erprobt: In wenigen Monaten wurden an einem Küstenabschnitt 20 Millionen Kubikmeter Sand auf engem Raum abgeladen – in einer hakenartigen Form. Den Ingenieuren zufolge wird dieser „Zandmotor" künftig mit dem Meer zusammenarbeiten. Wellen und Strömungen sollen Sand aus diesem Reservoir entnehmen und es entlang der Küste verteilen.

M5 *Projekt „Zandmotor"*

Oosterschelde-Sperrwerk, Teil der Deltawerke

Sperrwerke als technische Meisterleistung im Küstenschutz
Nach der schweren Flutkatastrophe im Jahr 1953 mit fast 2000 Todesopfern verabschiedete die damalige Regierung in Den Haag das sogenannte Delta-Gesetz, um das Mündungsgebiet zukünftig mit Dämmen, Küstenbefestigungen und Sturmflutwehren besser zu schützen. Dabei stellen die Wehre, auch Sperrwerke genannt, die größte technische Herausforderung dar. Sie ermöglichen nämlich zum einen den ökologisch wichtigen Wasseraustausch zwischen dem offenen Meer und den Flussmündungen. Zum anderen können die Wehre bei Sturmflutgefahr, etwa ein oder zweimal pro Jahr, vollständig geschlossen werden.

M6 *Projekt „Deltawerke"*

1 Aktiv!
a) *Erstelle* und *beschreibe* ein digitales Höhenprofil von Overdiepse Polder bis zum Strand westlich von Den Haag (Internet: *http://geo.lmz-bw.de/geomorphologie/*).
b) *Erkläre* mithilfe des Höhenprofils die Aussage des Terpbauern (M1): *„Das Land um meinen Hof herum wird irgendwann ein riesiger See sein"* (Text, M3).

2 *Überprüfe* folgende Aussagen. Korrigiere die Aussagen, falls notwendig (M2).
- Die Stadt Rotterdam ist durch aufwendige Uferbefestigung und Flutwehre vor Hochwasser geschützt.
- Der Veersegatdamm verhindert den Wasseraustausch zwischen Oosterschelde und Nordsee.

3 a) *Erläutere*, wie durch das „Zandmotor-Projekt" (M5) aus dem Meer ein Verbündeter wird.
b) *Erläutere*, was durch die Schutzmaßnahmen erreicht werden kann.

Raumanalyse Atlantik

Vertiefung

Wahlthema: Fischerei unter der Lupe

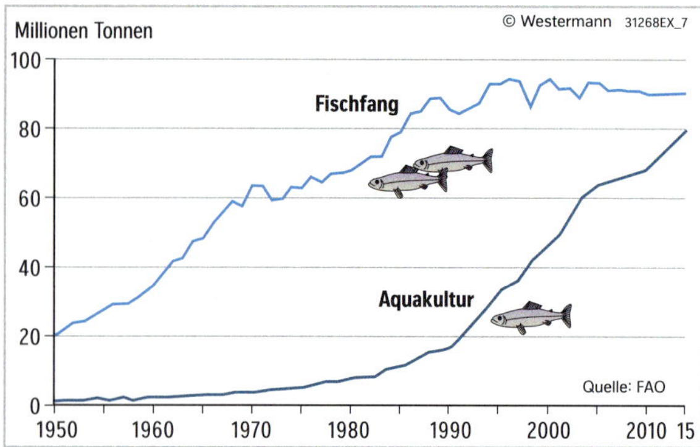

M1 *Entwicklung von Fischfang und Aquakultur*

Industrielle Hochseefischerei	Küstenfischerei
Anzahl der berufsmäßig arbeitenden Fischer	
ca. 500 000	über 12 Mio.
jährlicher Fischfang zum menschlichen Verzehr	
ca. 30 Mio. t	ca. 30 Mio. t
jährlicher Kraftstoffverbrauch	
ca. 37 Mio. t	ca. 5 Mio. t
Fangmenge pro Tonne Kraftstoff	
1-2 t	4-8 t
Beifangmenge	
8 - 20 Mio. t	sehr wenig

Quelle: GEO 7271HX_6 © Westermann

M2 *Hochsee und Küstenfischerei im Vergleich*

Meeresfischerei

Fisch und Meeresfrüchte werden weltweit stark nachgefragt: Allein zwischen 2006 und 2015 stieg die globale Produktion an Fisch und Meeresfrüchten um 24 Prozent an. Bis zum Jahr 2025 wird eine weitere Zunahme um 21 Prozent auf 196 Millionen Tonnen Gesamtproduktion prognostiziert. Der Grund für diese Steigerung ist nicht nur im Wachstum bzw. der Verdoppelung der Weltbevölkerung zu suchen. In den letzten 50 Jahren hat sich zudem auch der Fischkonsum pro Kopf mehr als verdoppelt. Trotz der regional großen Unterschiede (M3) steigt weltweit der Pro-Kopf-Verzehr um ca. 1,9 Prozent pro Jahr.

Ökonomische Bedeutung der Fischerei

Global sind über 43 Millionen Arbeitnehmer derzeit im Fischereisektor tätig. Nach Schätzungen der FAO sind 660 bis 820 Millionen Menschen direkt oder indirekt von der Fischerei wirtschaftlich abhängig. Der Großteil davon in weniger entwickelten Ländern. Gerade dort stellen die Ozeane einen bedeutenden *Wirtschaftsraum* dar.

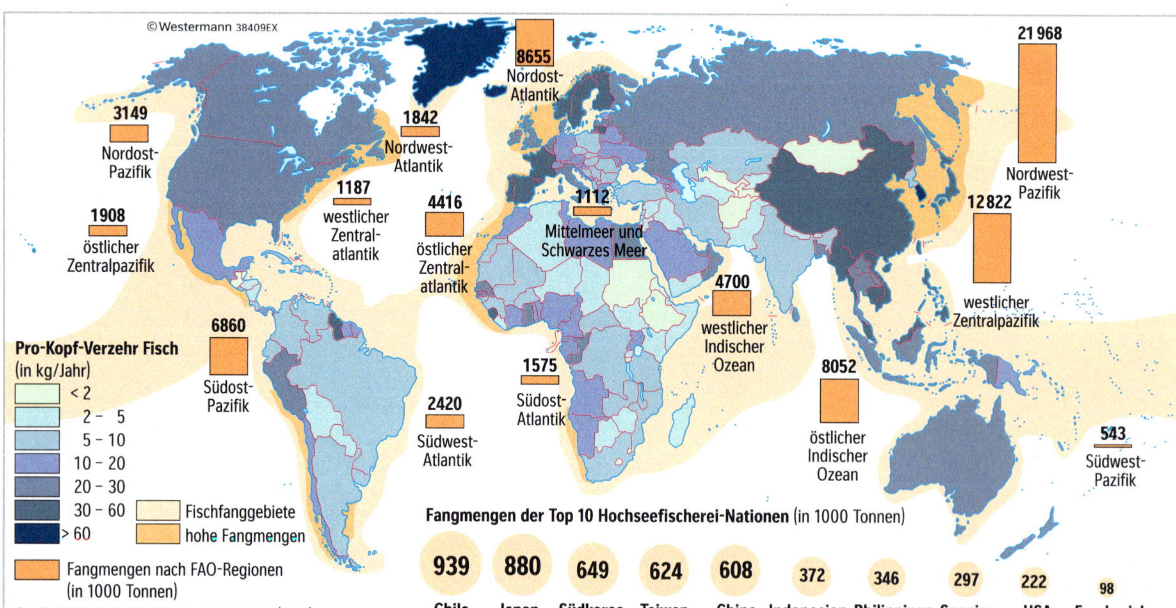

M3 *Fangmengen und Pro-Kopf-Verzehr von Fisch nach Regionen*

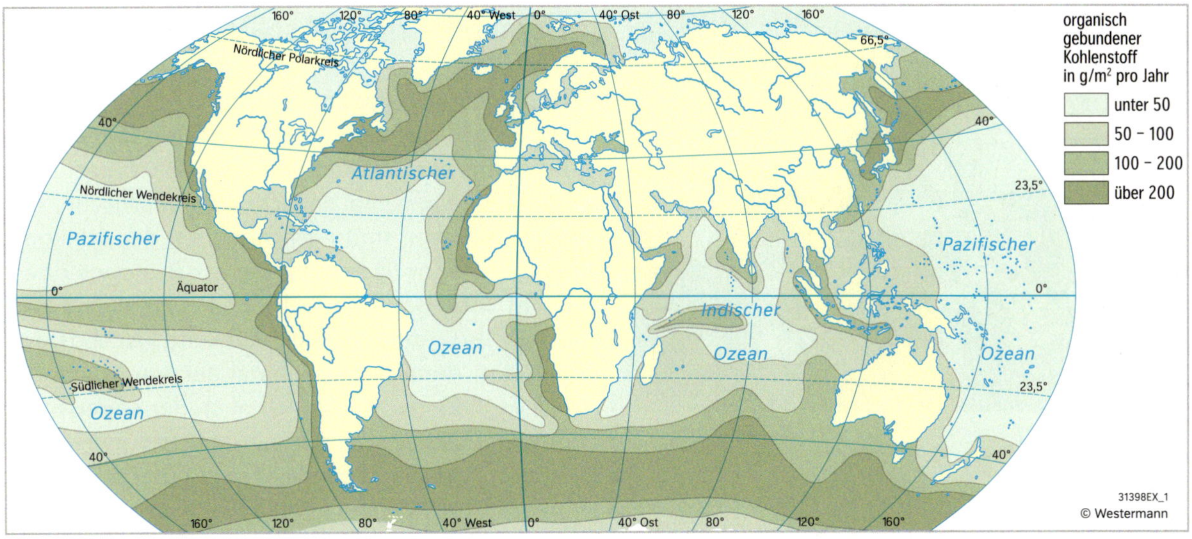

M4 *Verteilung der Phytoplanktonproduktion im Meer (gemessen an organisch gebundenem Kohlenstoff)*

Betrachtet man die weltweiten Fischfanggebiete (M3), so zeigt sich, dass die Tiefsee kaum befischt wird. Der Grund hierfür liegt in der ungleichen Verteilung der Biomasse in den Meeren (M3).
Die Lebensgrundlage pflanzenfressender Fische ist Phytoplankton (zumeist einzellige Algen). Die im Wasser schwebenden Algen benötigen Nährsalze und Licht. Tiefe Ozeanbereiche sind zumeist artenarm, da dort häufig eine stabile Schichtung der Oberflächen- und Tiefenwasser vorherrscht. In diesen „Wüsten der Meere" fehlt die Durchmischung und damit der Nährstofftransport.
Die größten Fischvorkommen sind in Gebieten zu finden, in denen nährsalzreiches, kaltes Tiefenwasser nach oben gedrückt wird (sogenanntes Upwelling), da kaltes Wasser mehr Sauerstoff aufnehmen kann. Dies ist an den Kontinentalrändern verstärkt der Fall (›S. 53).

M5 *Ökosystem Meer*

Fabrikschiffe auf Beutezug
Sie sind bis zu 150 Meter lang und fischen mit Netzen größer als ein Fußballfeld: Fabrikfangschiffe. 350 Tonnen Fisch gehen ihnen oft täglich ins Netz – und ungezählte Tonnen unerwünschter Beifang wieder sterbend über Bord.

M6 *Problem Beifang*

1 *Vergleiche* die Hochsee- mit der Küstenfischerei und begründe die Unterschiede (M2, M6).

2 *Überprüfe* mithilfe von M3 die folgenden Aussagen:
a) Die asiatischen Nationen zählen zu den bedeutendsten Hochseefischerei-Nationen.
b) In Deutschland wird pro Person genauso viel Fisch gegessen wie in den skandinavischen Ländern.
c) Die Fangmengen im Nordatlantik sind größer als im Zentral- und Südatlantik zusammen.

3 *Begründe* die ungleiche Verteilung der Fanggründe im Atlantik (M3–M5).

4 Erweitere die Abbildung M1 um eine Prognose bis zum Jahr 2050 und *erläutere* deine Annahme.

5 Aktiv!
Untersuche eines der Fischfanggebiete im Atlantik genauer. *Erstelle* hierzu einen Steckbrief mit den vorhandenen Fischarten und deren Bestandszustand (Internet: *https://fischbestaende.thuenen.de*).

M1 *Karikatur*

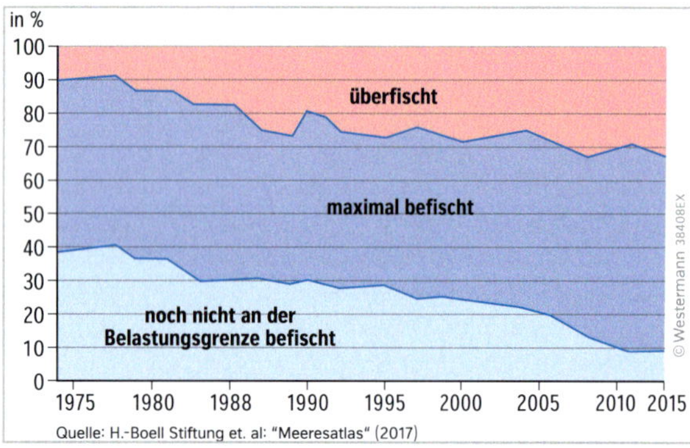

M2 *Entwicklung der Fischbestände weltweit*

ERINNERE DICH!

Werden in einem Fanggebiet mehr Fische gefangen als nachwachsen können, spricht man von einer *Überfischung*.

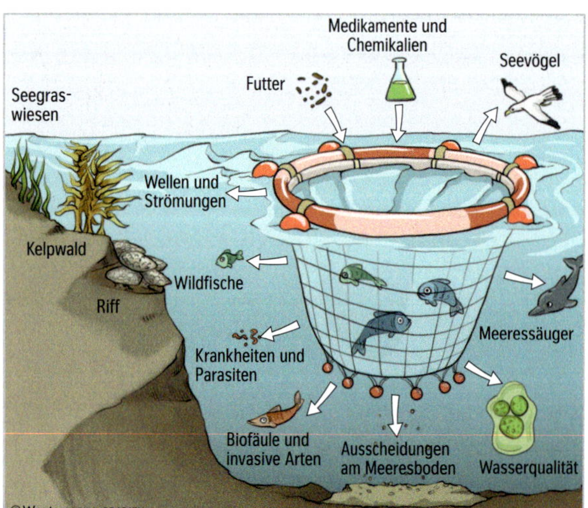

M3 *Umweltgefahren einer marinen Aquakultur*

Fischerei – wie viel sollten wir fischen?

Fischkonsum ohne Ende?

Die Folgen des hohen Fischkonsums sind gravierend: Inzwischen sind annähernd 90 Prozent der Weltmeere maximal befischt oder überfischt (M2). Im Mittelmeer sind nach Angaben der EU-Kommission sogar 96 Prozent der EU-Bestände überfischt. Insgesamt betrachtet hat sich alleine zwischen 1970 und 2010 der weltweite Fischbestand halbiert, denn mit zunehmender Intensivierung des *Fischfangs* erhöht sich auch der sogenannte *Beifang*. Damit sind die mit dem Fanggerät verletzten oder „versehentlich" gefangenen Tiere gemeint. Durch diesen erleiden jährlich auch Millionen von Meeresschildkröten, Delphinen und Haien einen sinnlosen und qualvollen Tod (›S. 63).

Politische Lösungsansätze

Um den Zusammenbruch der Fischbestände durch **Überfischung** zu verhindern, versucht die Politik, den Fischfang durch Vorgaben zu regulieren (M4). Neben **Fangquoten**, welche die maximalen Fangmengen je Fischart begrenzen, werden auch die Zahl der Fangtage auf See oder bestimmte Fangmethoden vorgeschrieben. Die Ausweisung mariner **Schutzgebiete**, in denen der Fischfang ganz oder teilweise verboten ist, trägt ebenfalls zur Erholung der Fischbestände bei. Durch unzureichende Fischereiaufsicht bedroht aber vielerorts *illegale Fischerei* die Fischbestände, die im Nordatlantik dennoch stabilisiert werden konnten.

Aquakulturen als Lösung der Probleme?

Aquakulturen sind mit jährlichen Wachstumsraten von etwa neun Prozent seit 1970 der am schnellsten wachsende Wirtschaftszweig in der globalen Ernährungswirtschaft. Heute wird bereits annähernd so viel Speisefisch in Aquakulturen gezüchtet wie durch Wildfang gefangen. Insgesamt werden pro Jahr rund 75 Millionen Tonnen Fisch in Süßwasser- und Meereszuchten erzeugt. Das ökonomische Wachstum in diesem Bereich sehen Naturschützer jedoch als sehr bedenklich an: Das maritime Ökosystem in der Nähe von Zuchtbecken wird etwa durch Kot-Reste und eingesetzte Antibiotika stark geschädigt. Zudem werden zur Aufzucht von 1 Kilo fleischfressendem Zuchtfisch etwa 4 Kilo Futterfisch benötigt (M3).

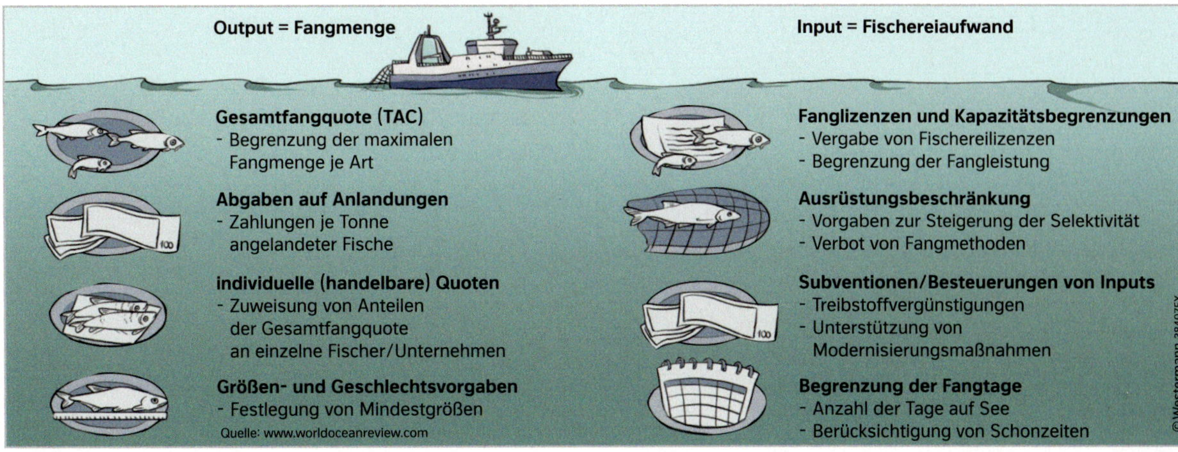

M4 *Klassische Ansätze im Fischereimanagement*

Coup für die Meere: Schutzgebiete

Eine effektive Methode [...] sind Schutzgebiete: Vergleichbar mit Nationalparks an Land, sind dies Regionen, in denen die Natur sich selbst überlassen bleibt. Hier dürfen weder Fische gefangen noch Ressourcen gefördert werden – jegliche Form der Ausbeutung und industriellen Nutzung ist tabu. [...] Zum einen werden einzelne Arten wie der Schweinswal und ganze Lebensräume wie Korallenriffe geschützt. Zum anderen können sich ausgebeutete Speisefischbestände in Schutzgebieten regenerieren und wieder erstarken. [...].

Quelle: Haas, N. In: www.greenpeace.de, 01.10.2018 (Zugriff)

M5 *Marine Schutzgebiete*

Täglich frischer Edelfisch statt Edelstahl

Seit 2013 ist auf einem ehemaligen Kokereigelände am Standort Völklingen Fürstenhausen die Meeresfischzucht Völklingen (MFV) in Betrieb. Damit wird die Technologie der Neomar erstmalig in einer industriellen Großanlage für die landbasierte Produktion von Meeresfischen eingesetzt. In der MFV werden Edelfische wie Europäischer Wolfsbarsch, Dorade Royal, Russischer Stör und Yellowtail Kingfish für die angrenzenden Märkte produziert.

In vier unabhängigen Produktionsstraßen werden ca. 650 Tonnen Fisch pro Jahr produziert.

Quelle: Neomar GmbH In: www.neomar.de, 2014

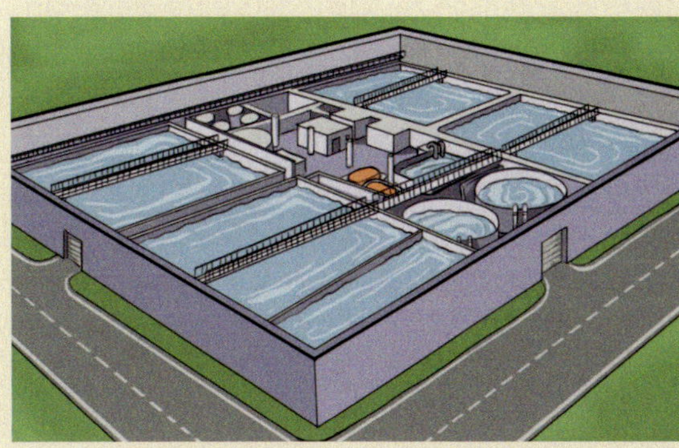

M6 *Meeresfischzucht in Völklingen*

❶ *Arbeite* die Aussagen der Karikatur *heraus* (M1, Text).

❷ *Stelle* Vor- und Nachteile einer marinen Aquakultur tabellarisch *dar* (Text, M3).

❸ a) Informiere dich zum Beifang (Text). *Erstelle* einen Steckbrief zu einem „Beifang-Opfer".
b) *Vergleiche* mithilfe des Beifang-Rechners des WWF den Beifang von drei Fischarten miteinander (Internet).
c) *Erörtere* Möglichkeiten zur Reduktion des Beifangs.

❹ Meinung!
„Wer in 20 Jahren Meeresschildkröten nicht nur im Zoo bewundern will, darf keinen Fisch essen!" *Bewerte* diese These eines Umweltschützers.

❺ **Differenziert:**
a) Informiere dich über die Meeresfischzucht in Völklingen (M6, Internet).
b) Führe mithilfe des Arbeitsblattes das Planspiel *„Frischer Meeresfisch aus Mannheim"* durch.

Vertiefung

M1 *Am Strand von Botafogo (Brasilien)*

+++ Rio de Janeiro: Kloake vor der Küste +++

[...] Der malerisch weißsandige Strand von Botafogo etwa, der auf dem typischen Rio-Bild zu sehen ist, weil hinter ihm der Zuckerhut in den Himmel wächst, eignet sich wirklich nur als Fotomotiv. Baden geht dort niemand, der bei Verstand ist. [...]

Quelle: Spiller, C. In: www.zeit.de, 30.06.2014

M2 *Baden in der Guanabara-Bucht?*

Wahlthema: Meeresverschmutzung unter der Lupe

Raumanalyse Atlantik

Gewässerverschmutzung

Wasser ist Leben – es ist die wertvollste Ressource auf unserem Planten. Dennoch nimmt die weltweite **Verschmutzung** von *Oberflächengewässern* (Bäche, Flüsse und schließlich Meere) und *Grundwässern* dramatisch zu. Vielerorts sind die Verunreinigungen schon ein sichtbares Problem (M1, M2). Viele Verschmutzungen lassen sich jedoch nicht mit bloßem Auge erkennen.

Die durch Schadstoffe belasteten Gewässer können für Mensch und Natur gravierende Folgen mit sich bringen. Der einfachste Weg, die globalen Gewässer sauber zu halten, ist, die Ursachen der Verschmutzung zu vermeiden.

Welche Einflüsse sind überhaupt in der Lage, gewaltige Wasserkörper wie die Meere intensiv zu verschmutzen?

Ursache 1: Landwirtschaft

Durch die zunehmend industriell betriebene Landwirtschaft steigt die Intensivierung des Ackerbaus und der Viehzucht. Dadurch werden vermehrt Gülle, Mist und mineralischer Kunstdünger ausgebracht, um den Ernteertrag zu erhöhen. Die im Dünger enthaltenen Nitrate und Phosphate gelangen über das Grundwasser in die Flüsse und damit schließlich ins Meer.

M3 *Landwirtschaft in Sinsheim (Deutschland)*

Ursache 2: Unzureichendes Abfallmanagement

In vielen Ländern wird Müll nicht sachgerecht entsorgt. Der zum Teil giftige Abfall landet dann über Bäche und Flüsse an den angrenzenden Meeresküsten und im Meer.

Ungefähr 80 Prozent des im Meer schwimmenden Plastikmülls entsteht an Land! Der Rest des Mülls wird illegalen Verkippungen auf dem Meer zugeschrieben.

M4 *Plastikmüll im Hudson River (New York City)*

100800-251-06
schueler.diercke.de

100852-183-05
schueler.diercke.de

Ursache 3: Industrie
Gerade in Schwellen- und Entwicklungsländern führen unzureichend oder gar nicht geklärte industrielle Abwässer und Abgase zu gravierenden Vergiftungen der Umwelt und der Bevölkerung. Zudem reichern sich Schwermetalle wie Blei oder Quecksilber in Fischen und anderen Meereslebewesen an, die dann (über die Nahrungskette aufgenommen) gesundheitsgefährdend sind.

M5 *Belastetes Kühlmittel in Jorf Lasfar (Marokko)*

Ursache 4: Im Meer versenkte Waffen
Alleine auf dem Grund der Ost- und Nordsee rosten Hunderte (Kriegs-) Schiffe vor sich hin. Spätestens, wenn die Tanks der havarierten Schiffe durchgerostet sind, tritt der giftige Schiffsdiesel aus und verseucht die Meere. Noch gefährlicher sind versenkte chemische Waffen oder radioaktive Nuklearwaffen. Eine Bergung solcher Munition ist zudem oft zu kostspielig oder zu riskant.

M6 *Versunkenes Kriegsschiff in der Nordsee*

Ursache 5: Ölverschmutzung
Quellen für Ölverschmutzungen gibt es viele: Tanker- oder Bohrunfälle, (unbemerkte) Lecks bei Pipelines oder Ölplattformen. Auch durch die reguläre Schifffahrt gelangt Öl ins Gewässer. Aufgrund des rasant steigenden Ölverbrauchs vieler Industrienationen nehmen die Öltransporte und die damit verbundenen Unfallgefahren zu.

M7 *Ölverschmierter toter Wasservogel an der Küste von Portsall (Frankreich)*

Ursache 6: Radioaktivität
Neben Reaktorkatastrophen wie in Fukushima (2011) oder Betriebsstörungen in Wiederaufarbeitungsanlagen belasten Nuklearwaffentests das marine Ökosystem. Auch die bis 1993 legale Verklappung von radioaktivem Müll aus Atomkraftwerken kann gefährliche Auswirkungen haben, etwa durch eine Krebserkrankung als Spätfolge.

M8 *Proteste gegen die Wiederaufarbeitungsanlage in La Hague (Frankreich)*

1 a) Verorte den Strand Botafogo und äußere Vermutungen zur dargestellten Situation in M1.
b) *Erkläre*, weshalb man vor Rio de Janeiro nicht bedenkenlos baden sollte (M2).

2 *Stelle dar*, inwiefern die Ursachen 1 bis 6 die wertvollste Ressource auf unserem Planten schädigen.

3 Aktiv!
Analysiere ausgehend von M3 – M8 eine der Ursachen der Meeresverschmutzung genauer! Nutze hierzu das Internet und präsentiere dein Ergebnis.

4 Meinung!
„Die Nordsee als Teil des Atlantischen Ozeans ist ein gering belastetes Gewässer."
Beurteile diese Aussage mithilfe geeigneter Atlaskarten.

INTERNET
www.oekosystem-erde.de

Produkte aus Plastik sind allgegenwärtig. Und nach zumeist nur kurzer Gebrauchszeit gelangen sie oft ins Meer! Pro Jahr bedrohen weltweit über sechs Millionen Tonnen Plastik (mitsamt der in ihnen enthaltenen Giftstoffe) die marinen Lebensräume und Lebewesen.
Durch die Meeresströmungen werden die Plastikteile bis in alle Winkel der Ozeane transportiert. Weltweit, auch in den abgelegenen Polarräumen, wird unser Plastikmüll als Strandgut angespült.
In den Ozeanen formen die Meeresströmungen riesige Müllstrudel an der Oberfläche. Aber auch in den kaum erforschten Tiefseeebenen und Tiefseegräben wurden hohe Konzentrationen an Plastikmüll gemessen. Denn das meiste Plastik befindet sich unter der Meeresoberfläche!

M1 *Endstation Meer*

M3 *Mageninhalte eines toten Albatros*

Meeresverschmutzung – Fallbeispiel Plastikmüll

Plastik statt Fisch?

Alle Wasserwege münden schließlich ins Meer. Dies bedeutet, dass alles, was in Bächen oder Flüssen landet, in die Meere und Ozeane verfrachtet wird, wenn es nicht zuvor herausgefischt wird. Besonders problematisch ist die Meeresvermüllung in Entwicklungs- und Schwellenländern, da dort **Abfälle** zumeist auf offenen oder illegalen Mülldeponien gelagert werden. Oft wird der Siedlungsmüll unkontrolliert verbrannt. Die damit verbundenen Auswirkungen auf Böden, Grundwasser und Luft (und damit für den Menschen) sind gravierend. Teilweise gelangen aber auch die Abfälle durch Wind und Niederschläge über die lokalen Gewässersysteme ins Meer (M1). Dies erklärt, warum ca. 80 Prozent des maritimen Müllaufkommens vom Festland stammen. Derzeit befinden sich rund 150 Millionen Tonnen Plastikmüll und Reifenabrieb in den Weltmeeren. Die globale Kunststoffproduktion von 311 Millionen Tonnen im Jahr 2014 wird sich ohne Änderung im Nutzerverhalten auf 1124 Millionen Tonnen im Jahr 2050 erhöhen. Zurzeit landen etwa 2 Prozent des jährlich produzierten Kunststoffes im Meer.
Für die Natur ist Plastikmüll ein Fremdkörper, der in der Regel nicht biologisch und nur sehr langsam abgebaut wird (M6). Ohne Plastikvermeidung insgesamt sowie ein nachhaltiges Abfallmanagement in den Entwicklungsländern und Schwellenländern werden Prognosen zufolge die Weltmeere im Jahr 2050 mehr Plastik als Fische enthalten.

1. Schlechtes oder fehlendes Abfallmanagement/Recyclingsystem ist der größte Verursacher
2. Mit ungereinigten Abwässern gelangt Plastikmüll aus Städten und Industrie in den Fluss/ins Meer
3. Mikroplastik als Zusatz in Kosmetikprodukten wird von den Kläranlagen nicht herausgefiltert
4. Verlorene oder absichtlich auf See entsorgte Fischereinetze und Angelleinen
5. Verlorene Ladung und Schiffsmaterial
6. Illegal auf See entsorgter Müll
7. Katastrophenmüll: von Hurrikanen, Sturmfluten und Tsunamis auf See getragene Trümmer und Müll

Quelle: H.-Boell-Stiftung et.al.: „Meeresatlas" (2017)

©Westermann 38324EX

M2 *Wie gelangt Plastikmüll ins Meer?*

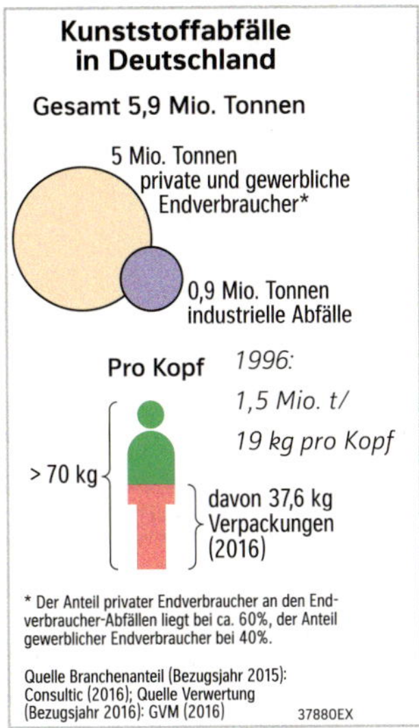

M4 *Kunststoffabfälle in Deutschland*

Land	Ranking Müllverursacher	Küstenbevölkerung (in Mio.)	Müllproduktion (in kg/ Einw./ Tag)	Anteil unbehandelter Müll (in %)	Plastikmüll unbehandelt 2010 (in Mio. t)	Plastikmüll unbehandelt 2025 (in Mio. t)*
China	1	262,9	1,10	74	8,820	17,800
Indonesien	2	187,2	0,52	81	3,220	7,410
Philippinen	3	83,5	0,50	81	1,880	5,090
Indien	12	197,5	0,34	85	0,600	2,880
USA	20	113,0	2,58	2	0,280	0,340
Deutschland	69	8,8	2,11	2	0,030	0,030
Kap Verde	109	0,5	0,50	74	0,009	0,018

Quelle: Jambeck Research Group (2015), * Prognose

M5 *(Plastik-)Müllproduzierende Länder*

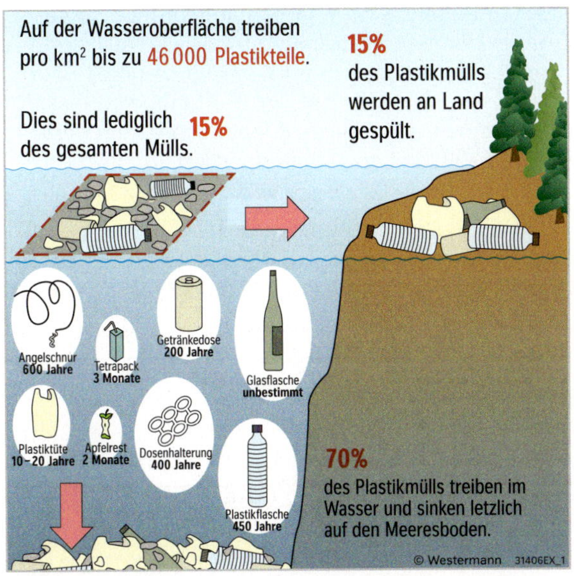

M6 *Geschätzte Verteilung von Plastik im Meer/ Abbauzeiten von Schwemm- und Treibgut*

Als Mikroplastik werden Plastikpartikel bezeichnet, die kleiner als fünf Millimeter sind. Dazu gehören etwa Granulate in Hautpeelings, Gesichtspflegeprodukten, Duschgel, Shampoo, Sonnencreme und Kosmetika wie Lippenstift und Lidschatten.
Wie an allen Plastikteilen lagern sich auch an ihrer Oberfläche im Meerwasser enthaltene Giftstoffe an. Wenn Tiere diese Mikroplastikpartikel fressen, nehmen sie das Gift mit auf. Dieses reichert sich in ihrem Fettgewerbe an. Über die Nahrungskette kann es zum Menschen gelangen.

Mikroplastikzusätze in Kosmetika und Hygieneprodukten müssen bei den Inhaltsstoffen angegeben werden: PE (Polyethylen), PP (Polypropylen), PET (Polyethylenterephthalat), PES (Polyester), PA (Polyamid), PUR (Polyurethan), PI (Polyimid), EVA (Ethylen-Vinylacetat-Copolymere).

M7 *Problem Mikroplastik*

1 *Beschreibe* und *erkläre* den ungewöhnlichen Mageninhalt des gestrandeten Albatros in M3 (M2, Text).

2 *Begründe* die hohe Konzentration an Plastikmüll in der Arktis (M1, M6, Atlas).

3 a) *Vergleiche* die Müllproduktion und Müllbehandlung Deutschlands mit einem anderen Land (M5).
b) *Erörtere* die Ursachen der Abfallentwicklung in Deutschland (M4).

4 *Bewerte* die Aussage eines Meeresforschers: „Anstelle von Fisch kann man auch gleich Plastiktüten essen!“ (M7).

5 Aktiv!
a) *Analysiere* deine eigenen Kosmetikprodukte. Nutze hierzu eine Mikroplastik-APP (zum Beispiel: CodeCheck).
b) *Erstelle* eine Liste der gefundenen Gefahrenstoffe (M7).

Vertiefung

Schutz für unsere Meere – Materialien zur Diskussion

Steinerne Schilde in der Nordsee
Das Sylter Außenriff ist als Schutzgebiet angemeldet, Fischerei ist dennoch erlaubt. Greenpeace-Aktivisten versenkten 2008 und 2011 [320] Natursteine, um das Riff zu schützen. [...] Natürliche Riffe sind in der Nordsee selten. Eines davon ist das Sylter Außenriff, ein 5300 Quadrat[kilo]meter großes Gebiet aus Sandbänken und Steinriffen rund 35 Seemeilen westlich vor Sylt. Es ist ein bedeutender Lebensraum für zahlreiche Meeresbewohner [...]. Doch bis heute konnten sich das verantwortliche Umweltministerium und das für Fischereifragen zuständige Landwirtschaftsministerium in Berlin nicht auf Schutzmaßnahmen einigen [...]. Die Idee [der Greenpeaceaktivisten]: Tonnenschwere Findlinge am Meeresgrund lassen die Schleppnetzfischer weiträumig ausweichen. Ihre Netze könnten sonst an den Hindernissen hängenbleiben.
Quelle: Haase, N.
In: www.greenpeace.de, 02.10.2018 (Zugriff)

M1 *Projekt „Natursteine für Schutzgebiet"*

Strandsäuberungsaktion auf Fuerteventura
Nach knapp vier Stunden gemeinsamer Arbeit blickte Initiator Sönke Schallmey zufrieden auf eine erfolgreiche Strandsäuberungsaktion zurück, bei der knapp 40 freiwillige Helfer zusammenkamen, um die kilometerlange Strandlandschaft in Cofete von Unrat zu befreien. Unter den fleißigen Helfern befanden sich Touristen, Anwohner und sogar einige Kinder. [...] Am Ende der Sammelaktion kamen etwa 120 Säcke mit 2,5 Tonnen Müll zusammen [...]. Trotz dieser Ausbeute wäre noch genug Müll da gewesen, um sogar die dreifache Menge auf die Waage zu bringen.
Quelle: www.fuerteventurazeitung.de, 30.01.2014

M2 *Projekt „Coastal Cleanup" auf Fuerteventura*

Fangvorrichtung für Plastikmüll

Schwimmende Müllbarriere sammelt Plastik ein
Der junge Niederländer BOYAN SLAT hat ein einfaches und wirkungsvolles System entwickelt, mit dem Plastikmüll aus den Weltmeeren gefischt werden soll. Das System besteht aus zwei jeweils 1 bis 2 Kilometer langen Schwimmkörpern, die am Meeresgrund befestigt werden.
Die luftgefüllten Röhren mit Plastikschürzen an der Unterseite sind V-förmig angeordnet, so dass der in der Meeresströmung treibende Müll eingekesselt wird und sich im Zentrum sammelt. Dort wird die Plastikfracht in Auffangbehältnissen gesammelt und regelmäßig per Schiff zum *Recycling* (›S. 92) an Land abtransportiert.

M4 *Projekt „Ocean Cleanup"*

INTERNET

Plastikverzicht
www.cleankids.de
www.nachhaltiger-warenkorb.de
www.bund.net

Marines Monitoring
Das Meeresmonitoring, also die systematische und langfristige Beobachtung der marinen Bewohner und ihrer Lebensräume, liefert wichtige Daten für gezielte Maßnahmen im Naturschutz. Mithilfe von Unterwasserkameras erfasst das Bundesamt für Naturschutz die Artenhäufigkeit bestimmter Meeresbewohner zu unterschiedlichen Jahreszeiten. Aber auch aus der Luft werden z. B. Seevögel, Meeressäugetiere und (illegale) Fischereiaktivitäten in der Nord- und Ostsee gezählt und überwacht. Zur Erfassung von Walen in der deutschen Ostsee kommen auch akustische Empfangsgeräte zum Einsatz. Die Ergebnisse des Monitorings werden kartographisch dargestellt und ausgewertet.

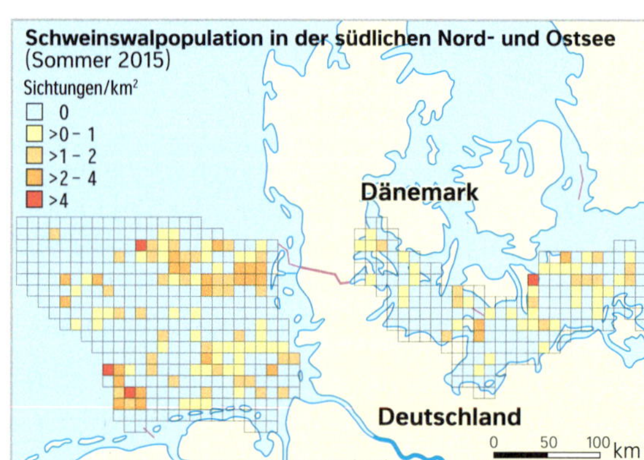

M3 *Projekt „Marines Monitoring" (BfN)*

Wahlmethode: Wertequadrate nutzen

Schritt für Schritt:
Wir nutzen ein Wertequadrat zur Bewertung des Projektes „Ocean Cleanup“

1. Lies die Aussagen der unterschiedlichen Personen (M5) und kläre unklare Begriffe oder Sätze.

2. Zeichne auf ein kariertes Din-A4-Blatt ein Wertequadrat. Beide Linien sind jeweils ca. 10 cm lang.

3. Trage mit Bleistift die Nummer der Person an die Stelle auf der waagrechten Linie ein, wo sie deiner Meinung nach am besten passt.

4. Überlege dir, an welcher Stelle der senkrechten Linie die Personen einzuordnen sind, trage die entsprechende Zahl auf der Linie ein.

5. Wie beim Einzeichnen von Koordinaten in ein Koordinatensystem zeichnest du nun von beiden Linien im 90°-Winkel Hilfslinien ein und trägst die Nummer der jeweiligen Personen beim Schnittpunkt der beiden Linien ein.

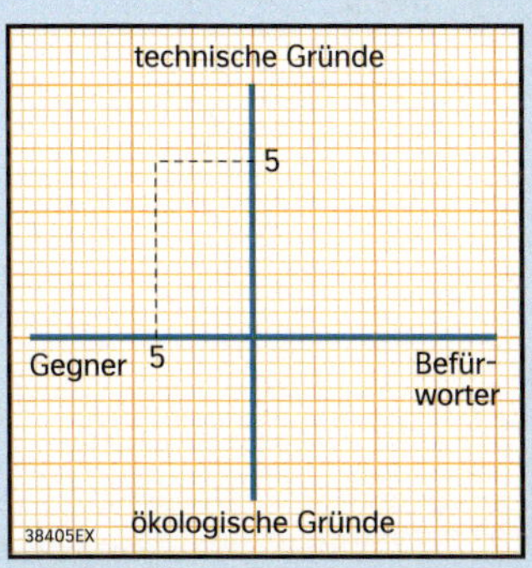

1. Lisa Erlacher (Naturschützerin):
Bei dem Projekt Ocean Cleanup handelt es sich um ein unfassbar aufwendiges und teures Projekt. Wenn großflächig Müll abgefischt wird, muss man auch die ökologischen Folgen bedenken. Es kommt dabei zwangsläufig auch zu Beifang. Das Plastikproblem muss an Land gelöst werden: Es gilt, Müll zu vermeiden, eine funktionierende Recyclingwirtschaft aufzubauen und Mikroplastik in Kosmetikprodukten zu verbieten.

2. Arjen Jansen (Mitarbeiter Ocean Cleanup):
100 Forscher haben in einer Machbarkeitsstudie das Projekt als technisch durchsetzbar befunden. Zur Finanzierung des Projektes haben mehr als 40000 Unterstützer das notwendige Startkapital gespendet. Damit konnte ein erster Prototyp entwickelt werden, der seit August 2017 in der Nordsee erprobt wird. Da die Netze der Schwimmkörper nur ca. 2 Meter in die Tiefe reichen, werden kaum Meereslebewesen als Beifang abgefischt.

3. Tobias Knapp (Wissenschaftsjournalist):
Ein Risiko für das Projekt stellt das „Biofouling“ dar. Da sich der Meeresstaubsauger monatelang im Wasser befindet, werden an der Oberfläche des Gerätes Meeresorganismen und Pflanzen anwachsen. Diese könnten das System schädigen und größere Meereslebewesen anlocken, die dann als Beifang enden. Wenn man auf die Oberfläche Anti-Biofouling-Mittel aufträgt, sollte das System langfristig aber funktionieren.

4. Ole Helguson (Fischer aus Reykjavík):
Ich weiß nicht, ob das Projekt funktionieren wird. Gerade bei uns fegen oft heftige Stürme über den Nordatlantik, die das Projekt gefährden können. Außerdem besteht die Gefahr, dass bei dichtem Nebel Schiffskapitäne die langen Schwimmkörper zu spät sehen und diese „überfahren“. Doch selbst wenn das Projekt scheitern sollte, so wird es durch die große mediale Aufmerksamkeit das Umweltbewusstsein vieler Menschen beeinflussen.

M5 *Meinungen zum Projekt „Ocean Cleanup“*

1 a) *Erkläre* die Zusammenhänge eines der Projekte M1 – M3 in Form einer Concept Map.
b) *Vergleiche* die Projekte M1 – M3 in Hinblick auf die folgenden Kriterien miteinander: technischer/finanzieller Aufwand, ökologischer Nutzen, sozialer Nutzen.
c) *Begründe,* bei welchem Projekt (M1 – M3) du dir vorstellen könntest, als freiwilliger Helfer mitzuwirken.

2 a) Informiere dich über das *Projekt Ocean Cleanup* (M4, Internet).
b) *Erstelle* ein Wertequadrat gemäß der Methodenbox zur Bewertung der Aussagen M5.

3 Meinung!
Bewerte den Nutzen des Projektes *Ocean Cleanup* aus deiner Sicht und stelle auch deine Sichtweise im Wertequadrat dar.

Grundwissen

Kompetenzcheck!

	Das solltest du können!	Teste dich!	Hilf dir!
Orientierung (Orientierungs-kompetenz)	**Ich verorte ...** ... ausgewählte Tiefseebecken, Tiefseerinnen, Ozeanische Rücken und Inseln.	1. *Benenne* das submarine Relief und die Inseln in der stummen Karte (M1, Atlas).	›S. 48/49
Methode (prozessbezogene Kompetenzen)	**Ich werte ...** ... Klimadiagramme aus.	2. *Vergleiche* die beiden Klimadiagramme (M6). *Erkläre* die Unterschiede.	›S. 55, ›S. 162
	Ich erstelle ... ... ein digitales Höhenprofil.	3. *Erstelle* ein Profil des Pazifischen Ozeans mit geeigneter Überhöhung.	›S. 50/51
	... ein Wertequadrat und stelle damit Meinungen mehrperspektivisch dar.	4. Diskutiere mit Mitschülern über den Nutzen des Projektes „Ocean Cleanup“. *Stelle* die Sichtweisen im Wertequadrat dar.	›S. 71
	... ein Wirkungsfüge und stelle damit Zusammenhänge dar.	5. *Stelle* die Gefährdung des Meeres durch den Menschen als Wirkungsgefüge *dar.*	
Inhalt (inhaltsbezogene Kompetenzen)	**Ich kann ...** ... das submarine Relief in Grundzügen beschreiben.	6. *Beschreibe* das submarine Relief. Stelle Zusammenhänge zur Plattentektonik dar.	›S. 48/49
	... Eigenschaften und dynamische Prozesse des Systems Meer erläutern.	7. Entscheide, welche Aussagen zutreffen (M5). *Begründe* deine Wahl.	›S. 50–71
	... den Einfluss der Ozeane auf unser Klima erklären.	8. *Stelle* mithilfe von M6 Ozeane als Klimafaktor *dar.*	›S. 54/55
	... die Veränderung der Ozeane infolge des Klimawandels erläutern.	9. *Erläutere* eine Auswirkung aus M2. Nenne eine Region der Erde, die hiervon besonders betroffen ist. *Begründe* deine Wahl.	›S. 56–59
	... Gegen- und Schutzmaßnahmen hinsichtlich des Meeresspiegelanstieges an den Küsten erläutern.	10. *Erkläre*, weshalb die Niederlande über Deiche/Schutzwerke mit einer Gesamtlänge von mehr als 3650 km verfügen.	›S. 60/61
	... Möglichkeiten einer nachhaltigen Nutzung der Meere am Beispiel der Fischerei oder der Abfallwirtschaft erörtern.	11. *Begründe,* in welcher Region der Erde die Abbildung M3 eine hohe Relevanz hat. Ergänze einen Fischer im Jahr 2050.	›S. 62 –65
		12. *„Nur in Fischzuchtanlagen kann nachhaltig Fisch produziert werden.“* *Beurteile* diese Aussage.	›S. 62 –65
		13. *Erörtere* die Bedeutung der Initiative „Plastikfasten“ (M4).	›S. 66 –69
		14. *Erkläre* Hintergründe zu M7. *Erläutere* nachhaltige Handlungsmöglichkeiten.	›S. 66 –69

A – Z: Grundbegriffe des Kapitels (vergleiche Lexikon im Anhang)
Abfall, Aquakultur, Fangquote, Gezeiten, Gletschereis, Inlandeis, Klima, Klimawandel, Kohlenstoffdioxidsenke, Kontinentalabhang, Kontinentalschelf, Küstenerosion, Küstenschutz, Meereis, Meereisbedeckung, Meeresspiegelanstieg, Meeresströmung, Meerwassererwärmung, Ökosystem, Salzgehalt, Schelfeis, Schutzgebiet, thermohaline Zirkulation, Tiefseebecken, Überfischung, Versauerung, Verschmutzung, Wärmespeicher, Wärmetransport, Welle

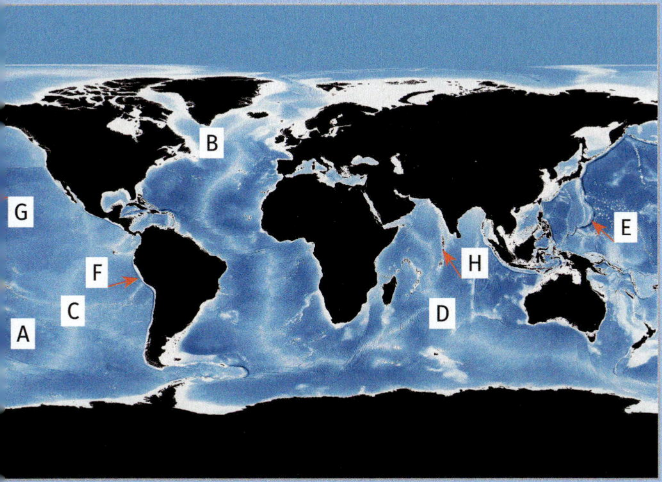

M1 *Stumme Karte*

(1) Alle Meeresströmungen werden vom Wind angetrieben.
(2) Salzgehalt und Temperatur beeinflussen die Dichte des Meerwassers.
(3) Der Wärmetransport der Meere beeinflusst das Klima.
(4) Meere können unbegrenzt als Wärmespeicher und CO_2-Senken dienen.
(5) Fische aus Aquakulturen kann man bedenkenlos essen.
(6) An der Vermüllung der Weltmeere sind die Entwicklungs- und Schwellenländer schuld.
(7) Die Einrichtung von Meereschutzgebieten ist eine effektive Methode, um marine Ökosysteme zu schützen.

M5 *Richtig oder Falsch?*

Auswirkungen:
- Erwärmung des Meerwassers
- Anstieg des Meeresspiegels
- Verringerung der Meereisbedeckung
- Versauerung des Meerwassers

M2 *Klimawandel und Ozeane*

M3 *Lebendige Erinnerung – Fischer berichten aus dem Golf von Kalifornien*

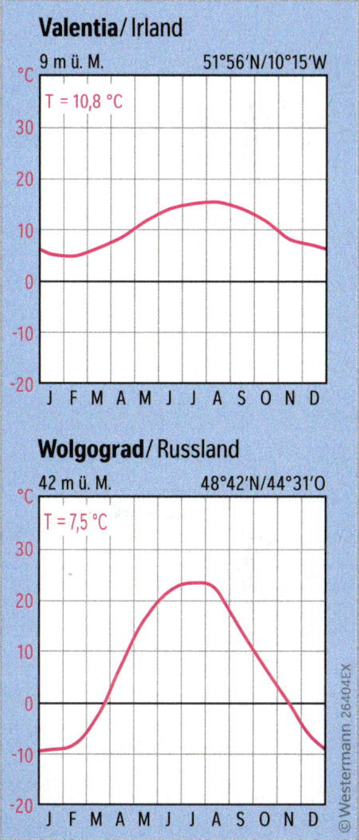

M6 *Temperaturkurven*

INTERNET

www.abenteuerlernen.org

Plastikfasten: „Da simmer dabei"!
Ein Verein und eine Stadt machten ernst: Gemeinsam wurde eine Initiative zur Vermeidung von Plastiktüten beim Einkauf in Bonn gestartet. Das Ziel: Bonn sollte die erste plastiktütenfreie Stadt Deutschlands werden.

M4 *Initiative „Plastikfasten"*

„69 % von 400 untersuchten Fischen in Nord- und Ostsee enthielten Mikroplastik." (Aus einer Meldung des Umweltbundesamtes)

M7 *Wir essen Kunststoffmüll!*

CHECK

M1 *Offshore-Plattform im Golf von Mexiko*

Reise durch Amerika – Auf der Suche nach Öl im Golf von Mexiko

TRANSFER

Der weltweite Verbrauch an Erdöl ist sehr groß. Ein Vertreter der Erdölwirtschaft brachte es auf den Punkt: „Wir haben einen extremen Bedarf an Energie, und wir jagen ihr nach, wo immer sie ist!“ Allein der globale Erdölverbrauch im Jahr 2016 lag bei rund 97 Millionen Barrel pro Tag. Die USA benötigten davon knapp 20 Millionen Barrel, also rund 3 Milliarden Liter täglich. Das entspricht ungefähr der Beladung von 10 Supertankern.

Unser modernes Leben ist ohne Erdöl nicht vorstellbar. Der Rohstoff dient als Treibstoff, steckt in Kunststoffen, Farben, Medikamenten oder Kosmetika und wird teilweise auch zur Erzeugung von Elektrizität benutzt. Da die einfach zu erreichenden *Reserven* (›S. 82) allmählich erschöpft sind, dringt die Erdölindustrie verstärkt in bislang ungenutzte und technisch anspruchsvolle Bereiche vor (M5). Sie sucht mittels Bohrungen Erdöl unter dem Meeresgrund, etwa im *Schelfbereich* oder sogar in der Tiefsee, weit entfernt von der Küste (M2).

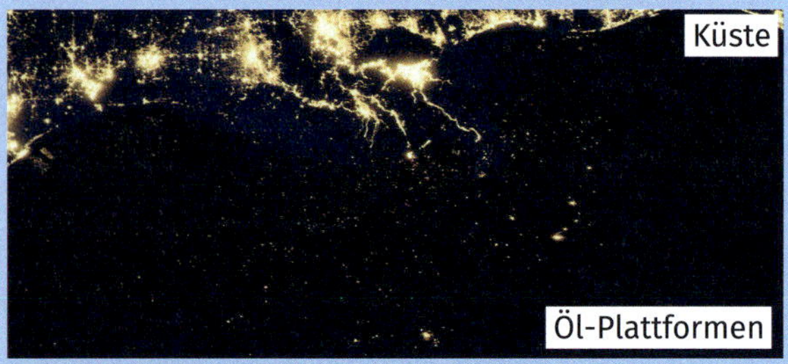

M2 *Nachtansicht des Golfs von Mexiko bei New Orleans aus dem Weltall*

Im goldenen Dreieck

Das weltweit aussichtsreichste marine Suchgebiet liegt zwischen dem Golf von Mexiko, der Küste Brasiliens und der Westküste Afrikas. Insbesondere im Golf von Mexiko bohren in relativer Nähe zur US-Küste Firmen bis knapp 3000 Meter tief. Die Kosten für ein Bohrloch können 100 Millionen US-Dollar betragen. Doch der Aufwand lohnt sich, wenn eine sehr ergiebige *Offshore-Lagerstätte* erschlossen und das wichtigste Verbraucherland zeit- und ortsnah beliefert werden kann.

Die Bohrungen, die in tiefem Wasser erfolgen und mehrere Tausend Meter in den Meeresboden eindringen, bergen Risiken für die Umwelt und erfordern ein hohes Maß an Sicherheit. Fehler können katastrophale Auswirkungen haben, vor allem durch eine *Verschmutzung* des *Ökosystems* (M4).

Ein Ölfeld des goldenen Dreiecks liegt im Golf von Mexiko: Das Macondo-Ölfeld bekam durch die Explosion der Bohrinsel „Deepwater Horizon“ im Jahre 2010 weltweit Aufmerksamkeit: 11 Arbeiter starben, Hunderte wurden verletzt und wochenlang floss Erdöl ungehindert ins Meer.

Tiefseebohrungen können also sehr gefährlich sein, doch mittlerweile wird noch tiefer gebohrt, um Ölreserven zu erschließen. Neben der Ölförderung im Meer erschließen sich die USA neue Ölquellen auch durch sogenanntes *Fracking* (›S. 133) oder durch den Import von Öl aus Ölsand (›S. 102). Sie möchten damit ihre Abhängigkeit von importiertem Erdöl aus den OPEC-Staaten verringern.

M3 *Brennende Bohrinsel „Deepwater Horizon" / Denk- und Diskussionsansätze*

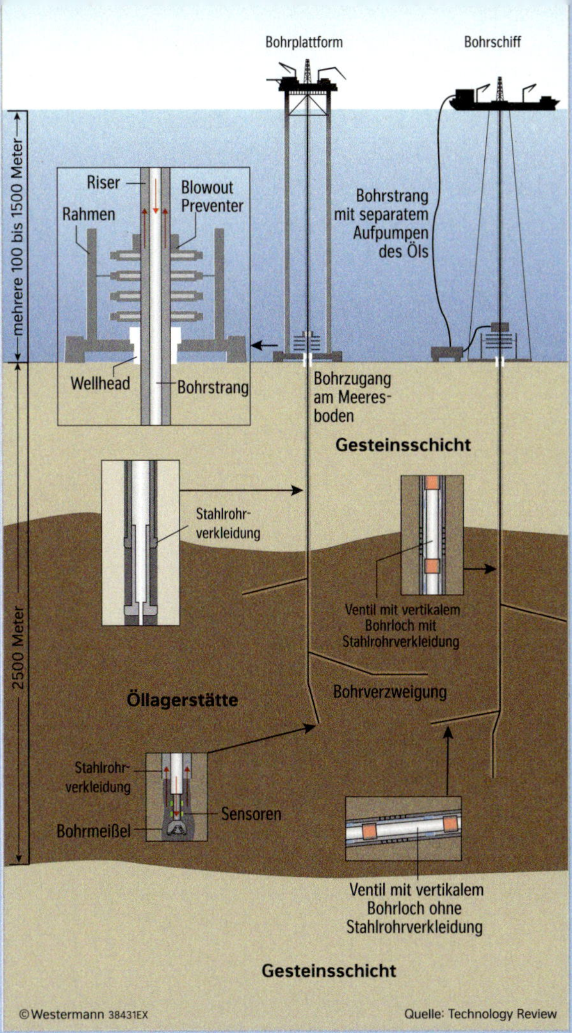

M6 *Funktionsweise der Offshore Ölförderung*

Am 21.04.2010, zwei Tage nach der Explosion, versank die Bohrinsel „Deepwater Horizon", trotz aller Löschversuche im Golf von Mexiko. 87 Tage lang ergoss sich eine giftige Mischung aus Öl, Erdgas und Giftschlamm aus den abgeknickten Ölleitungen ins Meer.
Amerikanische Wissenschaftler nahmen später Proben des Meeresbodens rund um die Unglücksstelle. In einem rund 3200 Quadratkilometer großen Gebiet konnten Ölablagerungen nachgewiesen werden. Aufgrund der hochgiftigen Wirkung des Erdöls auf Organismen dürfte der Bereich um die ehemalige Bohrinsel nun nahezu leblos sein. Über weitere Folgen gibt es noch keine Gewissheit.

M4 *Die „Deepwater Horizon"-Katastrophe*

1 *Erörtere*, inwiefern die Nutzung von Erdöllagerstätten in der Tiefsee mit einer nachhaltigen Nutzung von Meeren und Ozeanen vereinbar ist.

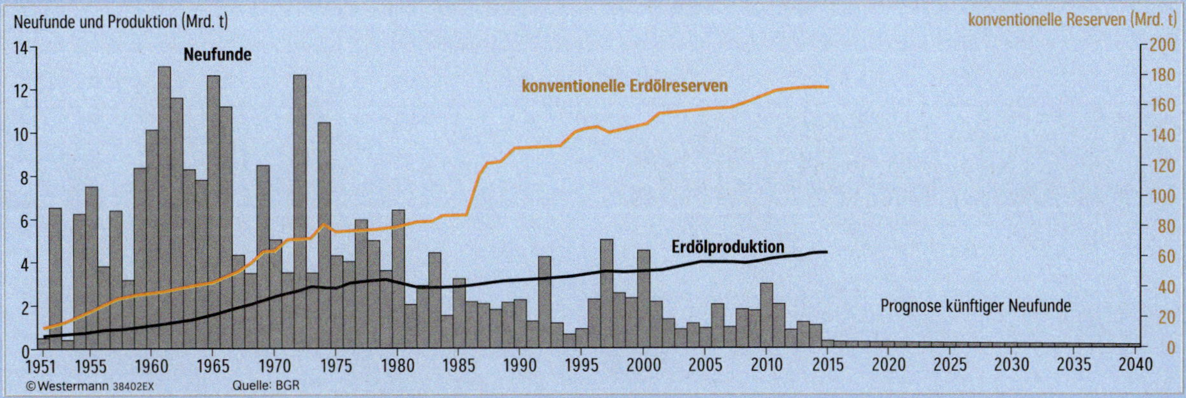

M5 *Ölfunde und Ölförderung weltweit nach ASPO 2016*

Vertiefung

TRANSFER

Rohstoffe – hoher Bedarf bei begrenzter Verfügbarkeit!

Chuquicamata, Chile: In der größten Kupfermine der Welt wirken selbst die 7 Meter hohen Muldenkipper wie Insekten. Bis zu 1000 Meter tief wurde gegraben, um an den Rohstoff zu kommen. Warum betreiben wir Menschen deiner Meinung nach einen solchen Aufwand?

Rohstoffe ohne Ende?

M1 *Gold*

Isabelle wohnt in einer Kleinstadt in Baden-Württemberg und freut sich, weil ihr Vater ein Elektroauto für die Familie anschaffen möchte.

M2 *Isabelle*

M3 *Smartphone und Laptop*

M4 *Kraftwerk*

M5 *Staubecken mit Klärschlamm*

M8 *Bodendegradation/Kontamination*

M6 Lithiumhaltiger (Li) Salzsee Salar de Uyuni (Bolivien)

M9 *Bauxitabbau*

Pablo wohnt am Salar de Uyuni und geht dort zur Schule. Sein Vater verdient den Lebensunterhalt mit der Führung von Touristen, die den faszinierenden Salzsee bereisen möchten.

M10 *Pablo aus Bolivien*

M7 *Elektro-Auto*

Formuliere für einige der Pfeile 1-17 Kausalaussagen, welche den Zusammenhang zwischen den Bildern darstellen könnten.
Stelle weitere Zusammenhänge dar, die hier noch nicht thematisiert werden.
Löse das Mystery mithilfe der Informationen, die du im folgenden Kapitel erhältst.
Erstelle am Ende ein Wirkungsgefüge, das die Zusammenhänge zwischen Isabelles Familie und Pablos Zukunft darstellt.

MYSTERY

Wenn Isabelles Familie ein neues E-Auto kauft, muss Pablo am Salar de Uyuni in Bolivien die Schule abbrechen und eine Ausbildung beginnen! – Warum?

Die ersten Informationen sind:

A: Isabelles Vater wünscht sich ein Elektroauto.
B: Pablos Vater rät seinem Sohn, die Schule abzubrechen, um für die Familie Geld zu verdienen.
C: Pablos Vater verdient Geld als Touristenführer im Salar de Uyuni.
D: Pablo geht in Uyuni zur Schule.

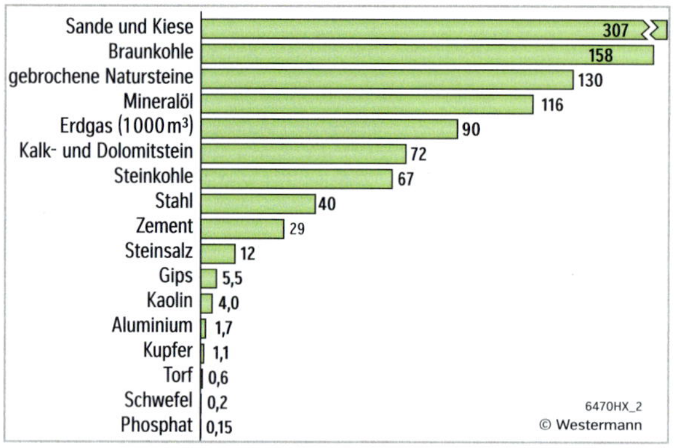

M1 *Rohstoffverbrauch im Lebensverlauf einer Person in Deutschland (in Tonnen)*

INFO

Rohstoff
Rohstoffe sind natürliche Stoffe, die noch nicht bearbeitet oder verarbeitet wurden. Aufgrund ihres Gebrauchswertes werden sie aus der Natur gewonnen. Man kann sie in sogenannten **Vorkommen** finden, das sind lokale Ablagerungen mineralischer Rohstoffe, wie zum Beispiel Erzvorkommen in Gebirgen, Erdgasfelder in Ozeanen oder Kohleflöze. Von einer **Lagerstätte** spricht man erst dann, wenn das Vorkommen sich wirtschaftlich lohnt oder in der Zukunft lohnend sein könnte.
Die meisten Erzlagerstätten sind beispielsweise durch Abkühlen von Magma oder von mineralhaltigen Dämpfen in der Erdkruste entstanden und dann durch Hebung und Erosion in die Nähe der Erdoberfläche gekommen (›S. 42). Erst durch diese tektonische Verlagerung wurde aus einem Erzvorkommen eine Erzlagerstätte.

(Roh-) Stoffströme

Rohstoffe werden von uns täglich genutzt, oft ohne dass wir dies bemerken. Von Gold, Coltan oder Lithium im Smartphone hat man vielleicht schon mal gehört, aber von Kaolin in Puder, Sand im Beton, Titandioxid in Ketchup oder Braunkohle im Strom eher nicht. Von letzterem verbraucht eine Person in Deutschland im Leben aber beispielsweise 158 Tonnen (M1)!

Systematisch unterscheidet man *Primärrohstoffe*, die erstmalig abgebaut werden, und *Sekundärrohstoffe*, welche durch Wiederverwertung eines Primärrohstoffs, sogenanntes *Recycling*, gewonnen werden.
Bei den Primärrohstoffen unterscheiden wir *nicht regenerierbare Rohstoffe* (zum Beispiel Erdöl) und *erneuerbare Rohstoffe*, die nachwachsen können (zum Beispiel Raps) oder immer vorhanden sind, wie Wind oder Wasser (›S. 84).
Nicht nur die Verwendung des Rohstoffs ist vielen Menschen unbekannt, auch die Gewinnung und die Entsorgung bleiben häufig im Dunkeln.
Um die Frage nach einem nachhaltigen Umgang mit den natürlichen Ressourcen beurteilen zu können, benötigt man jedoch Einblicke in alle Bereiche des jeweiligen Rohstoffs. Darstellungen der Stoffströme können dabei eine Hilfe sein (M3). Sie sind häufig die Grundlage eines nachhaltigen **Ressourcenmanagements**.

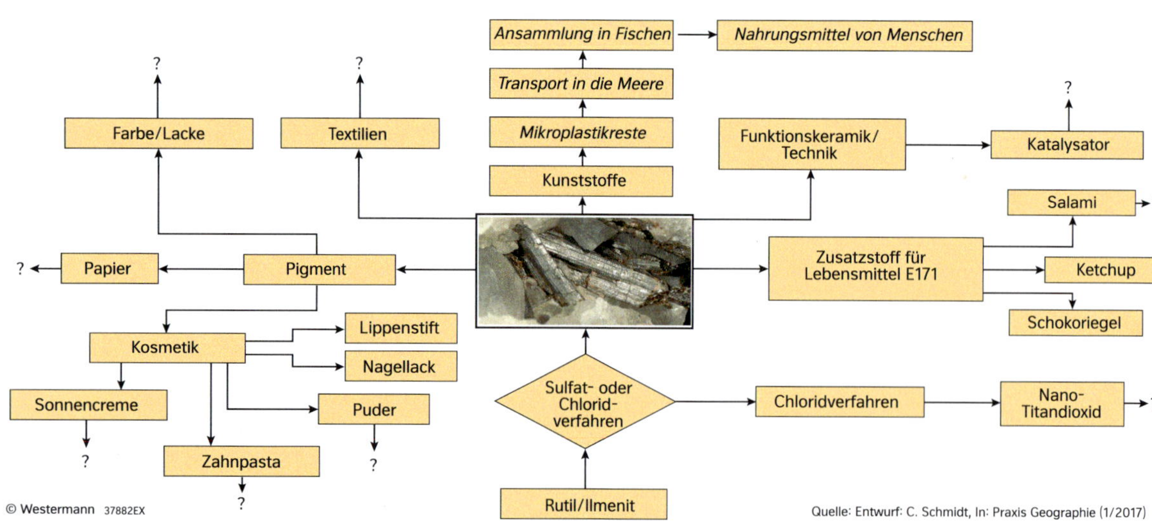

M2 *Stoffstrom für Titandioxid (TiO_2) / Foto: Titanoxidvariante Rutil auf Quarz*

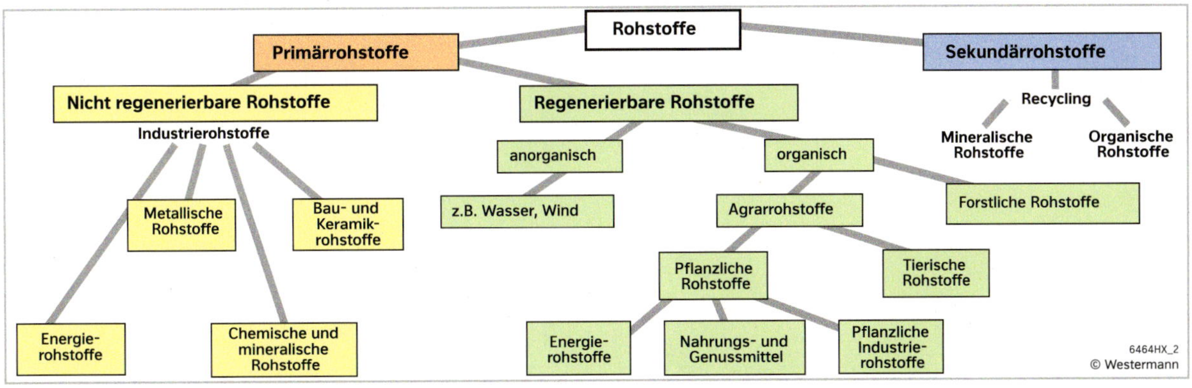

M3 *Rohstoffsystematik*

Tote Meereskleinstlebewesen sterben ab – Sedimentation in tonhaltigen Schichten – sauerstoffarme Zersetzung führt zu Faulschlamm – großer Druck und hohe Temperaturen – Entstehung einer Lagerstätte – Entstehung von Kerogen – Bildung von Erdöl und Erdgas – Aufsteigen des Öls und des Gases nach oben – Sammlung in nach oben undurchlässigen Schichten (Fallen) – Überdeckung mit weiteren Sedimenten

M4 *Erdölentstehung (ungeordnet)*

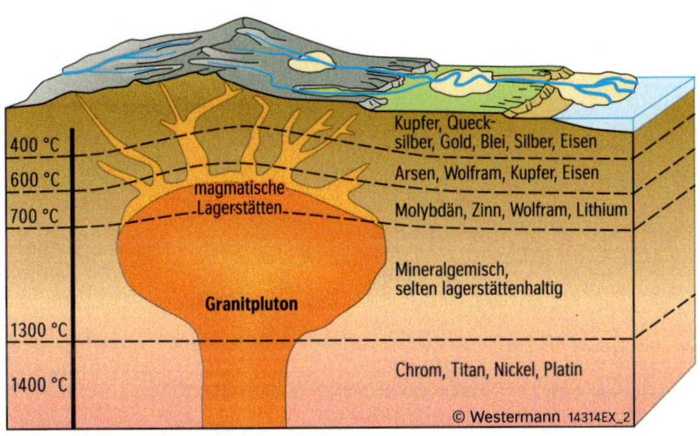

M5 *Magmatische Lagerstätten*

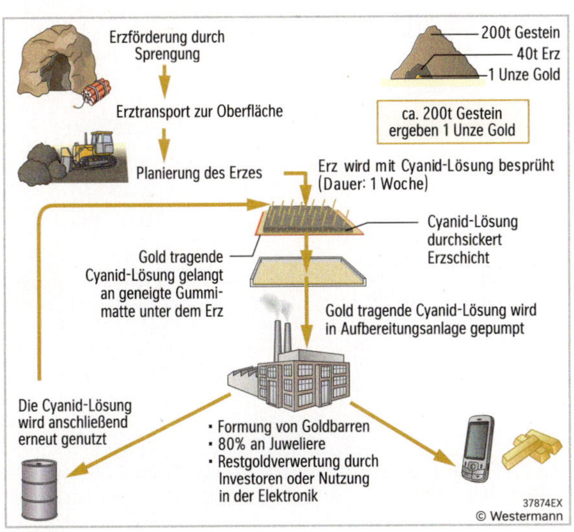

M6 *Goldgewinnung*

1 *Ordne* folgende Rohstoffe einer Kategorie *zu* (M3): Tierfell, Kies, Uran, Salz, Kakao, Kautschuk, Sand, Holz.

2 *Erstelle* ein Fließschema zur Entstehung von Erdöl (M4). *Erläutere* es!

3 a) *Stelle* die Entstehung von Titanerz (M2) mithilfe von M5 und der Info *dar*.
b) *Beschreibe* anhand von M2 den Weg vom Rohstoff Rutil bis zum Nagellack.
c) *Entwickle* für drei Stellen mit Fragezeichen in M2 weitere mögliche Wege des Stoffstroms (Internet).
d) *Gestalte* auf der Basis von M6 und einer Internetrecherche einen Strukturbaum wie in M2 für einen metallischen Rohstoff deiner Wahl (Gold, Bauxit, ...).

4 Aktiv!
Ordne die folgenden Informationen in das Mystery (›S. 79) *ein*:

MYSTERY

E: In der Salzlauge des *Salar de Uyuni* finden sich riesige Lithiumvorkommen.
F: Für Akkus von Elektroautos, Laptops und Smartphones wird Lithium benötigt.
G: Für die Gewinnung müssen große Industrieanlagen gebaut werden, die das Landschaftsbild zerstören.

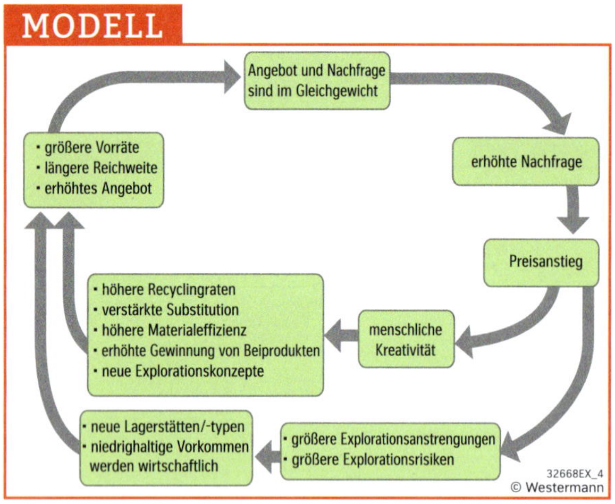

M1 *Regelkreis der Rohstoffversorgung*

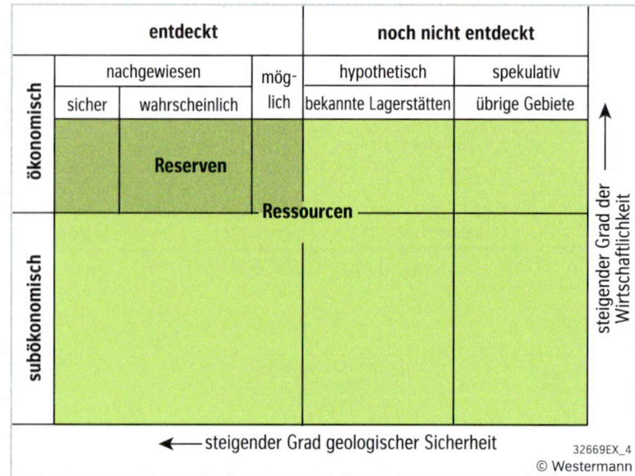

M2 *Reserven und Ressourcen*

Ist die Rohstoffversorgung gesichert?

Die weltweit steigende Bevölkerungszahl und der zunehmende Wohlstand führen zu einer immer größeren Nachfrage nach *Rohstoffen*. So hat zum Beispiel die Weltbevölkerung seit Ende des 2. Weltkrieges mehr Rohstoffe verbraucht als in der gesamten Zeit davor. Da die **Verfügbarkeit** aber räumlich und zeitlich begrenzt ist, führt die **Knappheit** auch zu Konflikten und Kämpfen um Rohstoffe. Wie lange ein Rohstoff noch verfügbar sein wird, ist nur sehr schwierig zu bestimmen. Bekannte Vorkommen, die durch aktuelle Technik wirtschaftlich lohnend abbaubar sind, nennt man **Reserven**. Die Gesamtmenge eines Rohstoffes nennt man **Ressourcen**. Dazu zählen aber auch Vorkommen, die noch nicht gewinnbringend gefördert werden können, und Vorräte, die geologisch vermutet werden. Wenn der Marktpreis etwa durch die Knappheit eines Rohstoffes steigt, wird aus einer Ressource eine Reserve, weil sich der aufwendigere Abbau plötzlich lohnen kann.

Durch Vergleich von Reserven und Verbrauch wird versucht, die **Reichweite** eines Rohstoffes zu ermitteln. Bei Annahme eines gleichbleibenden Verbrauchs ist die *statische Reichweite* ermittelbar (M6). Die Nachfrage nach Rohstoffen, die Unsicherheit bzw. Knappheit führen zu starken Preisschwankungen und in den letzten Jahrzehnten zu einem steilen Preisanstieg, etwa bei den Energierohstoffen (M4). Zwar kamen in den letzten 40 Jahren erneuerbare Energiequellen als Energielieferanten hinzu, allerdings erhöhte sich auch der Verbrauch der fossilen Energieträger deutlich.

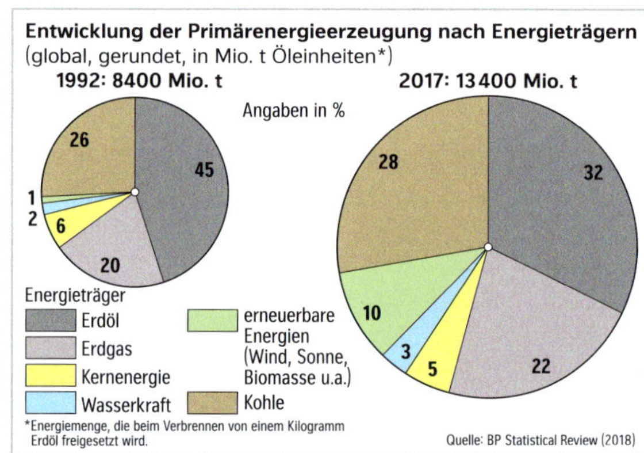

M3 *Versorgung nach Energiequellen (global)*

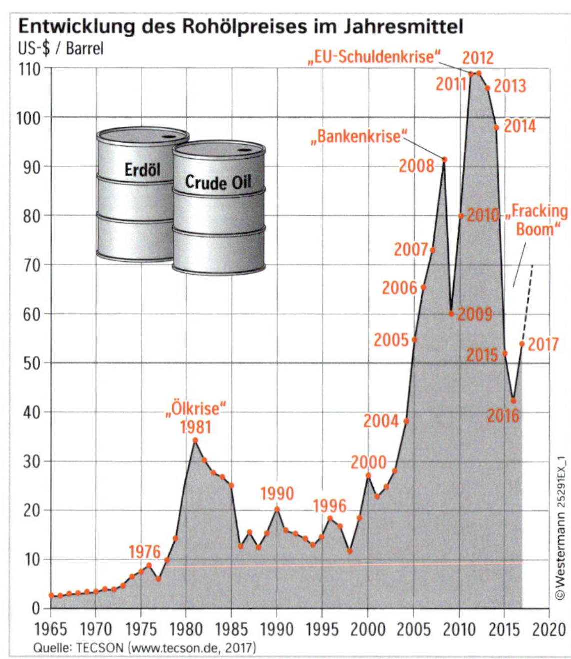

M4 *Entwicklung des Rohölpreises*

100800-264-01
schueler.diercke.de
100852-186
schueler.diercke.de

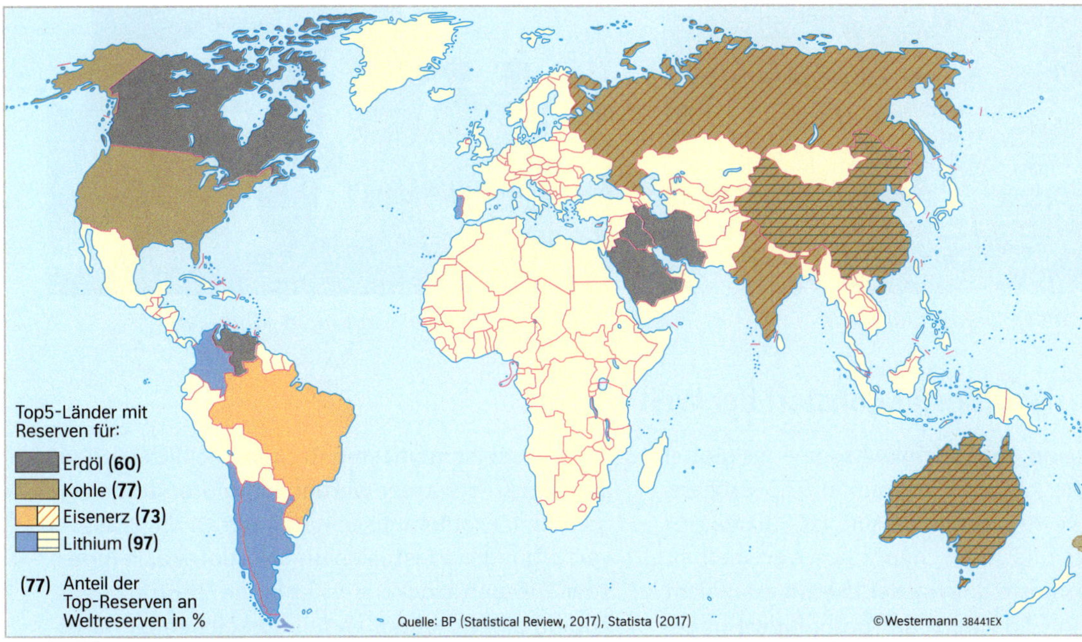

M5 *Beispiele für wichtige Rohstoffreserven*

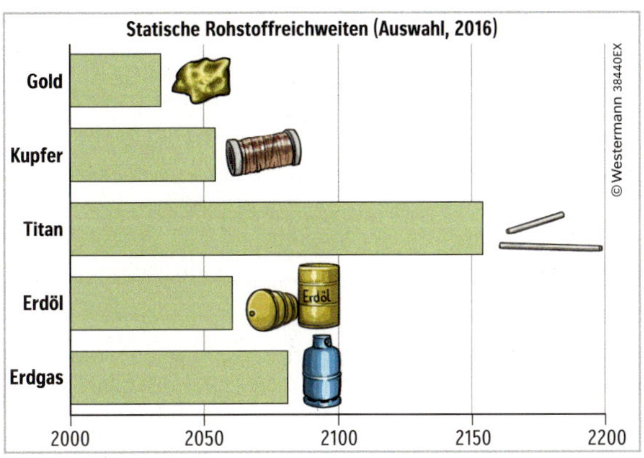

M6 *Statische Reichweite ausgewählter Reserven*

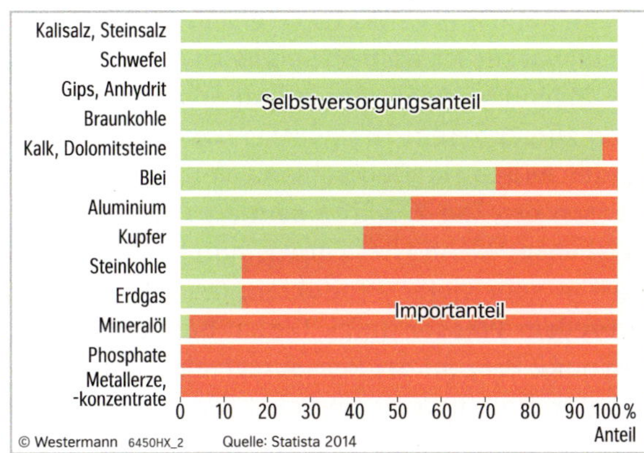

M7 *Zur Rohstoffversorgung Deutschlands (2013)*

1 a) *Erkläre* mithilfe von M1 an drei Beispielen, wie sich die Reichweite von Rohstoffen verlängern kann.
b) *Bewerte* die Verlässlichkeit der Berechnung einer Rohstoffreichweite auf Grundlage von M1 und M2.

2 *Analysiere* anhand von M3 die Veränderung in der Primärenergieversorgung.

3 *Erkläre* ausgehend von M1 die Preisschwankungen beim Rohölpreis (M4).

4 *Stelle* anhand von M5 die weltweite Verteilung der dargestellten Rohstoffe und damit verbundene mögliche Probleme *dar* (Atlas).

5 *Analysiere* die statische Reichweite der in M6 ausgewählten Rohstoffe in Bezug auf die deutsche Rohstoffversorgung (M7).

6 Aktiv!
Ordne die folgenden Informationen in das Mystery (›S. 79) *ein*:

MYSTERY

H: In Bolivien befinden sich ca. 36 % der weltweiten Lithiumreserven.
I: Enormer Anstieg des Weltmarktpreises für Lithium in den letzten Jahren.
J: Staatschef MORALES will Lithiumindustrie aufbauen.
K: In der Lithiumindustrie entstehen einfache Arbeitsplätze, z. B. für Tagelöhner.

Vertiefung

M1 *Gartenpools in Deutschland*

M3 *Süßwasserversorgung in Äthiopien*

Süßwasser – wichtigster Rohstoff der Welt

Süßwasser – und somit Trinkwasser – ist global betrachtet eine knappe Ressource: 97,5 Prozent des weltweit verfügbaren Wassers ist Salzwasser und damit für uns Menschen kaum verwertbar. Selbst an das meiste Süßwasser kommt man nicht heran: Es ist in Gletschern gefroren, lagert unerreichbar tief unter der Erde oder liegt in einer anderen Form unzugänglich vor.
Das im Rahmen des **Wasserkreislaufes** verfügbare Süßwasser ist weltweit ungleich verteilt: Etwa 844 Millionen Menschen haben noch keinen Zugang zu sauberem Trinkwasser, woran vor allem Kinder leiden. In Deutschland verbraucht jeder Mensch pro Tag 123 Liter sauberes Trinkwasser. Es ist unser wichtigstes Lebensmittel und ein Rohstoff in sehr vielen Produkten; man spricht von **virtuellem Wasser** (Info). Global betrachtet werden nur 2 Prozent der Ressourcen als Trinkwasser genutzt, Hauptnutzer sind die Landwirtschaft (70 Prozent) und die Industrie (22 Prozent). 6 Prozent werden in privaten Haushalten benutzt.

Süßwasser ist in unseren Breiten reichlich vorhanden; bei Trinkwasser werden hohe Standards eingehalten. Problematisch hingegen ist die Wasserversorgung in Westasien und Nordafrika, in Indien sowie in den trockenen Regionen Zentralasiens. Zudem gibt es Regionen mit ausreichender natürlicher Wasserversorgung, in denen aber für sauberes Trinkwasser die *Infrastruktur* (wie Brunnen, Wasserleitungen und Klärwerke) fehlt.
Aufgrund seiner zentralen Bedeutung ist Süßwasser ein Rohstoff, der Konflikte auslösen kann. Ein **nachhaltiges Wassermanagement** ist daher von hoher Bedeutung (M5, M6).

INFO

Virtuelles Wasser
ist die Menge an sauberem Frischwasser, die zur Herstellung eines bestimmten Produktes oder bestimmter Dienstleistungen verdunstet, verbraucht oder verschmutzt wird.

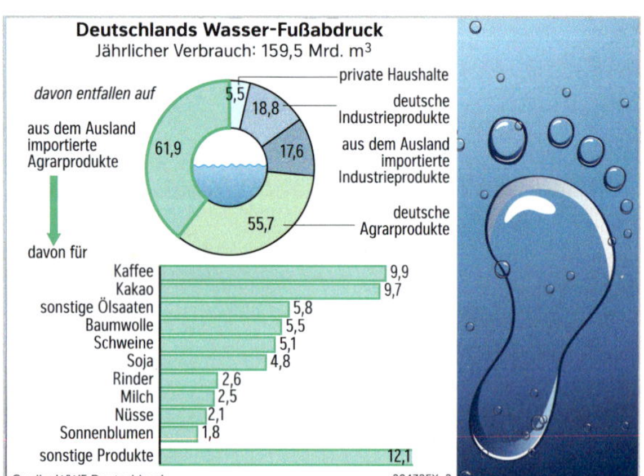

M2 *Deutschlands Wasser-Fußabdruck*

ERINNERE DICH!

Am 25.09.2015 haben auf einem Gipfel der Vereinten Nationen (UN) mehr als 150 Staaten die Agenda 2030 für nachhaltige Entwicklung beschlossen. Es wurden 17 Ziele und 169 Unterziele verabschiedet. Alle Ziele sollen bis 2030 erreicht werden.
Zu den Unterzielen des sechsten Ziels für nachhaltige Entwicklung zählt, die Wassernutzung in allen Sektoren effektiver zu gestalten und eine nachhaltige Entnahme und Bereitstellung von Süßwasser zu gewährleisten. Damit soll der Wasserknappheit begegnet und die Zahl der unter Wasserknappheit leidenden Menschen verringert werden.

M4 *Nachhaltiges Entwicklungsziel*

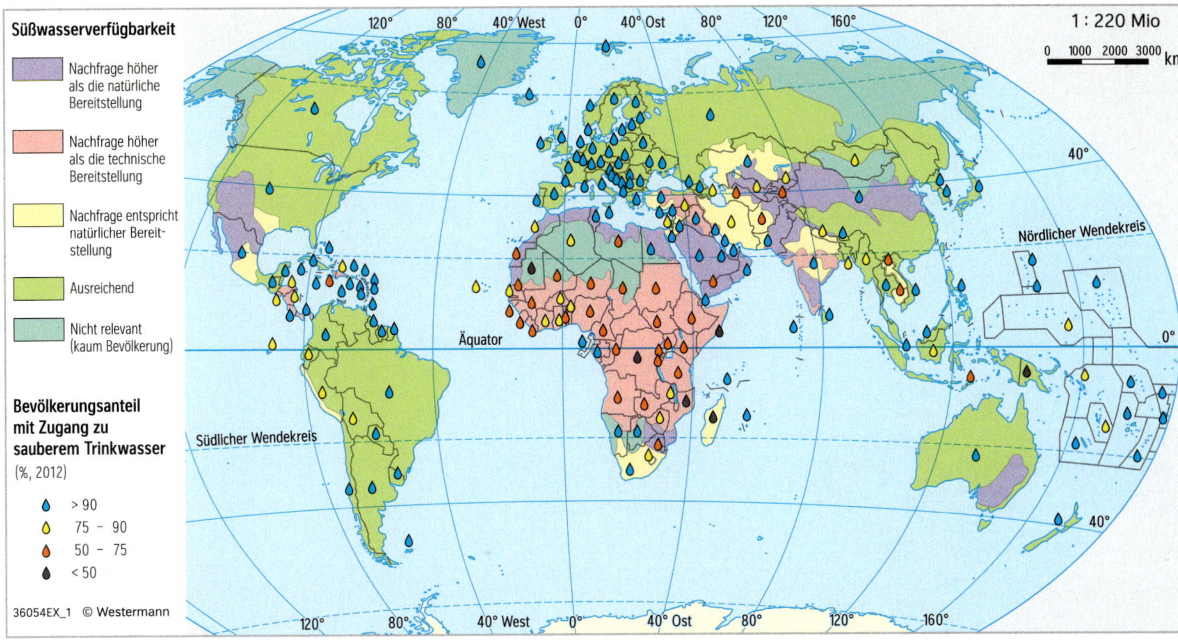

M5 *Verfügbarkeit von Trinkwasser weltweit*

Von 2011 – 2016 herrschte in Kalifornien eine Dürre, die einige Rekorde gebrochen hat. 2013 war zum Beispiel das trockenste Jahr seit über 100 Jahren. Die bereits bestehenden Konflikte zwischen der Landwirtschaft und den Städten um das Wasser verschärften sich. Daher hat der Gouverneur von Kalifornien, EDMUND BROWN, im Januar 2014 den Notstand erklärt und alle Bewohner des Staates zu Wassersparmaßnahmen aufgerufen.
Abgesehen davon leben in Kalifornien über 35 Millionen Menschen. Zurzeit werden Wasserreservoirs genutzt, um die Wasserversorgung sicherzustellen. Die Flüsse werden dabei zu 75 Prozent von den Schneeschmelzen aus den Gebirgen gespeist. Wenn aufgrund des Klimawandels die Temperatur zunimmt, nimmt die Schneedecke in den Gebirgen ab und das im Sommer benötigte Wasser reicht nicht mehr aus.

Heute befinden sich Dreiviertel des Nutzwassers im Norden Kaliforniens, aber 80 Prozent verbraucht der Süden. Großprojekte, wie zum Beispiel das „California Aqueduct", entstanden und damit ein Kanal mit einer Länge von 700 Kilometer. Er verursacht aber auch Energiekosten in Höhe von 200 Millionen Dollar pro Jahr für den Wassertransport.

M6 *Wassermanagement in Kalifornien*

1 *Beschreibe* die globale Verfügbarkeit von Süßwasser (Text).

2 *Erkläre* den Unterschied zwischen virtuellem und direktem Wasserverbrauch (Info, M2).

3 *Erläutere* die Wasserproblematik Kaliforniens (M5, M6, Internet).

4 *Agenda 2030, Ziel 6: Sauberes Trinkwasser für alle Menschen.* Recherchiere und präsentiere die Umsetzung dieses Rechts an einer Beispielregion.

5 Aktiv!
Ordne die folgenden Informationen in das Mystery (S. 79) *ein*:

MYSTERY

L: Für die Gewinnung von Lithium durch Verdunstung ist viel Süßwasser nötig.

M: Durch die Entnahme von Salzlauge sinkt der Grundwasserspiegel deutlich, was die Landwirtschaft erschwert.

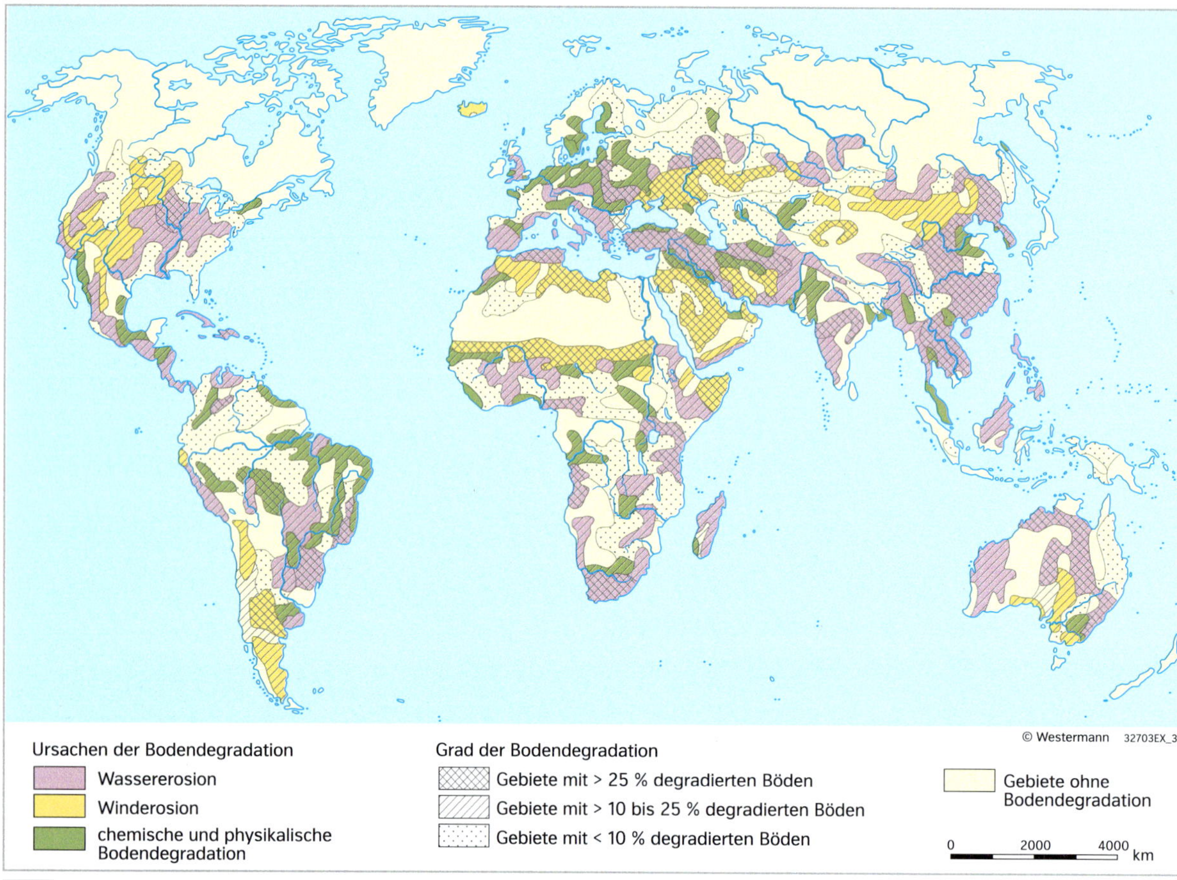

M1 *Bodendegradation und Bodenerosion weltweit*

Ressource Boden – unsere gefährdete Lebensgrundlage

Der **Boden** ist eine unverzichtbare Naturressource, die sich nur extrem langsam erneuert. Er dient zum einen als Lebensraum für Pflanzen und Tiere und ermöglicht damit unsere Nahrungsmittelproduktion. Zum anderen wirkt er auch als Filter und Puffer gegenüber Schadstoffen sowie als ein Speicher für *Niederschläge* und *Grundwasser*.

Ohne **nachhaltige Bodennutzung** ist eine **Bodendegradation** wahrscheinlich. Durch physikalische und chemische Veränderungen kann der Boden dann seine natürlichen Funktionen nicht mehr erfüllen. Beispiele für eine chemische Bodendegradation sind die **Bodenversalzung** durch unsachgemäße Bewässerung, die **Bodenkontamination** sowie die **Bodenversauerung** durch Eintrag von Luftschadstoffen. Bei der Bodenversalzung reichern sich Salze im Oberboden an und verkrusten dort. Die Versauerung des Bodens schädigt Bäume und verursacht im Extremfall Waldsterben.

Die **Bodenverdichtung** durch schwere Ackergeräte ist ein Beispiel für physikalische Bodendegradation. Der Boden verliert dadurch seine Durchlüftung, sodass Bodenlebewesen absterben.
In allen genannten Fällen verliert der Boden seine Fruchtbarkeit und kann für Nahrungsmittelproduktion nicht mehr genutzt werden.

Bei der **Bodenerosion** wird die humushaltige obere Bodenschicht durch Wind (**Deflation**) oder Wasser abgetragen. Auf diese Weise gehen weltweit mehr als 24 Milliarden Tonnen Boden jedes Jahr verloren. Außerdem wird alleine in Deutschland die Bodenfläche jeden Tag um etwa 100 Hektar (2016) durch **Bodenversiegelung** für Siedlungs- und Verkehrsflächen verkleinert. Dadurch steigt der oberflächliche Wasserabfluss und Überschwemmungen können die Folge sein. Ziel der Bundesregierung ist, diese Neuversiegelung bis zum Jahr 2020 auf 30 Hektar/Tag zu reduzieren.

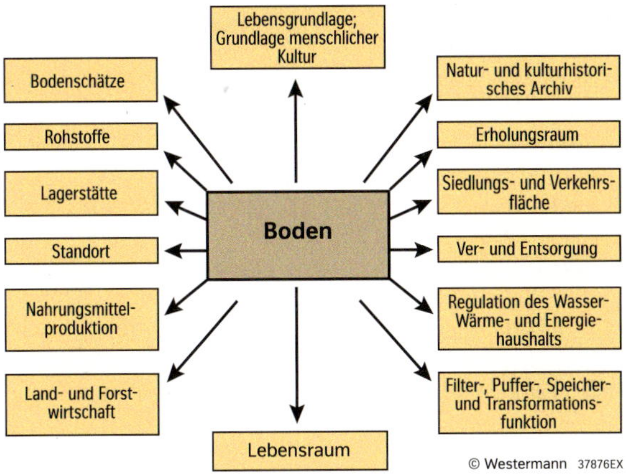

M2 *Bodenfunktionen*

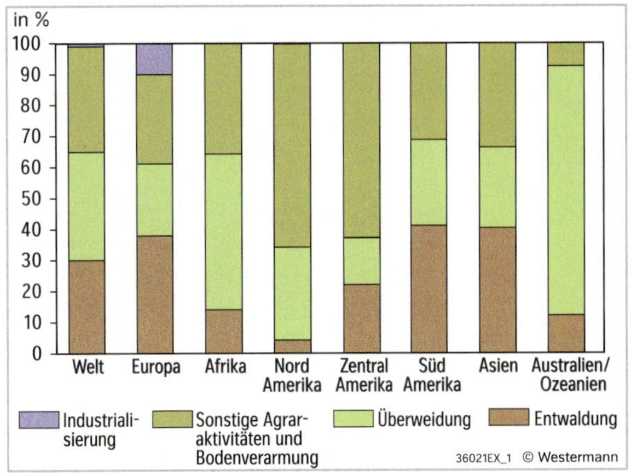

M4 *Ursachen für Bodendegradation*

M3 *Ausgewählte Bodendegradationsformen*

1 *Nenne* Regionen, die besonders stark von Bodendegradation und Bodenerosion betroffen sind (M1).

2 *Beschreibe* die Bilder in M3 und ordne diesen die passenden Begriffe der Bodendegradation zu (Text).

3 a) *Stelle* Ursachen für Bodenzerstörung *dar* (M4).
b) *Nenne* die Bodenfunktionen, die beeinträchtigt werden (M2).

4 Transfer!
Ermittle in deinem Heimatort Flächen, die versiegelt wurden. *Nenne* die Nutzung und diskutiere die Notwendigkeit der Versiegelung.

5 Aktiv!
Ordne die folgenden Informationen in das Mystery (›S. 79) *ein*:

MYSTERY

N: Für Abbau sind starke Explosionen nötig, die den Boden zerstören.

O: Trockene Oberfläche führt zu Deflation des Bodens und einer enormen Staubbelastung.

Vertiefung

M1 *Formen des Abbaus seltener Metalle*

Ressourcen		Reserven/Abbau	
China	32,6 %	China	97,0 %
Kanada	13,1 %	Indien	2,2 %
Russland	11,2 %	Brasilien	0,5 %
USA	10,1 %	Malaysia	0,3 %
Grönland	6,1 %	Quelle: BGR (2015)	

M3 *Vorkommen von Metallen der Seltenen Erden*

Wahlthema: Metallische Rohstoffe unter der Lupe

„Das Lithium wird uns helfen, unser Land zu entwickeln!“ Diese Hoffnung des bolivianischen Präsidenten auf eine wirtschaftliche Entwicklung seines Landes durch Rohstoffgewinnung und -verarbeitung (›S. 79) hegen viele Staaten.
Vor allem metallische Rohstoffe sind begehrt, zum Beispiel die sogenannten Metalle der Seltenen Erden (M3). Diese Metalle werden für die Produktion vieler moderner Hightech-Produkte benötigt: Tantal in Mobiltelefonen, Gallium auf Fotovoltaikzellen, Indium in Flachbildschirmen oder Neodym für Windkrafträder.
Die meisten metallischen *Lagerstätten* sind in geologisch alten Regionen zu finden (z. B. Russland, Kanada, Australien), weil dort *Erosion* die Vorkommen freigelegt hat. Viele Metalllagerstätten entstehen durch abkühlendes Magma und die entsprechende Kristallisation je nach Dichte des Materials (*magmatische Differentiation*, ›S. 36). Durch Hebung und Faltung können diese Vorkommen so nah an die Oberfläche kommen, dass sie abbauwürdig werden (*primäre Lagerstätten*). Außerdem werden bei der natürlichen Abtragung dieser Lagerstätten die Rohstoffe etwa in Flüssen transportiert und bei nachlassender Transportgeschwindigkeit abgelagert. Dies führt zu *sekundären Lagerstätten*, zum Beispiel zu sogenannten Goldseifen in Flüssen oder Senken.
Der Abbau dieser metallischen Mineralgemenge, den sogenannten **Erzen**, bringt große Einnahmen und schafft Arbeitsplätze (ökonomischer Aspekt), birgt aber auch Gefahren für die Umwelt (ökologischer Aspekt) durch **Landschaftszerstörung**, oder die Verschmutzung und Vergiftung von Gewässern und Böden (**Kontamination**). Zudem sind Korruption, illegale Abbaumethoden und Konflikte um die Rohstoffe häufige Begleiterscheinungen (sozialer Aspekt).

Rohstoffmangel bald Bremsklotz für die wirtschaftliche Entwicklung?

Deutschland muss viel sparsamer mit seinen natürlichen Ressourcen und Rohstoffen umgehen, rät das Umweltbundesamt (UBA). „Mit einem Rohstoffverbrauch von 200 kg pro Kopf und Tag liegen die Deutschen weltweit mit an der Spitze. Das schadet nicht nur der globalen Umwelt – es ist auch gefährlich für unsere internationale Wettbewerbsfähigkeit. Schon heute liegen die Materialkosten im verarbeitenden Gewerbe bei rund 43 % der Wertschöpfung. Wenn die Rohstoffpreise weiter in die Höhe schnellen, wird dieser Anteil auf Sicht weiter steigen“, sagte UBA-Präsident Jochen Flasbarth zur Eröffnung einer dreitägigen, internationalen Ressourcen-Konferenz in Berlin.
Auch die wirtschaftliche Entwicklung könnte durch den weltweiten Rohstoffhunger unter die Räder kommen. Gerade die sogenannten seltenen Erden, dies sind spezielle Hightech-Metalle wie Neodym, werden knapper und teurer. Für den Elektromagneten eines modernen, getriebelosen Offshore-Windrades wird je nach Leistung bis zu eine Tonne Neodym benötigt. In den letzten Jahren ist der Preis für Neodym von 25000 Dollar pro Tonne auf rund 700000 Dollar im Jahr 2012 gestiegen. Im Jahr 2016 lag er bei 800000 Dollar. Der größte Teil der weltweiten Förderstätten für Seltene Erden liegt derzeit in der Volksrepublik China.
Quelle: www.umweltbundesamt.de, 12.11.2012

M2 *Deutschland verbraucht zu viele Hightech-Metalle*

Ende der 1980er-Jahre wurde in Papua die weltgrößte Goldmine aufgeschlossen. Sie ist zugleich die Mine mit den besten Förderbedingungen für Kupfer. Über 1 Mrd. Tonnen Erzvorkommen können hier abgebaut werden: bei 1,2 g Gold und 1% Kupferanteil pro Tonne Erz.
Die Aufschlussbedingungen waren sehr schwierig, denn die Grasberg-Mine liegt hoch und ist von Bergen und Urwald umgeben. Doch der Aufwand lohnt sich: Der Goldpreis für 1 kg Gold lag 2017 bei ca. 40000 US-$ und auch Kupfer ist auf dem Weltmarkt gefragt.

Wald
Mine
Gletscher / Fels
Wolken

⇧ N
2 km

M4 *Satellitenbild der Grasbergmine (Papua/Indonesien)*

Geo-Praxis: Geologe
...Frau Mez, Sie arbeiten als angewandte Geologin?
Mein Job ist die *Prospektion*. Ich finde und beurteile für die Industrie neue Rohstoffvorkommen, vor allem für Erdöl und Erdgas. Oft vergehen 3 Jahre von der Vorerkundung bis zur *Exploration*, d.h. der Erschließung. Dafür bin ich an vielen Orten auf der ganzen Welt unterwegs.
Haben Sie keine Angst um die Natur?
Natürlich! Wir versuchen immer auch die Konsequenzen für die Menschen und die Natur zu erkennen und zu beurteilen. Im Studium sollte man sich daher interdisziplinäre Kenntnisse aneignen, zum Beispiel auch in der Biologie.
Welche Voraussetzungen sollte man mitbringen?
Man sollte naturwissenschaftlich interessiert sein und keine Probleme mit Wind, Regen oder Kälte haben. Wir arbeiten oft draußen, häufig auch in großen Höhen, z.B. im Hubschrauber, oder auch mal unter der Erde. Neben diesem Abenteuergeist sind auch Computerkenntnisse gefragt. Außerdem sollte man gut Englisch können und gerne reisen. Auch juristische Kenntnisse sind vonnöten.

M5 *Interview mit einer Geologin*

1 *Erläutere*, wie man dem erwarteten Mangel an Rohstoffen begegnen könnte (M2, M3).

2 Aktiv!
Die Grasbergmine (M4) in Papua gehört zu den größten Erzminen der Erde.
a) *Arbeite* die maximale Tiefe der Grasbergmine und die N-S-Erstreckung *heraus* (M4).
b) *Arbeite* den Wert der jährlich geförderten Goldmenge *heraus* (M4).

3 *Erläutere* mögliche negative Folgen des Abbaus mithilfe von M4 sowie ›S. 81: M6.

4 Transfer!
a) *Beschreibe* – ausgehend von M5 – mögliche Aufgaben von Geologen, die in der Grasbergmine seit 1980 stattgefunden haben könnten.
b) *Begründe* an konkreten Beispielen, warum ein Geologe „interdisziplinäre Kenntnisse“ benötigt (M5).

M1 *Silbermine in Bolivien*

Auswirkungen der Gewinnung metallischer Rohstoffe

Bei der Gewinnung metallischer Rohstoffe bleibt mehr als nur ein Loch in der Erde: Den finanziellen Gewinnen und der Schaffung von Arbeitsplätzen stehen häufig ein enormer **Flächenverbrauch** und weitere negative Folgen gegenüber.
Da das erzhaltige Gestein gesprengt wird, um das harte Gestein zu zertrümmern, entstehen Lärm und enorme Staubmengen. Zudem werden beim Abtransport durch riesige Lkw große Mengen Treibstoff verbraucht und große Flächen für die *Infrastruktur* in Anspruch genommen. Noch mehr Energie benötigt der anschließende Verarbeitungsprozess: Das *Erz* muss zerkleinert, gereinigt und meist auch chemisch behandelt werden, um aus dem erzhaltigen Gestein industriell verarbeitbare Erze zu gewinnen. Die chemischen Prozessmittel müssen meist in Becken deponiert werden und gelangen so teilweise ins Grundwasser, in Fließgewässer oder in den Boden (**Bodenkontamination**). Dies schädigt Lebewesen und belastet das *Ökosystem* erheblich.
Mitunter gibt es auch soziale Probleme: Wenn die Gewinne der Abbaufirmen nicht im Land bleiben, profitiert die Bevölkerung wenig von der Rohstoffgewinnung. Finanzielle Interessen können innerhalb eines Staates oder auch zwischen Staaten zu Auseinandersetzungen oder sogar Kämpfen führen. So kann der Rohstoffreichtum eines Landes zum **Ressourcenfluch** werden.

Die Grasbergmine liegt 4000 m über dem Meeresspiegel. Ist es schwierig, hier zu arbeiten?
Bimo: Wir haben uns einigermaßen an die Höhe gewöhnt, leiden aber schon an Kopfschmerzen. Allerdings verdienen wir hier Geld, um unsere Familien ernähren zu können.
Der Goldpreis auf dem Weltmarkt ist in den letzten Jahren deutlich gestiegen. Verdienen Sie auch mehr?
Bimo: Das wusste ich gar nicht. Nein, mein Verdienst ist seit vielen Jahren gleich. Es ist nicht viel, aber doch mehr, als ich anderswo bekommen könnte.
Ist es nicht schlimm für Sie, dass die Natur durch den Abbau zerstört wird?
Bimo: Nein, das Loch ist ja im Vergleich zum Urwald doch eher klein und wir müssen ja auch Geld verdienen. Ich habe aber gehört, dass im Tiefland, wohin der Ajkwa fließt, Fische sterben und das Wasser nicht mehr gut ist. Vielleicht hat das etwas mit unserer Mine zu tun? Die Straßen, die für den Abbau gebaut wurden, sind nicht schön, aber sie helfen uns auch. Nur die Pipelines durch den Wald für den Treibstoff sind gefährlich.

M2 *Ein Arbeiter der Grasbergmine (›S.89) berichtet*

Das iPhone wird ein bisschen sauberer

Wer feierlich sein neues Smartphone auspackt, denkt vermutlich nicht daran: Die Metalle im Inneren des Gerätes stammen teilweise aus Konfliktregionen wie dem Kongo – und der Käufer trägt womöglich indirekt zur Finanzierung blutiger Bürgerkriege bei. [...]
Darauf reagiert der iPhone-Hersteller jetzt mit einer umfangreichen Initiative: Er will künftig bei der Herstellung von Smartphones, Tablets und Computern auf Materialien aus Konfliktregionen verzichten. [...]
[Apple] hat eine Liste von Erzhütten veröffentlicht, deren Rohstoffe in den Produkten des Konzerns zum Einsatz kommen. Demnach halten sich 59 Unternehmen an die Vorgaben des Conflict-Free Smelter Program (CFSP), dazu gehört u.a. die Verpflichtung, keine Geschäfte, die der Finanzierung bewaffneter Gruppen dienen, zu tätigen. Weitere 23 Unternehmen haben zugesagt, sich einer Überprüfung zu unterziehen. Betroffen sind hauptsächlich die Rohstoffe Tantal, teils aber auch Gold und Zinn. Allerdings ist bei gut 100 Erz-Hütten noch nicht klar, ob sie die Regeln einhalten. [...]
US-Unternehmen müssen ab Mai angeben, ob ihre Produkte Konfliktmineralien aus dem Kongo enthalten. Viele vermeiden Rohstoffe aus dem afrikanischen Land daher ganz. Apple unterstützt dagegen „verifizierte Lieferketten" in dem afrikanischen Land – und damit auch „die ökonomische Entwicklung in der Region". Hintergrund: Ein Boykott könnte den Konflikt verschärfen, weil er viele Arbeiter womöglich den Job kostet und so die wirtschaftliche Lage verschlechtert.

Quelle: Kerkmann, Ch. In: www.handelsblatt.com, 13.02.2014;

M3 *Pressemeldung*

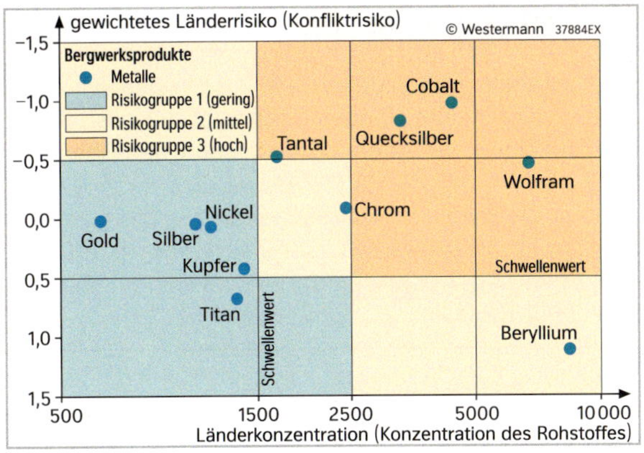

M4 *Konfliktträchtige Metalle*

M7 *„So leben wir, so leben wir, so leben wir alle Tage ..."*

Ökologischer Rucksack
Mit dem Bild des ökologischen Rucksacks soll die Menge an Ressourcen dargestellt werden, die bei der Herstellung, dem Gebrauch und der Entsorgung eines Produktes verbraucht werden.

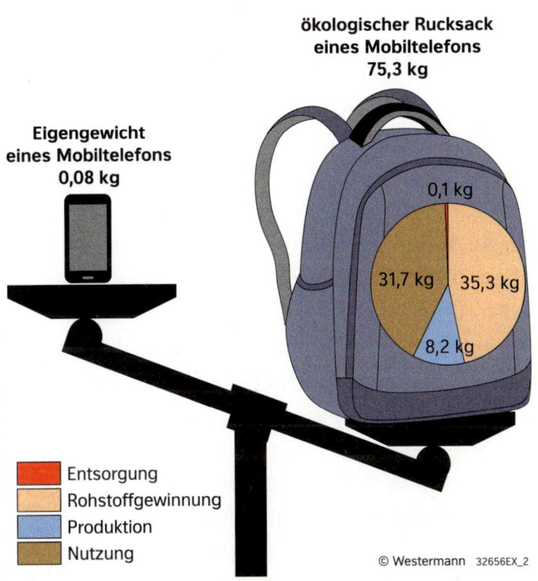

M5 *Ökologischer Rucksack eines Mobiltelefons*

❶ *Stelle* ausgehend von M1 einige Folgen der Rohstoffgewinnung *dar*.

❷ a) *Stelle* anhand des Satellitenbildes auf ›S. 89 möglichst viele der im Text genannten Folgen der Rohstoffgewinnung *dar*.
b) *Bewerte* unter Verwendung von M2 die Nachhaltigkeit des Erzabbaus in der Grasbergmine (›S. 89).
c) *Analysiere* die Karikatur (M7) und vergleiche die Grundaussagen mit dem Abbaubeispiel der Grasbergmine (›S. 89).

❸ a) *Beschreibe* die unterschiedliche Konfliktträchtigkeit von Metallen (M3, M4).
b) Recherchiere für zwei unterschiedliche Metalle aus M4 Gründe für eine niedrige oder große Gefahr, Konflikte auszulösen.

❹ *Entwickle* Strategien, zu einem Umgang mit Metallen beizutragen, der Konflikte minimiert (M2–M7).

❺ Aktiv!
Starte das Lernportal ***www.diercke.de/lernmodule/Kupfer***. Löse das Rätsel der Chuquicamata-Mine in Chile.

Um Konflikte um metallische Rohstoffe und soziale Missstände wie Kinderarbeit zu minimieren, sollten sich Verbraucher über die Herkunft der Produkte informieren und nach zertifizierten Produkten suchen. Die längere Nutzung eines Produktes ist ebenfalls ein Beitrag.

M6 *Aspekte eines nachhaltigen Ressourcenmanagements bei Metallen*

Handarbeit (Jiangxi-Provinz)

M1 *Abwrackwerft in Bangladesch*

ERSTAUNLICH!

Schätzungen gehen davon aus, dass in Deutschland 100 Millionen alte Handys ungenutzt in Haushalten herumliegen. Bei einem durchschnittlichen Goldanteil von 24 mg pro Handy würde dies bundesweit einem Wert von ca. 90 Millionen Euro entsprechen. Selbst im Straßenstaub ließen sich jährlich 250 kg Platin aus Katalysatoren finden, was einem Marktwert von 10 Millionen Euro entspricht!

Wie können wir metallische Rohstoffe nachhaltig nutzen?

Rohstoffmangel, Preissteigerungen, Flächenverbrauch, Kriege... die Negativliste der Folgen des Rohstoffabbaus ist lang. Dennoch benötigen wir Rohstoffe in einer von Technologie geprägten Welt mehr denn je. Die Lösung des Dilemmas liegt in einer nachhaltigen Nutzung der Rohstoffe.
Das Vermeiden, das Wiederverwerten (**Recycling**) und das Ersetzen (**Substitution**) von Rohstoffen müssen künftig ins Blickfeld rücken.
Durch Recycling können etwa aus Metallen, die direkt aus der Natur gewonnen wurden (*Primärrohstoffe*), sogenannte *Sekundärrohstoffe* erzeugt werden. Gerade Metalle können bis zu 100 Prozent wiederverwertet werden. Auch deshalb gibt es in der *Europäischen Union* (EU) seit 2015 eine Altfahrzeugrichtlinie, dass 85 bis 95 Prozent eines Autos wiederzuverwerten sind. Allerdings ist auch beim Recycling auf Nachhaltigkeit zu achten: der Blick auf Arbeits- und Umweltschutz ist wichtig, aber auch der auf ökonomische Aspekte (M1).
Neben klassischem Recycling von Produkten (M4) wird mittlerweile der gesamte Produktzyklus von Produktion über Konsum bis hin zur Entsorgung und Aufbereitung betrachtet (*Cradle-to-Cradle*). Beim *Urban Mining* wird die Stadt als Rohstofflagerstätte gesehen: Bauschutt zum Beispiel kann sehr wertvolle Rohstoffe beinhalten, deren Wiedergewinnung sich wirtschaftlich lohnt.
Bei steigender Weltbevölkerung und anhaltendem weltweiten Wirtschaftswachstum ist hinsichtlich des Energie- und Rohstoffsparens zudem ein **Ressourcenmanagement** wichtig (M2, M3). Auch neue Technologien und Konzepte, wie Rohstoffe durch erneuerbare Alternativen zu ersetzen sind, spielen eine immer größere Rolle. Ein ideales Ziel wäre die effektiv arbeitende **Kreislaufwirtschaft**.

Im Rahmen einer nachhaltigen Entwicklung werden Strategien verfolgt, um der Rohstoffknappheit entgegenzuwirken. Diese Strategien sind durch neue Technologien möglich, entwickeln sich durch ein verändertes Bewusstsein in der Bevölkerung oder können durch politische Vorgaben beeinflusst sowie initiiert werden. Jeder Einzelne kann versuchen, Aspekte dieser Strategien in seine Lebensweise zu integrieren und umzusetzen:

(A) *Effizienzstrategie:* Sie zielt darauf, Produkte und Dienstleistungen mit einem möglichst geringen Material- und Energieeinsatz zu erzeugen. Der Wirkungsgrad von Material- und Energieeinsatz ist also zu erhöhen.
(B) *Suffizienzstrategie:* Grundgedanke dieser Strategie ist, dass deutlich weniger Rohstoffe oder Flächen verbraucht werden, da weniger Konsum (vor allem in den wohlhabenden Staaten) stattfindet. Die Lebensqualität empfindet man trotz des geringeren Konsums nicht als schlechter.
(C) *Konsistenzstrategie:* Ziel ist es, die Herstellung von Produkten und Dienstleistungen so zu gestalten, dass die Umwelt möglichst geringe Belastungen erfährt. Der bestehende Bedarf an Ressourcen soll durch umweltfreundliche Erzeugung und durch die Nutzung nachwachsender Rohstoffe sowie erneuerbarer Ressourcen gedeckt werden. Im Idealfall entstehen Kreisläufe. Ressourcen würden somit nur genutzt, aber nicht verbraucht.

M2 *Nachhaltige Rohstoffnutzung – Strategien*

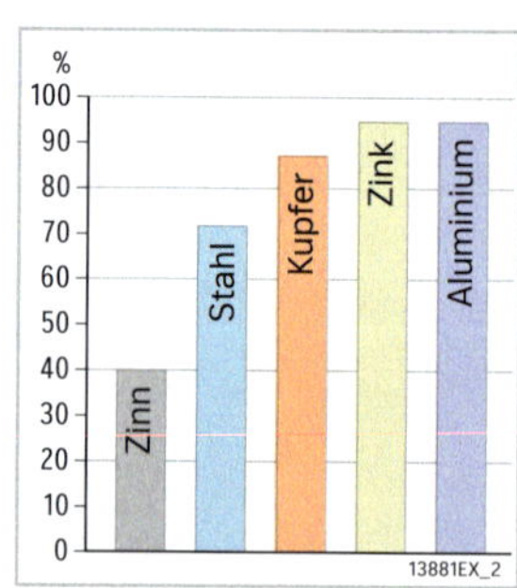

M3 *Energieeinsparung durch Sekundärrohstoffe*

Rohstoffe

Grundwissen

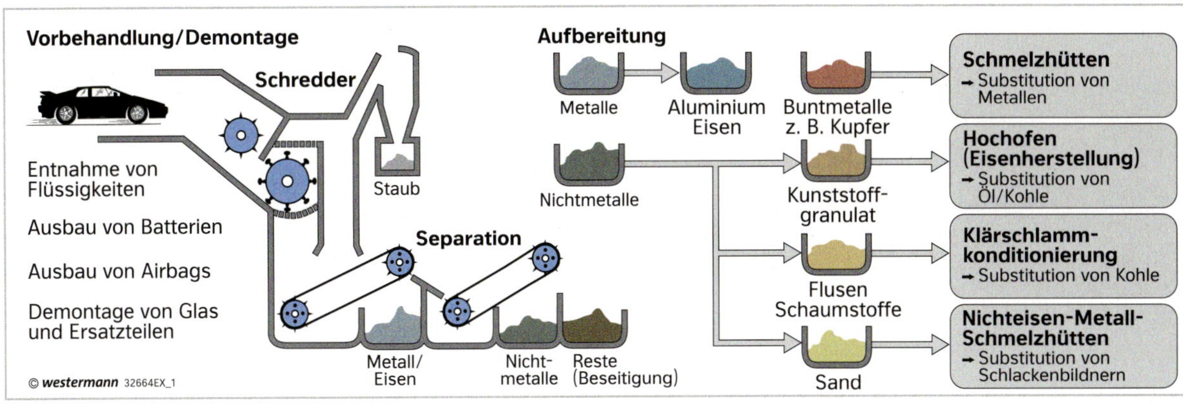

M4 *Recycling eines Autos*

M5 *Maßnahmen zur nachhaltigen Rohstoffnutzung*

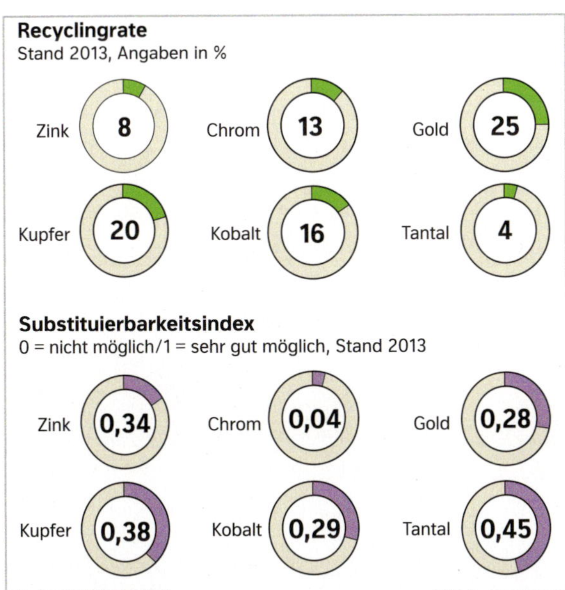

M6 *Recyclingrate und Substituierbarkeitsindex von Metallen*

1 a) *Ordne* die Maßnahmen 1–6 (M5) begründet den Strategien A–C (M2) *zu*.
b) „Die Effizienzstrategie kann auch zu wirtschaftlichen Erfolgen führen." *Erläutere* diese Aussage an einem anschaulichen Beispiel.
c) *Bewerte* die dargestellten Maßnahmen (M5) unter dem Aspekt der Nachhaltigkeit.

2 *Stelle* anhand von M1, M3 und M4 Vor- und Nachteile des Recyclings von Metallen *dar*.

3 Transfer!
„Welche Metalle werden die Problemfelder der Zukunft werden?" *Analysiere* unter diesem Aspekt M6.

4 **Differenziert:**
Überprüfe, ob die dargestellte Strategie des Ressourcenmanagements dem Prinzip der Nachhaltigkeit entspricht. Bearbeite das Arbeitsblatt!

M1 *Erdölförderung im Arabischen Raum*

Wahlthema: Energierohstoffe unter der Lupe

Energierohstoffe sind eine wichtige Grundlage unseres Lebens und unserer Wirtschaft. Primäre **Energieträger** werden zu sekundären Energieträgern wie Elektrizität, Warmwasser oder Treibstoff weiterverarbeitet, die verlässlich und ununterbrochen bereitgestellt werden müssen. Zu den Energierohstoffen zählen sowohl die **fossilen Energieträger** Erdöl, Erdgas, Kohle und Kernbrennstoffe als auch die **erneuerbaren Energieträger** (M3).

Beispiel Erdöl

Rohöl ist eine Mischung aus brennbaren Kohlenwasserstoffen, die in Ölraffinerien zur weiteren Verwendung getrennt werden. Abhängig von der Art der Trennung kann die spätere Nutzung erheblich variieren: Benzin für Autos, Diesel für Lastkraftwagen, Kerosin für Flugzeuge und Heizöl für Schiffe sind unverzichtbar für den Transport auf der ganzen Welt. Asphalt wird verwendet, um unsere Straßen zu bauen, und die petrochemische Industrie setzt auf Destillate, um Kunststoffe und eine große Auswahl an lebenswichtigen Produkten für unser tägliches Leben herzustellen.

(Noch) Unersetzbar, aber hohe Folgekosten

Die Energierohstoffe Kohle, Erdöl und Erdgas brauch als fossile Energieträger Jahrmillionen, um sich zu bilden. Ihre Nutzungsdauer, d. h. ihre **Reichweite**, ist begrenzt, da sie nur in einem bestimmten Umfang verfügbar sind. Sie sind nicht erneuerbar.

Der Preis dieser Rohstoffe dürfte langfristig steigen, da die Ausbeutung der *Lagerstätten* kostenintensiver wird. Allerdings werden die bislang üblichen (konventionellen) Ressourcen (M1, M5) zunehmend durch neue, nicht konventionelle Ressourcen ergänzt (›S. 102).

Der Anstieg der Weltbevölkerung und des Wohlstandes führen zu einer Steigerung des weltweiten Energieverbrauchs (M2). Demgegenüber verursacht die Förderung von Energierohstoffen erhebliche Umweltprobleme (›S. 78, ›S. 96, ›S. 102). Aufgrund ihrer hohen Bedeutung sind die Energierohstoffe auch Grund für soziale Konflikte und Kriege. Daher wird die Frage nach einer nachhaltigen Umgestaltung der Energieversorgung intensiv diskutiert (›S. 96, ›S. 98).

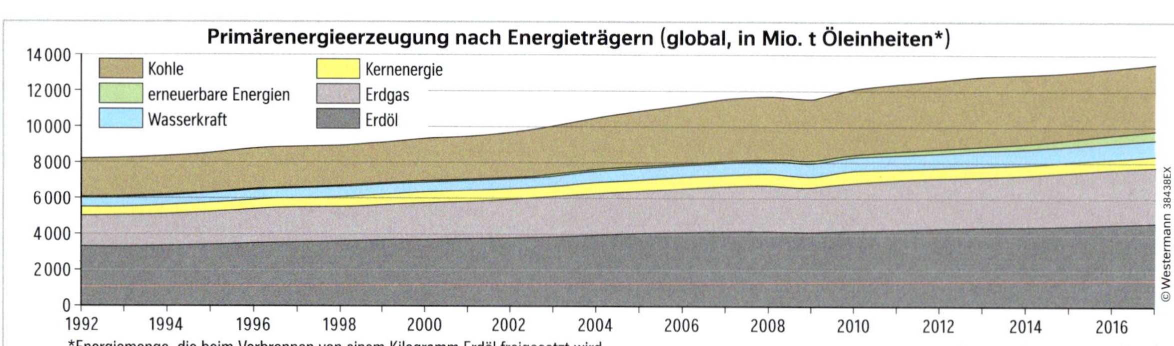

M2 *Energieproduktion weltweit*

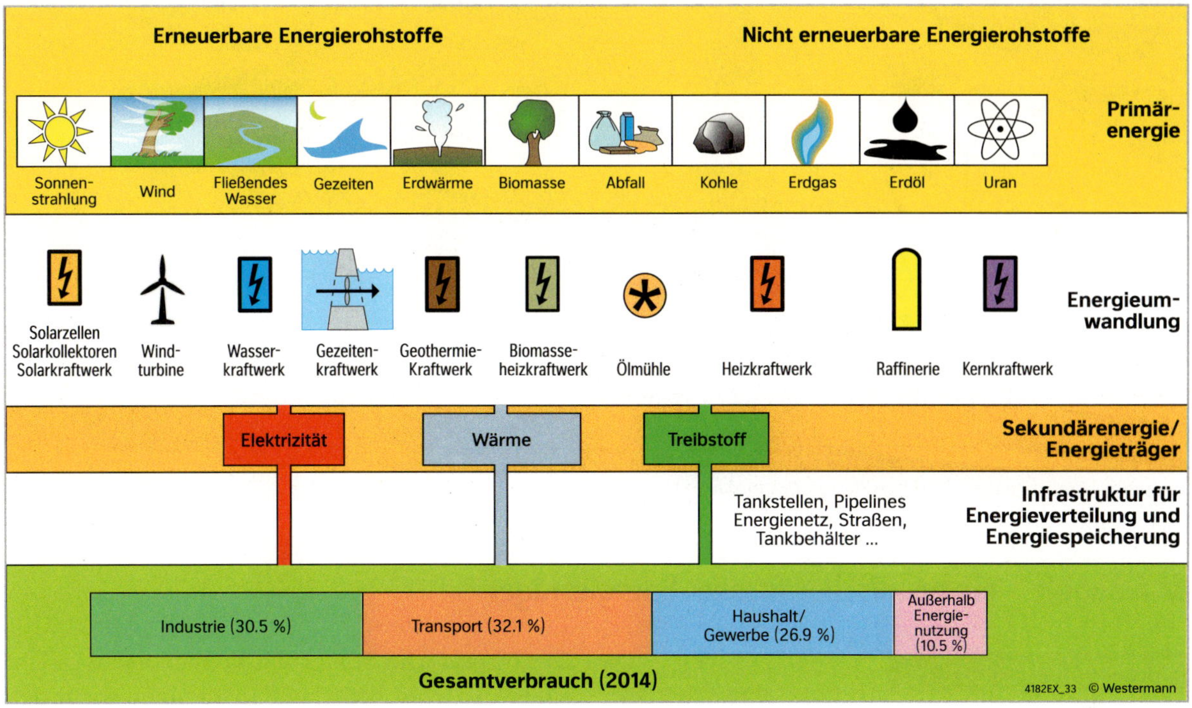

M3 *Energieträger und die Umwandlung von Primär- in Sekundärenergie*

Das Schwarze Gold des Nahen Ostens
Das höchste Gebäude der Welt, überdachte Skipisten und die FIFA Fußball-Weltmeisterschaft, die größten Flughäfen, künstliche Inseln, prunkvolle Paläste und Formel-1-Rennstrecken, unermesslicher Luxus und sagenhafter Reichtum – all das gibt es mitten in der Wüste im Nahen Osten.
Erdöl katapultierte eine ganze Region aus dem Mittelalter in die Gegenwart. Bisher war Erdöl der Garant für die wirtschaftliche Entwicklung der Region. Doch nun nutzen die Golfstaaten die Erdöleinnahmen zunehmend auch, um sich für die Zeit nach dem Öl zu wappnen.
Erdöl wird auch als Schmierstoff der Weltwirtschaft bezeichnet. Sowohl Industrieländer als auch Schwellenländer sind von ihm abhängig. Sie haben großes Interesse an den politischen Verhältnissen in der Golfregion, damit die eigene Ölversorgung gesichert ist.

M4 *Raumbeispiel*

INFO

OPEC
Die OPEC *(Organization of the Petroleum Exporting Countries)* wurde im Jahr 1960 mit dem Ziel gegründet, die Mitgliedsländer gegen einen Preisverfall und eine Verminderung ihrer Einnahmen aus der Ölförderung abzusichern. Ihr Sitz ist in Wien/Österreich.

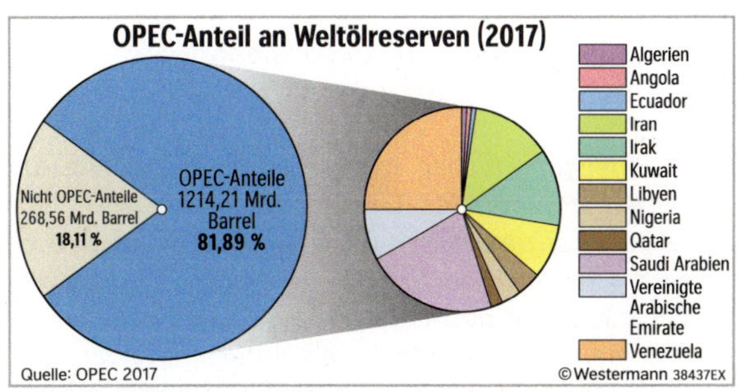

M5 *OPEC-Anteil an den Welterdölreserven (2017)*

1. *Erkläre* die Kernaussagen von M2.

2. *Erstelle* als Überblick zu den Energierohstoffen eine Mindmap.

3. *Stelle* Erdöl als *den* Wirtschaftsfaktor für den Nahen Osten *dar* (M4, M5). Benutze hierfür auch geeignete Karten aus dem Atlas.

4. Meinung! *Erörtere* folgende Aussage: „Die Energiegewinnung muss sich in Zukunft ändern!“

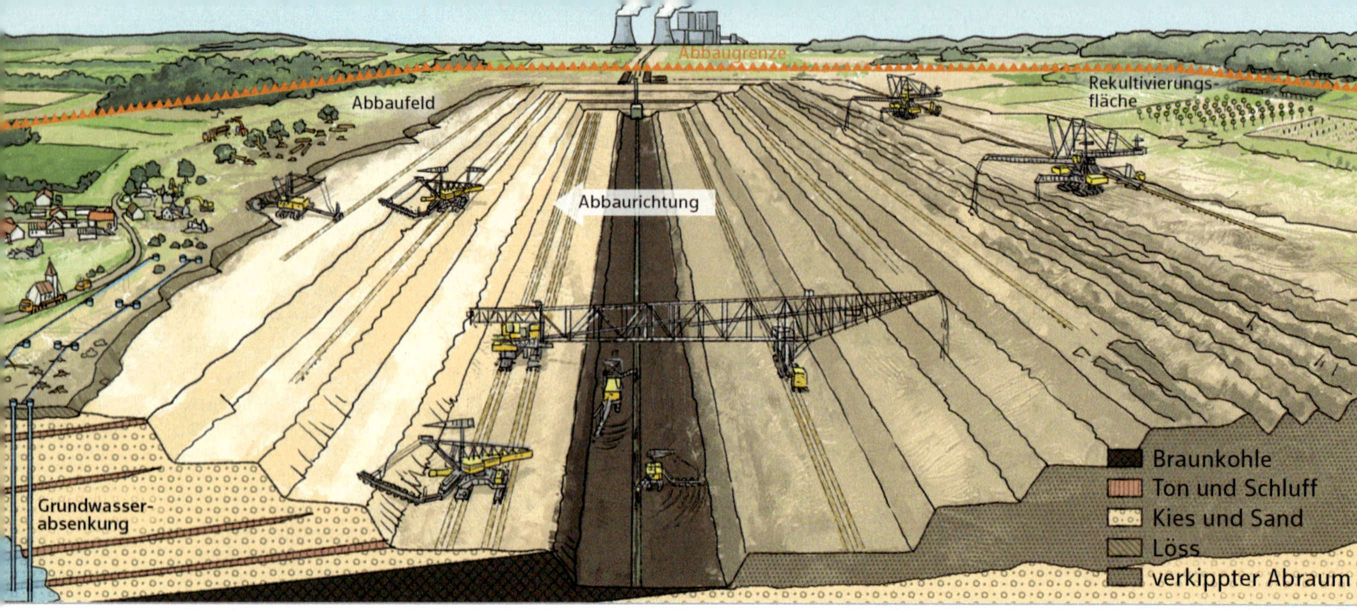

M1 *Abbau von Braunkohle*

Braunkohle – ein heimischer fossiler Energieträger

ERINNERE DICH!

Inkohlung

Die Inkohlung findet in zwei Phasen statt.

In der ersten, der biochemischen Phase, sterben die Pflanzen ab und werden durch Pilze und Bakterien in Huminstoffe umgewandelt.

In der zweiten, der geochemischen Phase, entsteht durch steigende Temperatur- und Druckverhältnisse aus den organischen Pflanzenresten Kohle.

Die Reserven an Braunkohle können nach Ansicht vieler Experten noch viele Jahre einen wichtigen Beitrag zur globalen Energieversorgung leisten. Deutschland ist das größte Förderland, denn für die nationale Energiewirtschaft spielt Braunkohle gegenwärtig eine wichtige Rolle: Sie ist der einzige fossile Energierohstoff, über den Deutschland in bedeutendem Maße verfügt.

Das Rheinische Braunkohlenrevier umfasst die wichtigsten Lagerstätten des Landes und steht im Brennpunkt einer intensiver Diskussionen über die Vor- und Nachteile – und damit die Zukunft der Förderung von Braunkohle in der BRD (M2).

Pro und Kontra zum Braunkohlenabbau:

+

- *Die meisten Flächen werden durch* **Rekultivierung** *wieder nutzbar. Mit Geduld entstehen nach Jahrzehnten strukturreiche Landschafen, in denen oft eine artenreichere Tierwelt zu finden ist als zuvor. Vor allem die neu entstandenen Gewässer sorgen für einen hohen Freizeit- und Naturschutzwert.*
- *Die Braunkohle sorgt beim Thema Strom für Haushalte und Wirtschaft für Versorgungssicherheit (erneuerbare Energien bieten diese so nicht) und senkt zugleich die Abhängigkeit von Rohstoffimporten. Sie schafft zahlreiche Arbeitsplätze.*
- *Die Einwohner überbaggerter Dörfer werden großzügig entschädigt - in der Regel wird ihnen ein neues Haus an anderer Stelle errichtet.*

–

- *Der Braunkohletagebau führt zu völliger* **Landschaftszerstörung** *und dem Verlust von Natur. Die Eingriffe in die Landschaft sind gravierend, zum Beispiel der Verlust des natürlichen Bodens und des gewachsenen Waldes. Die Erschaffung späterer Kunstlandschaften ist kein Ausgleich.*
- *Braunkohle ist der klimaschädlichste fossile Energierohstoff mit dem größten Ausstoß an Kohlenstoffdioxid. Er steht im Widerspruch zu den weltweit angestrebten Klimazielen zur Begrenzung des CO_2-Ausstoßes. Als Alternative bieten sich die erneuerbaren Energien an.*
- *Die überbaggerten Dörfer bedeuten Heimat- und Identitätsverlust für viele Menschen.*

M2 *Zentrale Argumente in der Diskussion zum Abbau von Braunkohle in Deutschland*

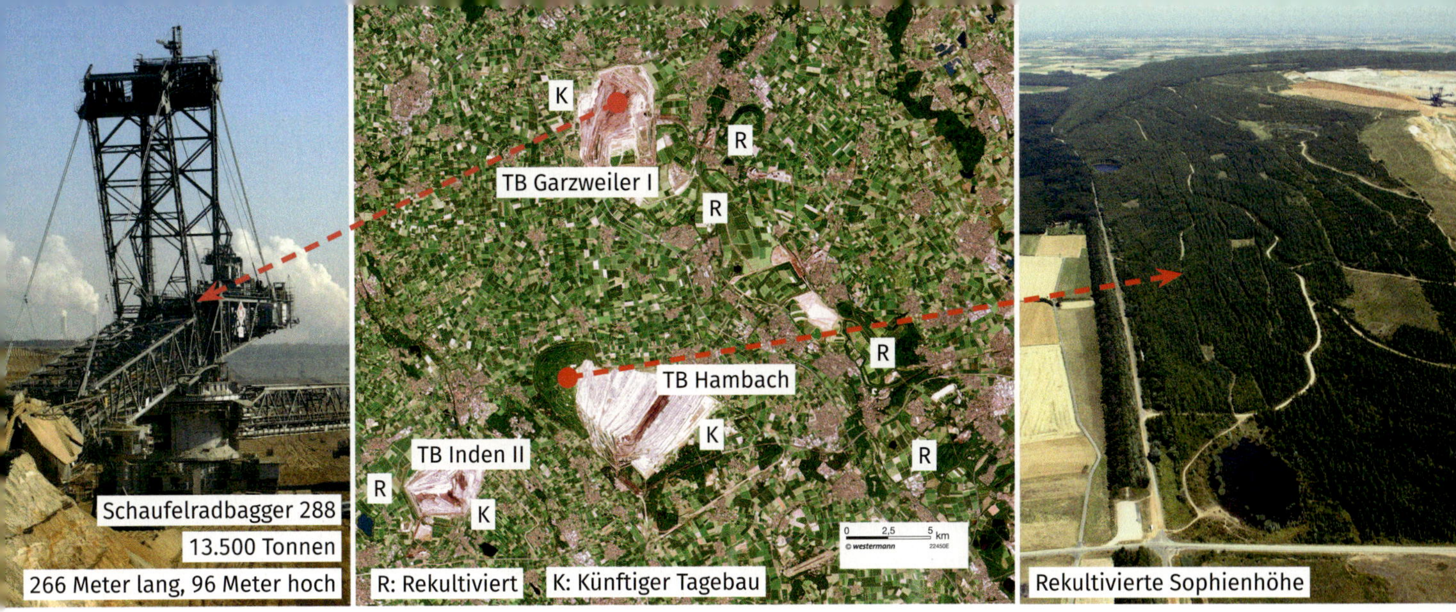

M3 *Eindrücke aus dem Rheinischen Braunkohlenrevier*

Rang	Land / Region	Reserven	Anteil an Weltreserven (%)	
		Mt	Land	kumuliert
1	Russische Förderation	90 730	28,7	28,7
2	Australien	76 508	24,2	52,9
3	Deutschland	36 100	11,4	64,3
4	USA	30 116	9,5	73,9
5	Türkei	10 975	3,5	77,3

Quelle: Bundesanstalt für Rohstoffe (2017)

M4 *Braunkohlereserven global*

Rang	Land / Region	2015	2016	Anteil (%) kumuliert
1	Deutschland	178,1	171,5	17,3
2	China	140,0	140,0	31,5
3	Russische Förderation	73,2	73,7	38,9
4	USA	64,9	66,2	45,6
5	Polen	63,1	60,2	51,7

Quelle: Bundesanstalt für Rohstoffe (2017)

M5 *Braunkohleförderung global*

Unter *Renaturierungsmaßnahmen* versteht man die „Rückversetzung" von Landschaften oder Teilen dieser, wie Bäche oder Gehölzgruppen, in einen naturnahen Zustand, mit der Möglichkeit einer natürlichen Weiterentwicklung. Bei Beachtung weiterer Nutzungsmöglichkeiten wird von *Rekultivierung* gesprochen. Die rheinischen Tagebaue haben bisher rund 290 Quadratkilometer Land in Anspruch genommen. Davon wurden bislang etwa 200 Quadratkilometer wieder nutzbar gemacht: 103 Quadratkilometer als Ackerland, 77 Quadratkilometer als Forstfläche, 20 Quadratkilometer als Wasser- und sonstige Flächen.

M6 *Renaturierung und Rekultivierung*

1 *Stelle* die Bedeutung der Braunkohle als Energierohstoff *dar* (Text, M4, M5, ›S. 94: M2, ›S. 98: M2).

2 a) *Beschreibe* den Abbau von Braunkohle im Tagebau (M1, M3).
b) *Bewerte* den Braunkohletagebau aus wirtschaftlicher und ökologischer Sicht.

3 Aktiv!
Recherchiere im Internet ein Beispiel zu Rekultivierung im Braunkohlentagebau. Stelle deiner Klasse das Gebiet vor.

4 Meinung!
Erstelle mithilfe von M2 einen Zeitungskommentar über die Vor- und Nachteile des Braunkohletagebaus.

M1 *Windparks in Deutschland*

Windparks in Deutschland – alter Ansatz, moderne Energiegewinnung

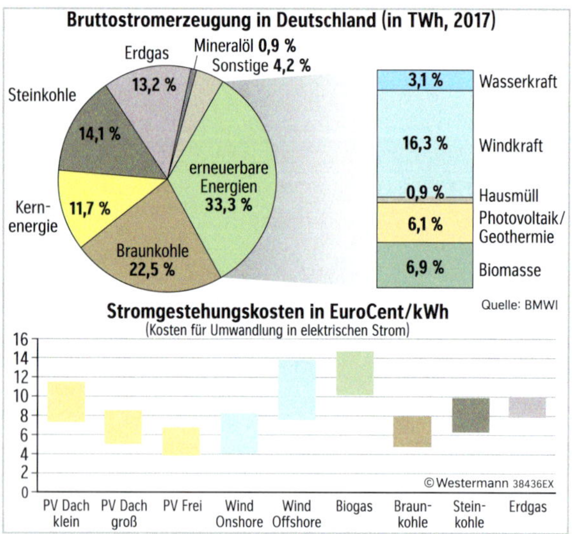

M2 *Stromversorgung in Deutschland*

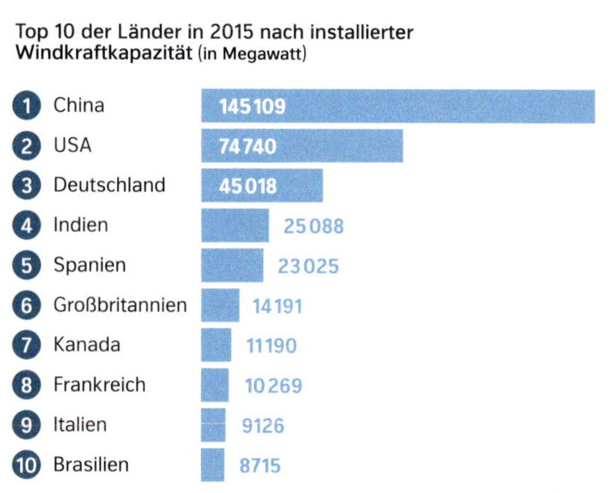

M3 *Windenergienutzung im Ländervergleich*

Der Anteil der erneuerbaren Energien am deutschen Strommix wächst. Dafür war unter anderem der Wunsch vieler Menschen entscheidend, aus der Kernenergie auszusteigen. Aus natürlichen, technischen und finanziellen Gründen bietet sich in Deutschland vor allem die Nutzung der Windenergie zur Stromerzeugung an. Mit ihr soll auch eine klimaschonende Mobilität durch Elektromobile möglich werden (M2, M6).

Windenergie wird schon lange vom Menschen genutzt. Zudem haben sich die technischen Möglichkeiten zur Gewinnung von Strom aus Wind in den letzten Jahrzehnten deutlich verbessert.

Dank massiver staatlicher Unterstützung wurde die Zahl der Windkraftanlagen in Deutschland und damit die installierte Leistung deutlich ausgebaut. Neben den **Onshore**-Windparks nimmt auch die Bedeutung der **Offshore**-Windparks stetig zu (M1). Die Energieausbeute dieser Windparks liegt aufgrund der höheren Windgeschwindigkeiten über dem Meer um ein Vielfaches höher als an Land. Jedoch ist der Bau von Offshore- im Vergleich zu Onshore-Anlagen wesentlich aufwendiger und kostenintensiver, zum Beispiel durch die Verlegung der Kabel zum Festland.

Probleme bei der Nutzung der Windkraft ergeben sich aus den nicht konstant wehenden Winden. Bei Sturm müssen die Anlagen zeitweise abgeschaltet werden. Auch eine geringe Windstärke hat zur Folge, dass andere Energiequellen übergangsweise zum Einsatz kommen müssen, um die Versorgungssicherheit zu gewährleisten.

M4 *Windenergie in Deutschland (absolut, 2015)*

Anzahl der Anlagen Onshore Offshore	26772 25980 797
installierte Leistung	44947 MW
2015 neu installierte Leistung	5818 MW
Investition in neue Anlagen	9,7 Mrd. Euro
Anteil an der deutschen Stromproduktion	13,3 %
Gesamtenergieproduktion durch Windkraft	86 Mrd. KWh
Anstieg gegenüber 2014	51 %
Akzeptanz von Windkraftanlagen in der direkten Nachbarschaft	59 % der Gesamtbevölkerung

M7 *Steckbrief Windenergie (Deutschland, 2015)*

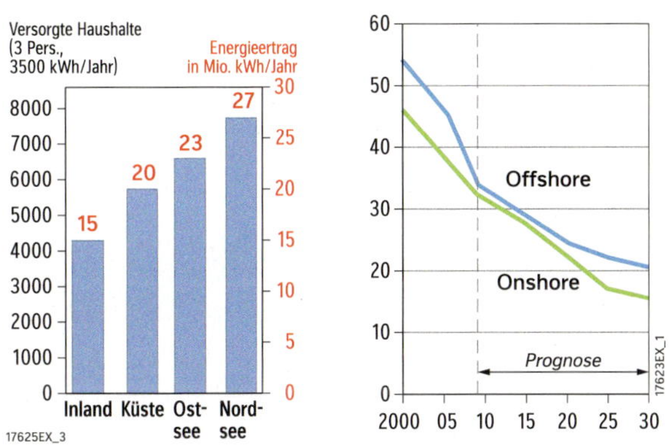

M5 *Relative Leistung eines 5-MW-Windrades und Kosten der Windenergie (in US-$/MWh)*

Es gibt Gegner des Ausbaus von Windkraftanlagen. Die Gründe dafür sind vielfältig. Einige negative Auswirkungen lassen sich objektiv berechnen wie die Geräuschentwicklung, der Schattenwurf und mögliche Störungen von Funk- und Fernsehsignalen. Schwieriger quantifizierbar sind Auswirkungen auf die Tier- und Pflanzenwelt, da sie nur durch lange Beobachtungen nachweisbar sind. Am schwierigsten ist die häufiger werdende Diskussion zur optischen Wirkung der Anlagen in der Landschaft.

M8 *(Auch) Windenergie ist umstritten*

M6 *Karikatur*

1 a) *Erläutere* die Bedeutung erneuerbarer Energien in Deutschland.
b) *Beschreibe* die Bedeutung der Windenergie in Deutschland (M2–M5).

2 a) *Vergleiche* die Windkraft onshore mit offshore (M1, M5, Text).
b) *Begründe* die Standorte von Windparks in Deutschland (M4, Text, Atlas).

3 *Erstelle* ein Pro-Kontra-Liste für die Nutzung von Windenergie.
b) *Bewerte* den Ausbau der Windenergie.

4 Aktiv! / Transfer! Erneuerbare Energien: Starte das Lernportal ***www.diercke.de/lernmodule/biokraftstoffe*** und entscheide: Biokraftstoff tanken – ja oder nein (M6)?

Kompetenzcheck!

	Das solltest du können!	Teste dich!	Hilf dir!
Orientierung (Orientierungskompetenz)	**Ich verorte ...** ... rohstoffreiche und rohstoffarme Regionen.	1. *Benenne* für den Rohstoff Gold drei rohstoffreiche und drei rohstoffarme Staaten in Europa.	›Atlas
	... ausgewählte Eingriffe des Menschen durch Rohstoffgewinnung.	2. *Ordne* die Fotos A – D (M1) begründet den Regionen Ecuador, Mali, Australien und Island *zu*.	›Atlas
Methode (prozessbezogene Kompetenzen)	**Ich nutze ...** ... Satellitenbilder, um Veränderungen eines Raumes durch Rohstoffabbau bzw. -nutzung zu analysieren.	3. *Analysiere* die Veränderungen am Aralsee anhand von M3. *Stelle* Gründe für diese Veränderungen *dar* (Atlas/Recherche).	›S. 84/85
	... Statistiken, um die wirtschaftliche Bedeutung von Rohstoffen zu analysieren.	4. *Erläutere* die Daten zur Maiserzeugung (M5).	›S. 80/81, ›S. 94/95
	... Karikaturen, um Problemstellungen zu bewerten.	5. Recherchiere eine Karikatur zur Auseinandersetzung mit erneuerbaren Rohstoffen.	›S. 99
Inhalt (inhaltsbezogene Kompetenzen)	**Ich kann ...** ... die Verfügbarkeit und Knappheit von Rohstoffen an Beispielen veranschaulichen.	6. *Beschreibe* die Veränderungen und erkläre den Mangel an Süßwasser in den Regionen A – C (M2).	›S. 84/85
	... ökologische, ökonomische, soziale und politische Auswirkungen der Gewinnung eines Rohstoffes darstellen.	7. *Stelle* an Beispielen aus M1 mögliche ökonomische, ökologische und soziale Folgen des Rohstoffabbaus bzw. der Rohstoffnutzung *dar*.	›S. 86/87, ›S. 88–93, ›S. 94–99
	... Strategien des nachhaltigen Ressourcenmanagements beurteilen.	8. *Beurteile* die Idee des „Smart Grid“ (M4) unter dem Aspekt eines nachhaltigen Ressourcenmanagements.	›S. 94–99
	... im Kontext der Nachhaltigkeit Vor- und Nachteile der Rohstoffnutzung an einem Beispiel darstellen.	9. *Erörtere* die Nutzung von Mais als Rohstoff zur Herstellung des Biokraftstoffs Ethanol ausgehend von M5.	›S. 99: E-Modul
	Ich erstelle ... ... ein Wirkungsgefüge und stelle damit Zusammenhänge beim Rohstoffabbau und der Rohstoffnutzung dar.	10. *Erstelle* ein Wirkungsgefüge, das die Zusammenhänge des Maisanbaus und der Maisnutzung anschaulich darstellt.	›S. 99: E-Modul

A – Z: Grundbegriffe des Kapitels (vergleiche Lexikon im Anhang)
Boden, Bodennutzung, Wassermanagement, Bodendegradation, Bodenerosion, Bodenkontamination, Bodenverdichtung, Bodenversalzung, Bodenversauerung, Bodenversiegelung, Deflation, Desertifikation, Effizienz, Energieträger, erneuerbare Energieträger, Erz, Flächenverbrauch, fossile Energieträger, Knappheit, Kontamination, Kreislaufwirtschaft, Lagerstätte, Landschaftszerstörung, Offshore (Gewinnung), Onshore (Gewinnung), Recycling, Reichweite, Rekultivierung, Reserve, Ressource, Ressourcenfluch, Ressourcenmanagement, Rohstoff, Substitution, Verfügbarkeit, virtuelles Wasser, Vorkommen, Wasserkreislauf

M1 *Rohstoffnutzung an ausgewählten Beispielen*

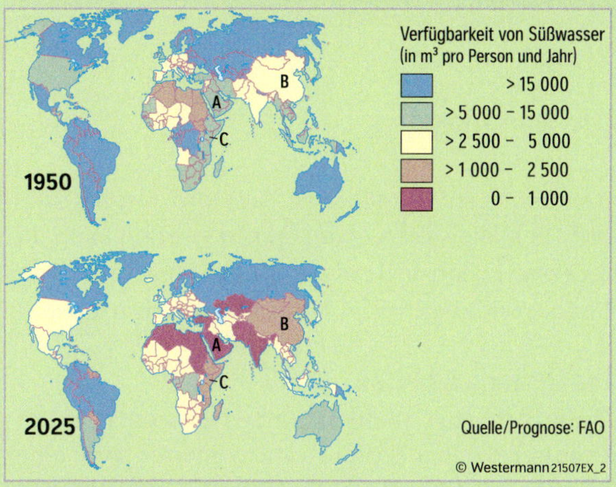

M2 *Verfügbarkeit von Süßwasser*

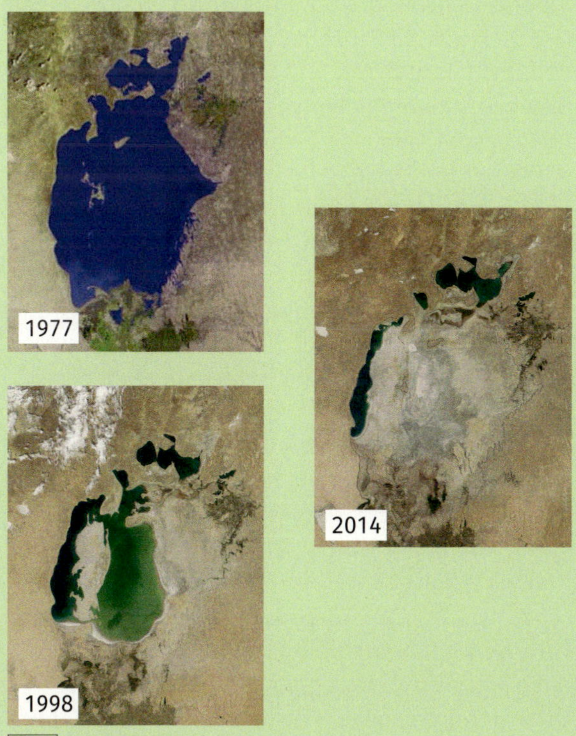

M3 *Satellitenbildvergleich Aralsee*

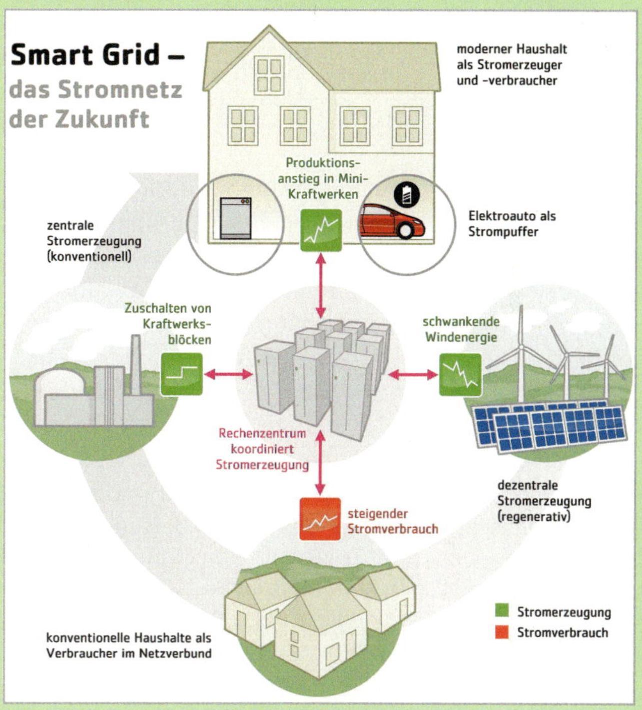

M4 *Funktionsweise eines Smart Grid*

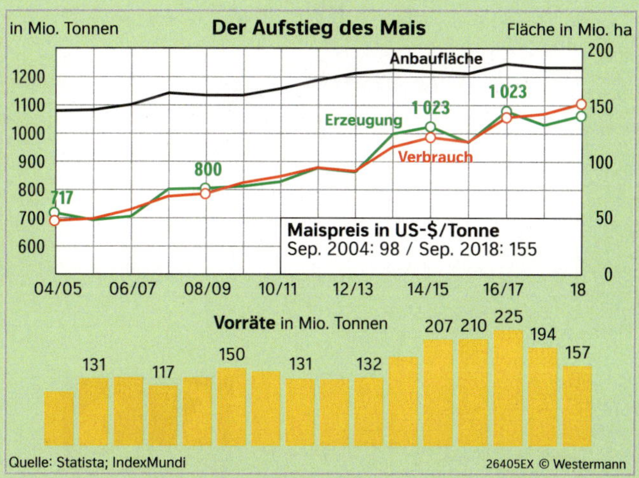

M5 *Entwicklung des Maisanbaus*

M1 *Ölsandabbau in Alberta*

Reise durch Amerika – Ein Blick auf die Ölsande Kanadas

Der Energieverbrauch ist weltweit riesig. Um ihn zu decken, wird auch heute noch mehrheitlich auf fossile Energieträger wie Kohle, Erdgas und Erdöl zurückgegriffen. Bereits seit den 1970er-Jahren wird vor einer Verknappung der *Reserven* gewarnt. Durch immer raffiniertere Methoden werden jedoch Ressourcen zu neuen Reserven: Sie werden durch neue Methoden entdeckt oder durch ausgeklügelte Abbau- und Förderungstechnik wirtschaftlich gewinnbar. Die Internationale Energieagentur schätzt, dass durch diese intensivierte *Ressourcennutzung* die Ölproduktion von den heutigen 80 Millionen Fass pro Tag bis 2020 auf 115 Millionen Fass gesteigert werden kann. Interessiert sind z. B. die USA, die ihre Importabhängigkeit aus OPEC-Ländern verringern wollen.

M2 *Übersichtskarte zum Ölsandabbau in Alberta*

Die Ölsande Albertas

Unter Albertas Wäldern lagert der nach Saudi-Arabien größte Erdölschatz weltweit. Auf einer Fläche, die doppelt so groß wie Bayern ist, soll es mehr als 170 Mrd. Barrel abbaubares Erdöl geben. Albertas Ölsande sind ein klebriges, schwarzes Gemisch aus 83 Prozent Sand, vier Prozent Wasser, drei Prozent Ton und zehn Prozent flüssigem Bitumen, einem Kohlenwasserstoffgemisch.
Aus diesem Gemisch Erdöl zu gewinnen, ist ein aufwendiger Prozess (M6). Die Abbaumethoden haben entsprechende Umweltauswirkungen: Die Gewinnung im Tagebau verursacht großflächige *Landschaftszerstörung* und *Kontamination*. Die In-situ Variante (M4) benötigt hingegen große Energiemengen und setzt viel Kohlendioxid frei. Der Ölsandabbau hat eine schlechte Klimabilanz.

Wirtschaftlich und in Bezug auf die Arbeitsplätze konnte Alberta einerseits stark vom Ölsandabbau profitieren. Andererseits ist der Ölmarkt schwankend, vor allem durch schlechte Phasen in der Weltwirtschaft sowie den Preisdruck der Konkurrenz aus den OPEC-Ländern oder durch andere Ölförderverfahren (›S. 133). Schwer wiegen zudem auch Vorwürfe zur Lebensraumzerstörung von Ureinwohnern sowie Hinweise auf erhöhte Krebsraten in der kanadischen Provinz.

M3 *Bitumen-Verarbeitung mit Rückstandsbecken / Denk- und Diskussionsansätze*

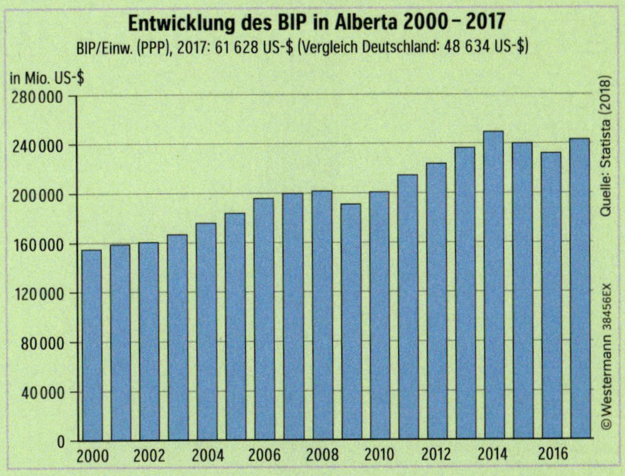

M5 *Entwicklung des BIP in Alberta/Kanada*

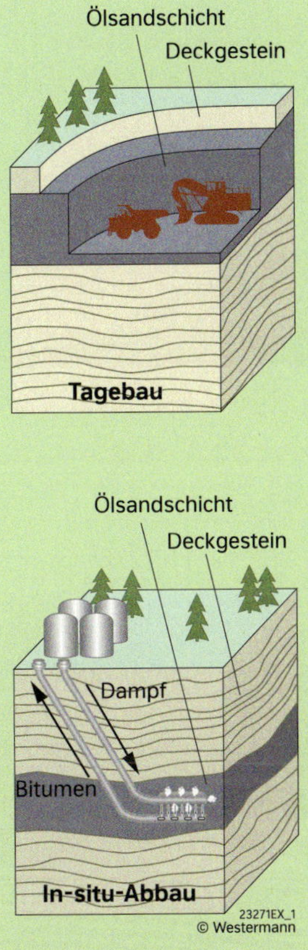

M4 *Abbauverfahren*

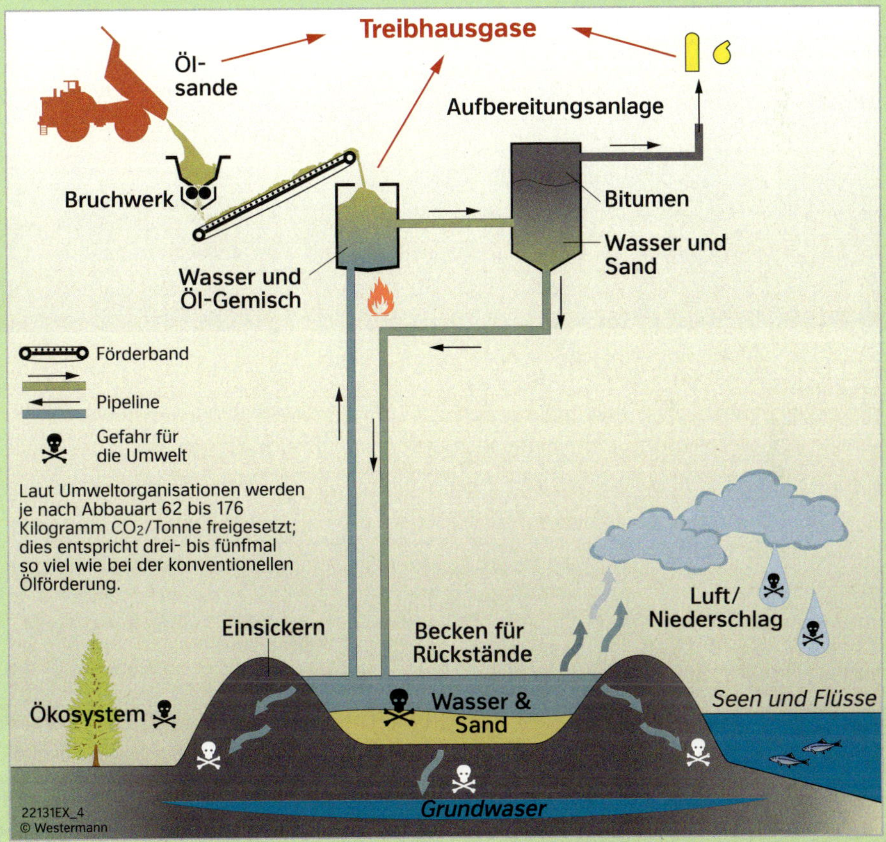

M6 *Umweltfolgen des Ölsandabbaus*

1 „Großer Aufwand – großer Gewinn“, so wird Kanadas Ölsandförderung beschrieben. *Arbeite heraus*, wieso Alberta sich so viel von der Ölförderung erhofft.

2 *Beurteile* die Maßnahmen des kanadischen Energieministeriums zur Ausweitung der Ölproduktion auf der Basis von Ölsanden in Alberta hinsichtlich ihrer Nachhaltigkeit.

Vertiefung

Eine Analyse von Weltwirtschaftsregionen

USA: Größte Volkswirtschaft der Erde
Das wertvollste Unternehmen der Welt (2018) steht im Silicon Valley (Kalifornien, USA). Welche Faktoren begünstigen solch eine Entwicklung US-amerikanischer Unternehmen?

VR China: Auf dem Weg zur Spitze

Guangzhou ist die Hauptstadt der chinesischen Provinz Guangdong, die sich seit 1990 zur „Fabrik der Welt“ entwickelt hat. Im gleichen Zeitraum vervierfachte sich die Bevölkerung der Stadt auf über 12 Millionen. Welche Faktoren ermöglichen eine solche Dynamik?

Weltwirtschaftsregion

Welches Potenzial ...

... liegt in der Bevölkerung?

Straßenszene in New York City

PROBLEMSTELLUNG

Wie ist die Ressourcenausstattung und die Nutzung der Ressourcen in den Weltwirtschaftsregionen USA und Volksrepublik (VR) China einzuschätzen?

Die USA und die VR China werden als Weltwirtschaftsregionen bezeichnet, weil sie die globale Wirtschaft maßgeblich beeinflussen und ihre jeweiligen Wirtschaftsgroßräume Nordamerika und Ost-

Containerterminal in Hongkong

Wie zukunftsfähig ...

... ist die Wirtschaft?

Weltwirtschaftsregion

USA

Welche Nutzungsmöglichkeiten …

… bietet das Relief?

Hoover Dam am Colorado River

asien dominieren. Um die globale Bedeutung dieser beiden Weltwirtschaftsregionen besser verstehen zu können, sollst du im folgenden Kapitel deren Ressourcenausstattung analysieren. Hierfür müssen die geographischen Teilsysteme Erdoberfläche (Relief), Klima, Wirtschaft und Gesellschaft miteinander in Beziehung gesetzt werden. Du kannst dich dabei an den vier Leitfragen orientieren.

Reisfeld in Südchina

… die Wirtschaft?

Wie beeinflusst das Klima …

VR China

MODELL

M1 *Die Regionen der Welt im Globalisierungsprozess*

Globalisierung – Gewinner und Verlierer

Die Staaten der Erde sind wirtschaftlich eng miteinander verflochten. Im Zuge der **Globalisierung** ist der grenzüberschreitende Warenhandel enorm angestiegen. Bei genauer Betrachtung fällt jedoch auf, dass sich die globalen Warenströme vor allem auf die drei Wirtschaftsgroßräume Nordamerika (vor allem USA), Europa und Ostasien (vor allem VR China), die sogenannte Triade, konzentrieren. Man spricht deshalb auch von der Triadisierung des **Welthandels**. Weniger entwickelte Regionen fallen demgegenüber zurück und sind stark von ihren **Terms of Trade** abhängig (Info 1).

ERINNERE DICH!

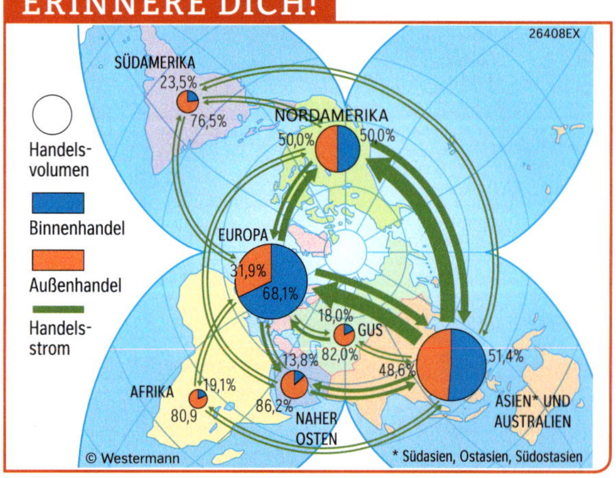

Neuere Theorien zeichnen ein differenzierteres Bild. So ist der Geograph FRED SCHOLZ der Ansicht, dass die Welt in relativ kleinräumige, regionale Fragmente unterhalb der nationalen Ebene zerteilt ist, die unterschiedlich an der Globalisierung und am globalen Warenhandel teilhaben: Innerhalb von Staaten kann es Regionen geben, die als Gewinner die Globalisierung aktiv mitgestalten und wirtschaftlich aufsteigen, während andere Regionen vom zunehmenden Welthandel nicht profitieren können oder gar als Verlierer einen wirtschaftlichen Niedergang erfahren (M1).
Wie sich ein Land, eine Region oder eine Stadt im Rahmen des globalisierten Welthandels entwickelt, hängt von den Voraussetzungen ab. Hierzu zählt unter anderem die Ausstattung an **Natur-** und **Humanressourcen** und deren Nutzungsmöglichkeiten. Geographen analysieren Räume hinsichtlich dieser Faktoren. Sie untersuchen die *Stärken und Schwächen* dieser Räume und leiten *Chancen und Risiken* für die künftige Entwicklung ab. Dadurch sind Geographen in der Lage, Empfehlungen und Handlungsoptionen aufzuzeigen.

In diesem Kapitel sollst du anhand von *Raumanalysen* das Ressourcenpotenzial der USA (›S. 110–119) und der VR China (›S. 120–129) analysieren und mögliche Perspektiven ableiten.

INFO 1

Terms of Trade (Austauschverhältnisse)
setzen die Ausfuhrwerte (**Exporte**) eines Staates oder einer Staatengruppe ins Verhältnis zu den Einfuhrwerten (**Importen**). Ein günstiges Austauschverhältnis besteht für eine Wirtschaftsregion, wenn unterschiedliche, hochwertige und wertstabile Güter exportiert werden.
Weniger entwickelte Wirtschaftsregionen exportieren oft einseitig Güter, die relativ billig sind oder deutlichen Preisschwankungen auf dem Weltmarkt unterliegen. Nach einer Phase der negativen Entwicklung führten höhere Preise in den letzten 15 Jahren vorerst wieder zu einer Verbesserung der Austauschverhältnisse für Länder, die hauptsächlich Agrar- und Bergbauprodukte exportieren.

Wie viel Tonnen Kaffee für ein Auto?

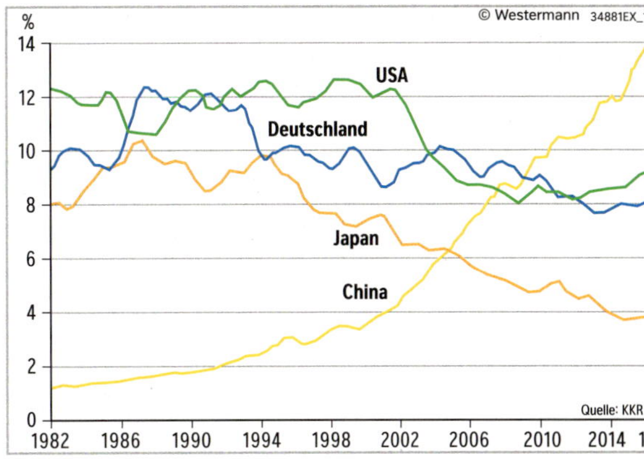

M3 *Entwicklung der Exportanteile der größten Wirtschaftsnationen*

INFO 2

Handelsbilanz
Gegenüberstellung der Warenimporte und -exporte eines Staates durch Angabe des jeweiligen Geldwertes. Führt ein Land mehr ein (**Import**) als es ausführt (**Export**) so ist die Bilanz negativ.

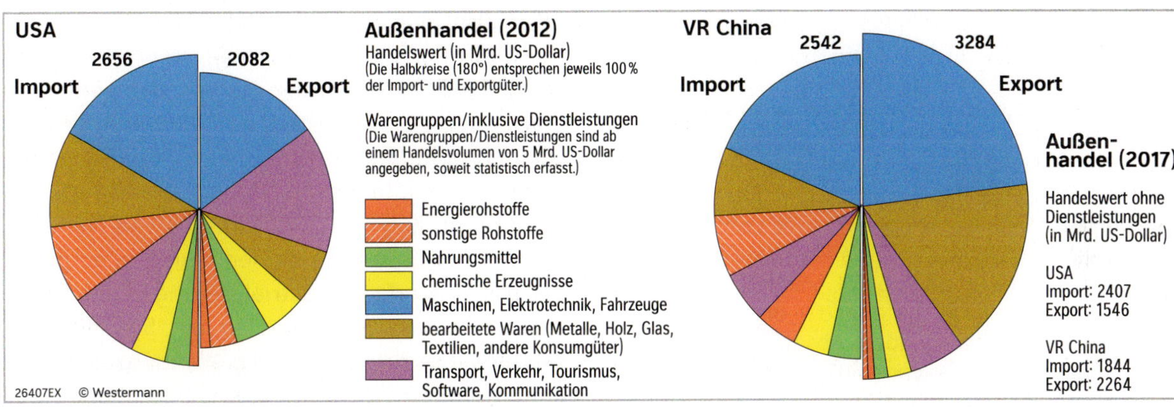

M2 *USA und VR China: Anteile am Welthandel nach Warengruppen (entsprechend Diercke Weltatlas)*

1 *Beschreibe* den globalen Warenhandel in seiner räumlichen Ausprägung (Erinnere dich!).

2 *Erkläre* die Theorie der Globalisierung in Abgrenzung zur Theorie der Triadisierung und der Fragmentierung (Text, M1).

3 Meinung! Triadisierung oder Fragmentierung? Welche Theorie erscheint dir plausibler? *Beurteile*!

4 a) *Nenne* typische Import- und Exportgüter der USA und der VR China (M2).
b) *Vergleiche* die Handelsbilanzen der USA und der VR China (M2).
c) *Begründe* die Unterschiede durch eine Hypothese.

5 a) *Beschreibe* die Entwicklung der Exportanteile in M3.
b) Bilde Hypothesen zur Erklärung der Entwicklung.

6 „Es besteht ein Zusammenhang zwischen der Ressourcenausstattung und dem wirtschaftlichen Erfolg einer Region" (M1, Text).
a) *Überprüfe* diese Aussage allgemein mithilfe von M1 und Info 1/2.
b) *Überprüfe* diese Aussage für die USA und die VR China am Ende des Kapitels.

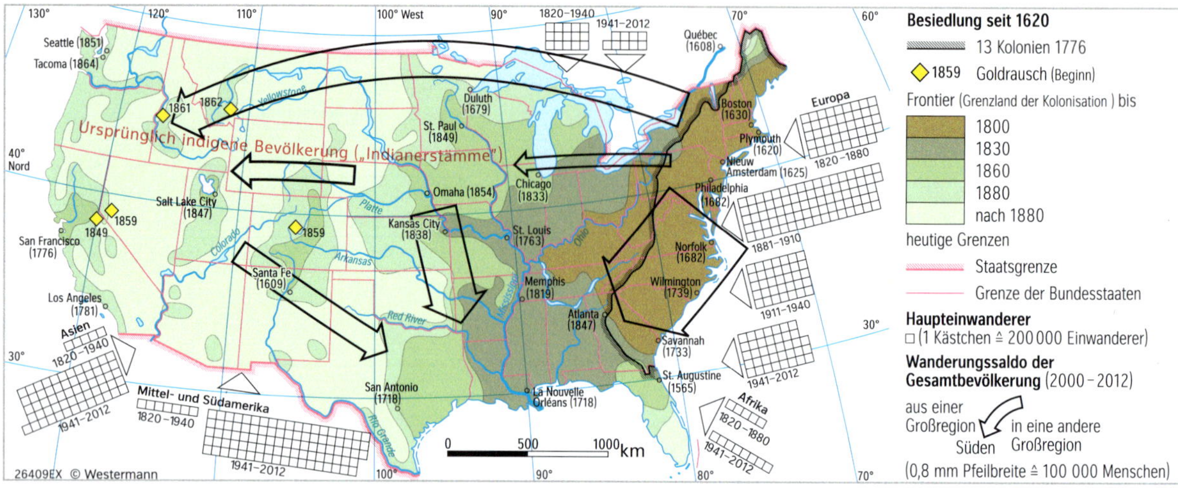

M1 *Thematische Karte zu den vergangenen und gegenwärtigen Migrationsbewegungen in den USA*

Löb Strauss wanderte im Alter von 16 Jahren, als seine Familie in wirtschaftliche Not geriet, aus Bamberg über Bremerhaven in die USA aus. Löb, der seinen Namen in Levi änderte und die amerikanische Staatsbürgerschaft annahm, ließ sich vom Goldrausch anstecken und zog in den Westen der USA. Dort eröffnete er 1853 in San Francisco einen Laden. Das breite Angebot reichte von der Zahnbürste, über Hosenträger bis hin zu Nadel und Faden und stieß deshalb bei umherreisenden Goldsuchern auf eine große Nachfrage. Dies führte zu einem großen wirtschaftlichen Erfolg des Unternehmens.
Den größten Erfolg hatte Levi Strauss aber mit seiner durch Metallnieten verstärkten und deshalb besonders strapazierfähigen Arbeiterhose, der Jeans „waist overalls". Diese fand in den gesamten USA einen überwältigenden Absatz und feierte schon bald als Levi`s Jeans 501 einen weltweiten Erfolg, der bis heute anhält.

M2 *Migrant Löb Strauss*

Katrina Gilmore hat in Detroit Ingenieurswissenschaften studiert. Diese Stadt hat seit dem Niedergang der Automobilindustrie in den 1960er-Jahren und der damit verbundenen Deindustrialisierung noch immer mit Problemen zu kämpfen.
Katrina Gilmore zieht es deshalb in die Hightech-Region Silicon Valley, nach Kalifornien. Dort hat sie ein Jobangebot als Ingenieurin und erhält ein für Berufseinsteiger überdurchschnittliches Gehalt.

M3 *Migrantin Katrina Gilmore*

Die USA – eine Ressourcenanalyse

Die USA sind seit jeher ein Einwanderungsland, aber auch durch Binnenwanderungen geprägt. Antrieb dieser Wanderungsbewegungen war und ist, angesichts des Reichtums der Vereinigten Staaten an **Ressourcen** wie *Boden*, **Rohstoffen** oder **Kapital**, die Hoffnung auf Wohlstand.
Die Migrationsbewegungen verlagerten sich im Laufe der Zeit. Neben den Herkunftsregionen der Einwanderer veränderten sich auch die Binnenwanderungen ressourcenabhängig über die Jahrhunderte (M1): Im 19. Jh. erfolgte die Migrationsrichtung im Zuge des Goldrauschs von Ost nach West. Im 20. Jh. setzte Binnenmigration aufgrund der zunehmenden Industrialisierung in den Nordosten, den *Manufacturing Belt*, ein. Seit Mitte der 1980er-Jahre drehte sich die Wanderungsbewegung wiederum Richtung Westen und Süden, vor allem in den wirtschaftlich aufstrebenden *Sunbelt* (›S. 118).

Fläche: 9,833 Mio. km²; Einw.: 326 Mio.
Bevölkerung (Abstammung/Hintergrund, in %): europäisch (72; davon 16 Hispanics), afrikanisch (13), asiatisch (5), indigen (1), andere (9)
Städtische Bevölkerung: 82 %
Staatsform: Föderale Republik (50 Bundesstaaten)
BIP: 19 381 Mrd. US-$; Zuwachs: 2,3 %
BIP-Anteile: LW (1 %), Industrie (20 %), DL (79 %)
HDI-Rang: 13 (189); *Lebenserwartung*: 80
durchschnittliche Schulbesuchsdauer: 13 Jahre
BIP/Einw. (nominal): 59 792 US-$

M4 *Steckbrief USA (2017)*

INFO 1

Erweiterter Ressourcenbegriff

Im engeren Sinne verstehen wir unter Ressourcen vor allem natürliche Rohstoffe wie Boden, Wasser, die Sonnenenergie oder Bodenschätze, die für die Ernährung des Menschen und seine wirtschaftliche Tätigkeit essenziell sind.

In Bezug auf Wirtschaftsräume wird der Ressourcenbegriff aber oft erweitert. Zur Ressourcenausstattung einer Wirtschaftsregion werden, neben den oben genannten, auch Ressourcen wie Bildung, Kapital oder Infrastruktur gezählt. Selbst der Mensch kann als „Humanressource“ betrachtet werden, denn er beeinflusst als Arbeitskraft, Unternehmer oder Wissenschaftler die Wirtschaft einer Region oder eines Staates maßgeblich mit.

M5 *Fotoimpressionen*

1 a) *Beschreibe* die Fotos (M5) und benenne den „Außenseiter“. Begründe deine Wahl.
b) *Stelle* den Zusammenhang zwischen dem Ressourcenbegriff (Info 1) und den Fotos (M5) *dar*.

2 a) *Ordne* einzelnen Fachbegriffen in Info 2 entsprechende Teile in M1 *zu*.
b) Werte die thematische Karte M1 aus.

3 *Vergleiche* die Geschichten der Migranten M2 und M3.

Methode: Thematische Karten auswerten

INFO 2

Thematische Karten

Thematische Karten bilden bestimmte Themen, Sachverhalte und Entwicklungen ab. Diese werden durch unterschiedliche grafische Zeichen, die Signaturen, dargestellt: Dies sind Punkt-, Linien- und Flächensignaturen. Es ist auch möglich, Diagramme und Zahlen in die Karte zu integrieren.
In der Legende wird die Bedeutung der Signaturen erklärt. Die verschiedenen Informationsebenen (z. B. Geologie, landwirtschaftliche Nutzung, Infrastruktur usw.) bilden im Verbund mit den dazugehörigen Signaturen einen sogenannten *Layer*.
Thematische Karten weisen grafisch übereinandergelegte Informationsebenen (Layer) auf.

Schritt für Schritt: Wir werten thematische Karten aus

1. WAS? WO? WANN?
Beschreibe die Grunddaten der Karte (dargestellter Raum, Themen, Zeiträume).

2. WORÜBER?
a) Arbeite die Kernaussagen der Karte heraus.
Analysiere die einzelnen Informationsebenen (Layer) mithilfe der Legende sorgfältig. Suche nach maximalen und minimalen Werten, Auffälligkeiten und Trends.
b) Erkläre die Aussagen der Karte.
Oft brauchst du Zusatzinformationen wie eine passende physische Karte oder ergänzende Texte und andere Materialien.

3. WIE?
Analysiere Gestaltung und Aussagekraft der Karte. Überlege dir, ob Aussagen eindeutig abgeleitet werden können (z. B. Übersichtlichkeit der Darstellung, Wahl der Farben und Signaturen).

4. WARUM?
Bewerte, ob die Darstellung bewusst oder unbewusst ein bestimmtes Bild oder eine bestimmte Meinung über diesen Raum erzeugt.

4 Aktiv!
Analysiert die Ressourcenausstattung der Weltwirtschaftsregion USA in einem Gruppenpuzzle (›S. 112–119). Nutzt hierzu das Arbeitsblatt, das euch eure Lehrkraft geben kann sowie den Atlas als Informationsquelle.

Grundwissen

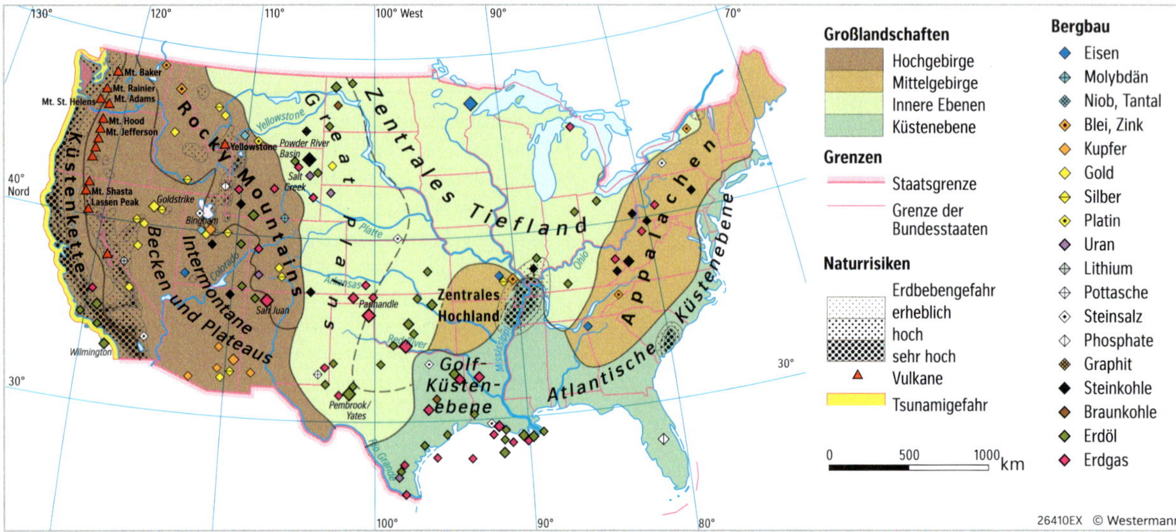

M1 *Thematische Karte zum Relief und zu den Bodenschätzen der USA*

Relief: Welche Nutzungsmöglichkeiten bietet das Relief der USA?

Die Großlandschaften der USA

Die USA lassen sich naturräumlich in vier Großlandschaften gliedern (M1, M2). Diese zeigen deutliche Unterschiede in der Oberflächengestalt, die auf der geologisch-tektonischen Entstehung und Oberflächenprozessen wie der *Verwitterung*, der *Erosion* und der *Ablagerung* beruhen.

Die vier Großlandschaften lassen sich von West nach Ost in das Hochgebirgssystem der US-amerikanischen Kordilleren, die Inneren Ebenen mit den Prärien (Great Plains) und dem Zentralen Tiefland um die Großen Seen, die Appalachen als bewaldetes Mittelgebirge sowie die Küstenebenen des Golfs von Mexiko und der Atlantikküste gliedern.

Bodenschätze

Die USA sind reich an **Bodenschätzen**. Ursache hierfür ist die Raumgröße der USA und die geologische Entstehung der Großlandschaften (›S. 81): Im Zuge der Gebirgsauffaltung durch plattentektonische Prozesse bildeten sich *Lagerstätten* mit Bodenschätzen aus. So lassen sich die Erzvorkommen der Kordilleren, der Appalachen und des kanadischen Schildes (bereits abgetragenes Urgebirgsmassiv) erklären.

Unter ebenfalls speziellen geologischen Bedingungen (Sauerstoffabschluss und hoher Druck unter Sedimentpaketen) entstanden in den Senken der großen Gebirge und den angrenzenden Beckenlandschaften aus organischem Material die fossilen Brennstoffe Kohle, Erdöl und Erdgas.

Als Ressource sind schließlich auch die großen Lössgebiete der Inneren Ebenen zu nennen (M3).

M2 *Eindrücke aus drei Großlandschaften der USA*

Einen großen Beitrag zur Gestalt des heutigen Reliefs leisteten die letzten *Eiszeiten*.
Das *Inlandeis*, welches sich auf dem Kanadischen Schild gebildet hatte, schob sich nach Süden bis weit in das Zentrale Tiefland vor. Nach Abschmelzen des Eises bildeten sich die Großen Seen in von den Gletschern ausgeschürften Zungenbecken. Sie stellen die größte Süßwasserfläche der Erde dar. Außerdem konnte sich auf dem Kanadischen Schild und im Zentralen Tiefland ein weit verzweigtes Gewässernetz mit dem Mississippi als Hauptstrom herausbilden (M1).
Aus den Ablagerungen der *Gletscher* wurde das Lockersediment *Löss* als feines Material vom Wind ausgeweht und außerhalb der Eismassen wieder abgelagert. Auf diesem Ausgangsmaterial haben sich die sehr fruchtbaren *Böden* der Inneren Ebenen entwickelt.

M3 *Das Vermächtnis der Eiszeiten*

Name der Talsperre:	Hoover Dam (nach dem 31. Präsidenten der USA, HERBERT C. HOOVER), von 1931 – 1935 erbaut
Lage:	ca. 50 km südöstlich von Las Vegas, staut den Colorado-River zum Lake Mead auf
Fläche:	ca. 69000 ha (ca. 50000 Fußballfelder)
Wasserspeicher:	35 Milliarden Kubikmeter (ca. 70% des Bodensees)
Hauptaufgaben:	Stromerzeugung; Wasserversorgung für die Landwirtschaft und Bevölkerung von Arizona, Nevada und Kalifornien; Hochwasserschutz; Naherholung
Energiegewinnung:	17 Turbinen erzeugen mehr als 4 Mrd. kWh pro Jahr und sichern die Stromversorgung in Südkalifornien zu 56 %, in Arizona zu 19 % und in Nevada zu 25 %
Probleme:	Verringerung der natürlichen Wasserführung, starke Eingriffe in bestehende Ökosysteme
Potenzial der USA:	über 800000 Staudämme stehen für die Wasserkraftnutzung prinzipiell zur Verfügung

M4 *Nutzung von Reliefenergie und Wasser – der Hoover-Dam*

1 Aktiv!
Führe das Gruppenpuzzle durch (›S. 111): Bearbeite das Teilsystem „Relief“.
Orientiere dich an der Leitfrage dieser Doppelseite.

Wahlalternativen:

2 *Ordne* die Fotos aus M2 der jeweils passenden Großlandschaft begründet *zu*.

3 *Beschreibe* grob das Vorkommen an Bodenschätzen in den USA (Text, M1).

4 *Erkläre*, wie die letzten Eiszeiten die Ressourcenausstattung der USA beeinflusst haben (M3).

5 Aktiv!
Erstelle mithilfe des Atlas ein digitales, kommentiertes West-Ost-Profil der USA entlang 40 °N (›S. 51).

6 *Erörtere* das Potenzial von Talsperren in den USA (M1, M4, Atlas).

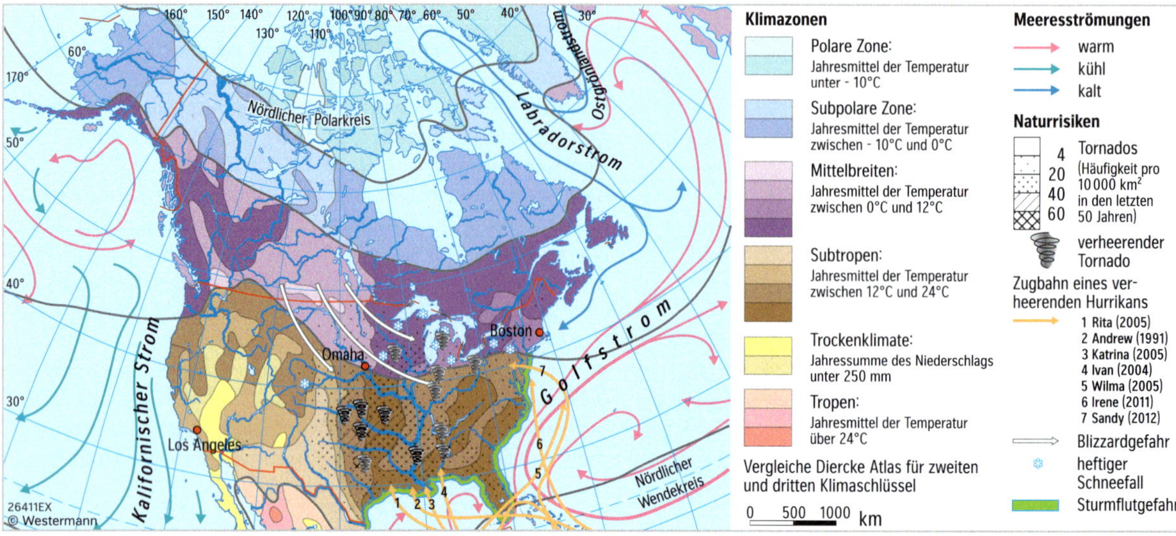

M1 *Thematische Karte zum Klima der USA*

Klima: Wie beeinflusst das Klima die Wirtschaft der USA?

Die Klimafaktoren der USA

Die USA erstrecken sich über 45 Breitengrade und umfassen damit alleine drei Klimazonen (M1). Im Inneren der großen Landmasse ist das Klima *kontinental* geprägt und an den Küstenbereichen entsprechend *maritim*. An den Küsten spielen zudem *Meeresströmungen* eine Rolle. So sorgt der kalte Labradorstrom in den Neuenglandstaaten für verhältnismäßig lange Winter.

Die meridional verlaufenden Gebirgszüge lassen Kaltluftvorstöße aus Norden (Northers) und Warmluftvorstöße aus Süden (Southers) zu (M1). Die Folgen sind etwa Ernteschäden durch Frühjahrsfröste in Kalifornien oder das Indian-Summer-Phänomen im Nordosten. Das ungehinderte Aufeinandertreffen warmer und kalter Luftmassen begünstigt die Entstehung von **Tornados**. Im Kontaktbereich dieser Luftmassen, den Inneren Ebenen, tritt dieses Wetterphänomen häufig auf. Man bezeichnet die Region als „Tornado-Alley".

Wie das Klima die Wirtschaft prägt

Die USA sind ein Agrarriese. Im Agrarbereich weisen sie sogar eine stark positive Handelsbilanz auf. Gründe für den Erfolg sind neben der Lagegunst (Klima, Relief, Böden) auch der Einsatz von hochtechnisierten Maschinen und gentechnisch verändertem Saatgut oder moderne Bewässerungsmethoden. Durch letztere kann sogar auch westlich der Trockengrenze (100. Längengrad) eine intensive Landwirtschaft betrieben werden (M3).

Das **Klima** der Subtropen sorgt in den südlichen Bundesstaaten für ganzjährig milde Temperaturen und reichlich Sonne. In diesen Regionen bietet das Klima im Zusammenspiel mit der Küstenlage optimale Bedingungen für eine touristische Nutzung (M4: B). Die südlichen Regionen eignen sich durch die hohe Anzahl an Sonnenstunden und starke Sonneneinstrahlung auch zu einer wirtschaftlichen Nutzung der Sonnenenergie. In der kalifornischen Mojave-Wüste, 60 Kilometer südwestlich von Las Vegas, steht seit 2014 eines der größten Sonnenwärmekraftwerke der Welt (M4: C).

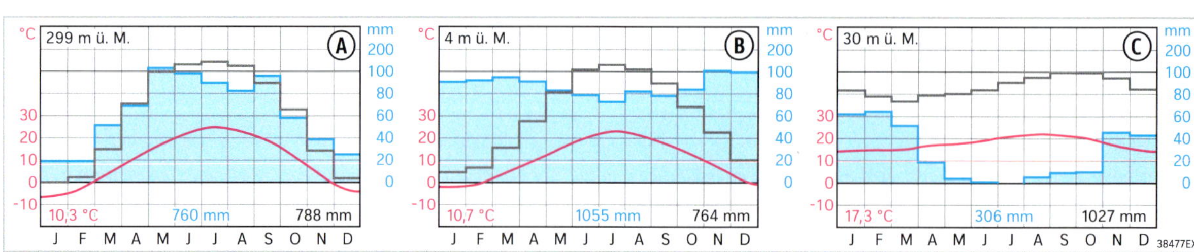

M2 *Klimadiagramme*

M3 *Thematische Karte zur Landwirtschaft in den USA*

M4 *Das Klima als Wirtschaftsfaktor*

Sun City wurde 1960 als Planstadt für Senioren in Arizona gegründet. Die Stadt liegt ca. 13 km nordwestlich der Bundeshauptstadt Phoenix. Die Einwohnerzahl beläuft sich aktuell auf ca. 37 500 Einwohner, das Durchschnittsalter liegt bei 72,4 Jahren. Wie der Name bereits verrät, lockt die Planstadt vor allem mit dem sonnigen, milden Klima und ist speziell auf die Bedürfnisse der Senioren ausgerichtet (Barrierefreiheit, vergrößerte Verkehrsschilder, perfekte medizinische Versorgung).
Weitere Plansiedlungen für Senioren, die ebenfalls den Namen *Sun City* tragen, liegen in weiteren klimatisch begünstigten Bundesstaaten wie Kalifornien, Florida, Texas und Kansas. Die Gründung und Verwaltung dieser Plansiedlungen wird von privaten Unternehmen durchgeführt, die seit den 1950er-Jahren daraus ein erfolgreiches Geschäftsmodell entwickelt haben.

M5 *Die Seniorenplanstadt Sun City, Arizona*

1 Aktiv!
Führe das Gruppenpuzzle durch (›S. 111): Bearbeite das Teilsystem „Klima“. Orientiere dich an der Leitfrage dieser Doppelseite.

Wahlalternativen:

2 *Beschreibe* anhand der Fotos in M4 den Einfluss des Klimas auf die Wirtschaft der USA.

3 *Ordne* die Klimadiagramme (M2) begründet den passenden Orten in M1 *zu*.

4 **Differenziert:**
Erläutere die Wetterextreme in M1 und die damit verbundenen Gefahren. Wähle hierzu ein Arbeitsblatt.

5 *Erstelle* eine Concept-Map zum Einfluss des Klimas auf die Wirtschaft der USA (M1 – M4, Text).

6 *Beurteile* das Konzept der Seniorenplanstadt „Sun City“ in Arizona (M5).

M1 *Thematische Karte zu den Ballungsräumen der USA*

Gesellschaft: Welches Potenzial besitzen die Humanressourcen der USA?

Die USA verfügen über eine hohe Einwohnerzahl (Weltrang 3); allerdings ist die Bevölkerung sehr unterschiedlich verteilt. Eine positive Bevölkerungsentwicklung und damit bessere wirtschaftliche Zukunftsperspektiven weisen vor allem schon bestehende städtische **Agglomerationen** auf, die für die Einwohner aufgrund der besseren Versorgung (Bildung, Kultur, Ärzte) und des größeren Arbeitsplatzangebotes attraktiver sind. Ausdruck dieser Entwicklung sind in den USA mittlerweile zusammengewachsene Großstädte, die als Städtebänder eine **Megalopolis** bilden (M1).
Weiterhin findet sich in den USA die weltweit größte Dichte an **Global Cities**, also Großstädten von internationaler Bedeutung (M5). Von den 20 wichtigsten Global Cities befinden sich alleine 5 in den USA (u.a. New York, Los Angeles, Chicago).

Arbeitskraft, Bildung, Kapital, Motivation

Die USA haben aufgrund der hohen Einwohnerzahl einen großen Pool an qualifizierten Arbeitskräften. Dieser Pool wird zudem durch die hohen Einwanderungsraten beständig ergänzt. Der Nachschub an hoch qualifizierten Arbeitskräften wird durch die hohe Anzahl an berühmten Universitäten garantiert, die auch viele Talente aus dem Ausland anziehen. Von den 10 besten Universitäten der Welt befinden sich 7 in den USA (u.a. Princeton, Harvard, Stanford).

Wichtige Wachstumsimpulse erhält die Wirtschaft auch durch die vielen Unternehmerpersönlichkeiten, die aufgrund ihrer Innovationsfreude und Risikobereitschaft erfolgreiche Unternehmen gründen (M2). Hierdurch entwickelt sich die Wirtschaft der USA in Zukunftsbranchen dynamisch. Die Unternehmen stützen den Staat, indem ihre Gewinne teilweise wieder reinvestiert werden.

Pendler in Los Angeles

Jeff Bezos, Amazon-Gründer und Raumfahrtunternehmer

Joachim Frank, Nobelpreisträger, geboren in Deutschland

M2 *Beispiele für Humanressourcen der USA*

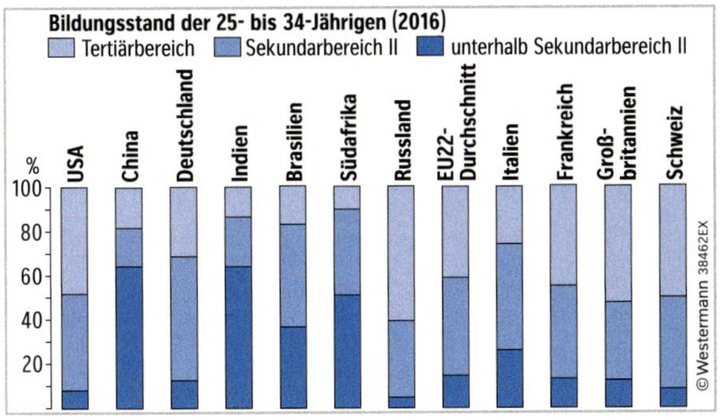

M3 *Bildungsvergleich ausgewählter Länder (2016)*

Rang	Unternehmen	Branche	(Mrd. €, 2017)
1	Apple (USA)	IT, Hardware	972
2	Amazon (USA)	Online-Handel	733
3	Alphabet (USA)	Internet	766
4	Microsoft (USA)	Software	751
5	Facebook (USA)	Social Media	542
			Quelle: Statista

M6 *TOP-5-Unternehmen der Welt (Börsenwert)*

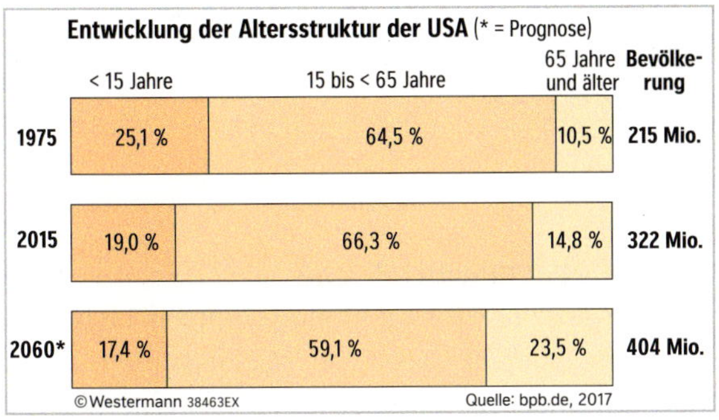

M4 *Entwicklung der Altersstruktur der US-Bürger*

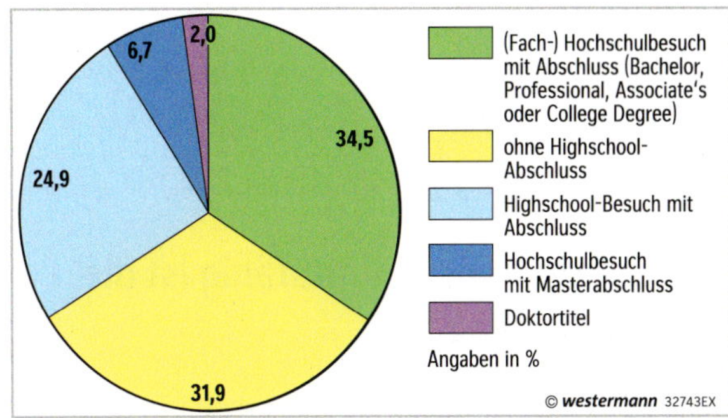

M7 *US-Einwanderer und ihr Bildungsgrad 2016*

Als Global Cities werden städtische Zentren bezeichnet, die ausgeprägte globale Verflechtungen aufweisen und übergeordnete Funktionen für die Weltwirtschaft besitzen. Für New York treffen unter anderem folgende Merkmale zu:

- 18 Hauptsitze von transnational agierenden Unternehmen (Global Player, z. B. Apple)
- Internationales Finanzzentrum (u. a. Wall Street, Zentrale der größten amerikanischen Banken und Versicherungen)
- Sitz des UN-Hauptquartiers (weltpolitisch relevant)
- herausragend entwickelte Verkehrsinfrastruktur von internationaler Bedeutung (u. a. JFK International Airport, Hafen)
- kulturelles Zentrum mit internationaler Strahlkraft (u. a. Museum of Modern Art, Broadway, berühmte Sehenswürdigkeiten wie das Empire State Building)

M5 *Global City New York*

1 Aktiv!
Führe das Gruppenpuzzle durch (›S. 111): Bearbeite das Teilsystem „Gesellschaft". Orientiere dich an der Leitfrage dieser Doppelseite.

Wahlalternativen:

2 *Beschreibe*, für welche Humanressourcen die Menschen auf den Fotos in M2 stehen.

3 *Charakterisiere* die einzelnen Ballungsräume der USA (M1).

4 *Erläutere*, welche Vorteile Einwanderer für die USA bieten könnten (Text, M2, M4, M7).

5 *Erkläre* am Beispiel New York (M5), was man unter einer Global City versteht.

6 „Die USA verfügen über ein enormes Potenzial an Humanressourcen." *Überprüfe* diese Aussage mithilfe der Materialien.

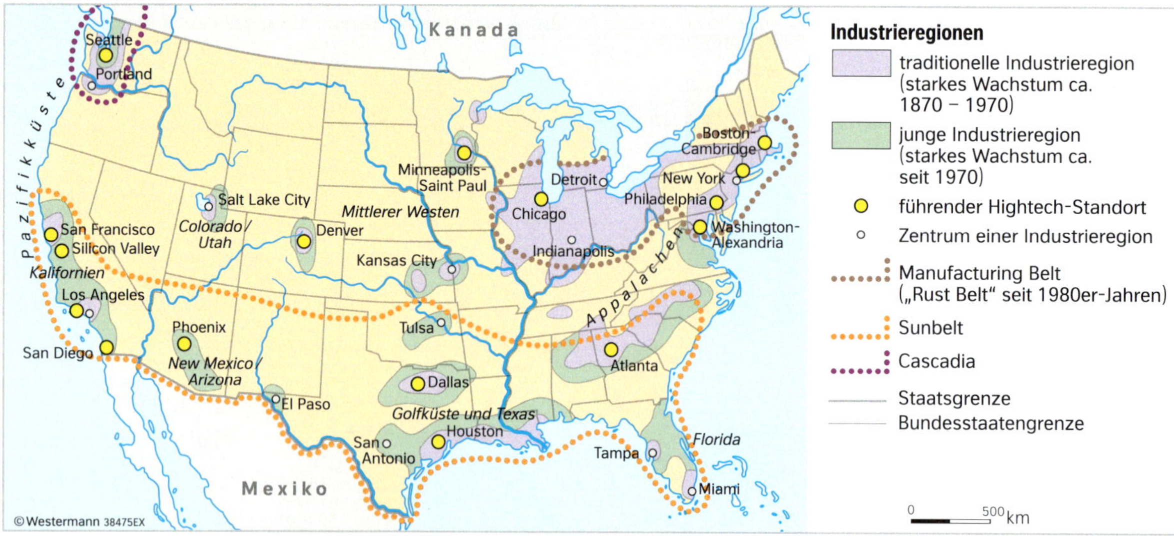

M1 *Thematische Karte zu den Wirtschaftsregionen der USA*

Wirtschaft: Wie zukunftsfähig ist die Wirtschaft der USA?

Obwohl sich Wirtschaftsexperten einig darüber sind, dass in spätestens 15 Jahren die chinesische Wirtschaftskraft die US-amerikanische Wirtschaftskraft übertreffen wird, nimmt die Volkswirtschaft der USA derzeit eine Vormachtstellung in der Welt ein.

Die Gründe hierfür sind unter anderem der Reichtum an *Bodenschätzen*, die gute infrastrukturelle Erschließung, ein großer und konsumfreudiger **Binnenmarkt**, das riesige Arbeitskräftepotenzial, hohe Investitionen in Forschung und Entwicklung (FuE-Ausgaben) sowie der Innovations- und Gründergeist, der zu einem hohen Anteil an weltweit agierenden Topunternehmen führt (z. B. Apple, Microsoft, Alphabet, Coca-Cola, Visa), die in vielen Wirtschaftsbereichen Standards setzen.

Wirtschaftsregionen der USA

Die USA stellen keinen homogenen Wirtschaftsraum dar, sondern sind als Mosaik unterschiedlicher Wirtschaftsregionen anzusehen. Diese unterscheiden sich in ihrer Wirtschaftskraft, Branchenzusammensetzung oder Entwicklungsdynamik deutlich voneinander.
Altindustrialisierte Regionen, wie der ehemals auf Schwerindustrie ausgerichtete und sich in einem Strukturwandel befindliche *Manufacturing Belt*, kennzeichnen den Nordosten. Wachstumsstarke, jüngere Wirtschaftsregionen deren Wachstumsmotor die Hightech-Branche darstellt, finden sich im Süden und Südwesten (Sunbelt). Aber auch diese großen Wirtschaftsregionen sind in sich fragmentiert (›S. 108/109). Im Manufacturing Belt liegen beispielsweise kriselnde, monostrukturell ausgerichtete Altindustriereviere neben wachstumsstarken Inseln mit innovativer und breit aufgestellter Branchenstruktur.

Altes Stahlwerk in Cleveland | Chip-Herstellung im Silicon Valley | New Yorker Börse

M2 *Aus den Wirtschaftsregionen der USA*

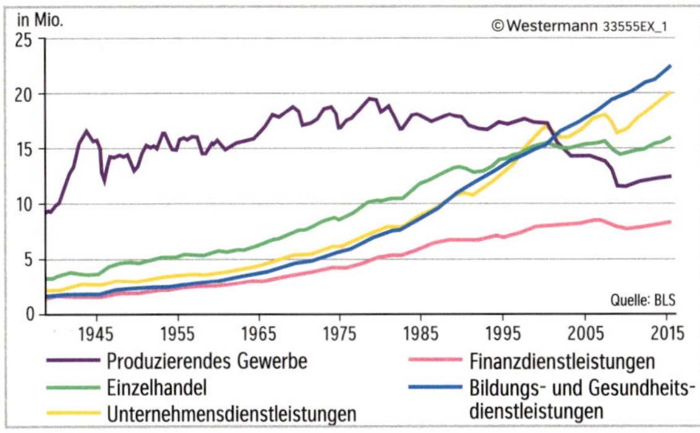

M3 *Beschäftigung in den Wirtschaftssektoren*

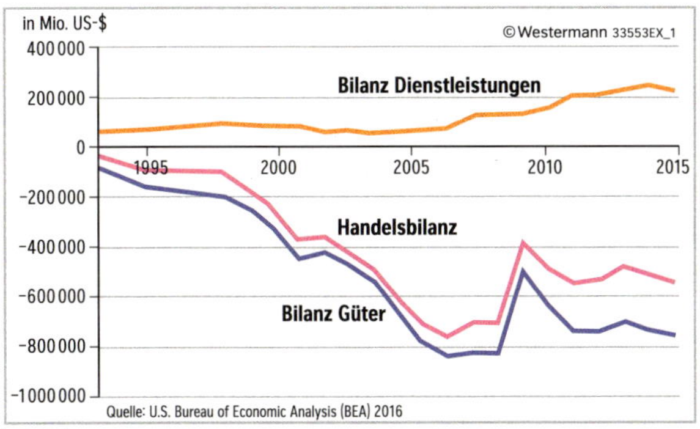

M4 *Entwicklung der Handelsbilanz der USA*

Rang	BIP	Empfänger ausländischer Investitionen	Index Wettbewerbsfähigkeit
1	USA	USA	Schweiz
2	VR China	VR China	USA
3	Japan	Hongkong	Singapur
4	Deutschland	Brasilien	Niederlande
5	UK	Singapur	Deutschland
	Quelle: Fischer Weltalmanach, GCI-Index		

M5 *TOP-Ökonomien der Welt (2017)*

Das Silicon Valley in Stichpunkten:

- im südlichen Teil der Bucht von San Francisco, Fläche von 5000 km², ca. 3 Mio. Einwohner
- einer der bedeutendsten Standorte der IT- und Hightech-Branche weltweit
- Namensteil „Silicon“ (dt.: „Silizium“, Grundstoff der Mikrochipherstellung) aufgrund von über 1000 Unternehmen aus dem Bereich Halbleiter- und Computerindustrie
- Entwicklungsinitial durch Luftwaffenstützpunkt in Palo Alto im 2. Weltkrieg; führte zur Ansiedlung von Unternehmen der Flugzeugindustrie und Elektrotechnik
- wichtige Impulse durch Stanford University und Stanford Industrial Park (1952); enge Verknüpfung von Unternehmen und Forschung
- starker Anstieg der Lebenshaltungskosten und Grundstückspreise aufgrund des starken Wachstums der Region; teilweise Auslagerung der Produktion von Unternehmen in billigere Regionen

M6 *Hightech-Standort Silicon Valley*

❶ Aktiv!
Führe das Gruppenpuzzle durch (›S. 111): Bearbeite das Teilsystem „Wirtschaft“. Orientiere dich an der Leitfrage dieser Doppelseite.

Wahlalternativen:

❷ *Beschreibe* den Strukturwandel in der US-amerikanischen Wirtschaft (M3, M4). *Stelle* den Zusammenhang mit den Fotos in M2 *dar*.

❸ a) *Charakterisiere* die einzelnen Wirtschaftsregionen der USA (M1, Text, Atlas).
b) *Stelle* die Standortfaktoren des Sunbelts *dar*.

❹ *Erkläre* die Entwicklung des Silicon Valley zum Hightech-Zentrum (M6).

❺ *Erörtere* die Zukunftsfähigkeit der US-amerikanischen Wirtschaft.

Vertiefung

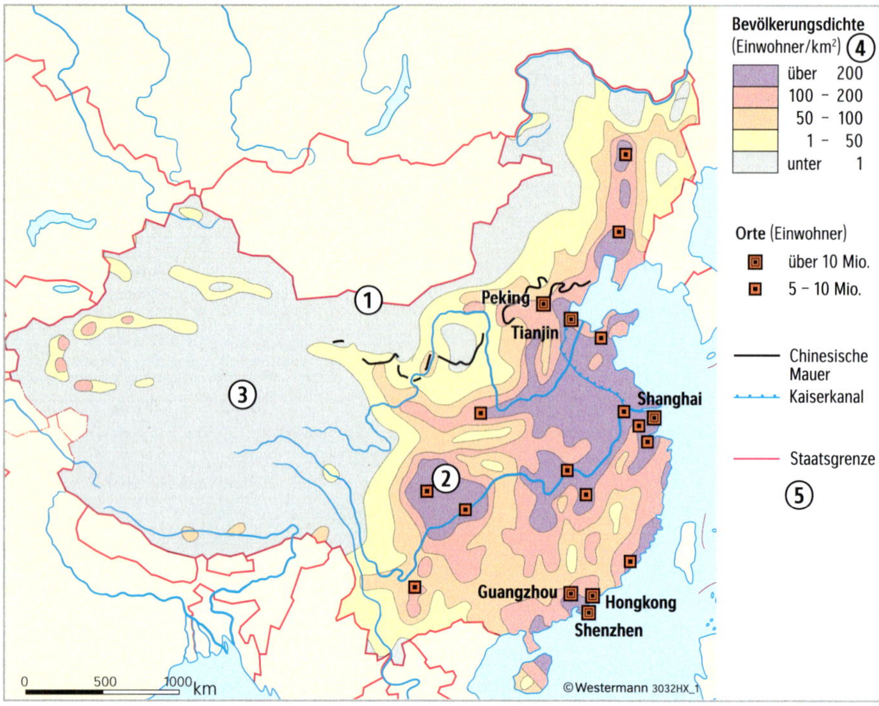

M1 *Thematische Karte zur Bevölkerungsdichte der VR China (= Kartentitel)*

VR China
Fläche: 9,427 Mio. km²
Einw.: 1,39 Mrd.
Bevölkerung:
Han-Chinesen (92 %),
56 Minderheiten
Städtische Bev.: 44 %
Staatsform: Zentral gelenkter Staat (Ein-Parteien-System)

BIP: 12140 Mrd. US-$
Zuwachs: 6,9 %
BIP-Anteile:
LW (8 %), Industrie (41 %), DL (51 %)

HDI-Rang: 86 (189)
Lebenserwart.: 76
durchschnittl. Schulbesuchsdauer: 8 Jahre
BIP/Einw. (nominal): 8643 US-$

M3 *Steckbrief (2017)*

M2 *Chinas rasante Entwicklung führt zu starken Gegensätzen (Beispiel Peking)*

INFO

Elemente einer thematischen Karte
Thematische Karten stellen bestimmte Themen (A) räumlich dar und heben diese hervor. Die Sachverhalte werden durch unterschiedliche grafische Möglichkeiten (Signaturen) dargestellt: Dies sind Flächen- (B), Punkt- (C), und Liniensignaturen (D). Es ist auch möglich, Diagramme und Zahlenangaben in die Karte zu integrieren.
In der Legende (E) werden die Signaturen (Farben und Symbole) erklärt. Je nach Thema weichen andere Rauminformationen (z. B. Relief) zurück. Karten bestehen also aus verschiedenen Schichten, die übereinander gelegt werden (›S. 146).

Die VR China – eine Ressourcenanalyse

Ein Blick auf die thematische Karte der Verteilung der Bevölkerung der Volksrepublik (VR) China (M1) zeigt ein eindeutiges Besiedlungsmuster. Diese markante Verteilung der *„Ressource"* Mensch (›S. 111) – also dessen Arbeitskraft und Wissen – lässt sich zum Teil mit der Verteilung natürlicher Ressourcen (›S. 122 – 125) aber auch mit der über 4000 Jahre alten Geschichte Chinas erklären.
Für die Chinesen war und ist ihr Land stets das Reich der Mitte – geistiger und politischer Mittelpunkt der Welt und aller Zivilisationen. Nach Jahrhunderten der Abschottung öffnete sich die VR China seit Ende der 1970er-Jahre wieder verstärkt. Jahrelang diente die VR China als Fabrik für die Welt. Seit 20 Jahren setzt die Volksrepublik aber aus seinem Selbstverständnis heraus eine ehrgeizige und zielgerichtete Entwicklung zum ökonomischen und sozialen Wiederaufstieg um. Das bestehende Raummuster wird dadurch verstärkt (M2).
Zur Untersuchung der Ressourcenausstattung und der daraus resultierenden Dynamik eignet sich insbesondere die Erstellung und die Analyse thematischer Karten.

Schritt für Schritt: Wir erstellen thematische Karten

1. Grundkarte anfertigen (M4)
Nutze eine Umrisskarte und zeichne einige unbedingt notwendige Angaben zur Topographie ein (z. B. 4 große Städte, 2 große Flüsse). Daran können sich der Leser und du orientieren.

2. Darstellungsform festlegen
Nachdem du dich über das Thema informiert hast legst du fest, welche Informationen du mit welchen Signaturen darstellen willst.
Achte auf eine sinnvolle Farbwahl!

3. Kartenlegende erstellen
In der Legende musst du alle Signaturen (Punkte, Linien, Farben) erklären. Sie ist zum Verständnis der Karte notwendig.

4. Kartentitel formulieren (ggf. als Unterschrift)
Der Kartentitel (Überschrift der Karte) muss kurz und verständlich sein und zum Thema passen. Er benennt den Raum, das Thema und manchmal auch den Zeitraum.

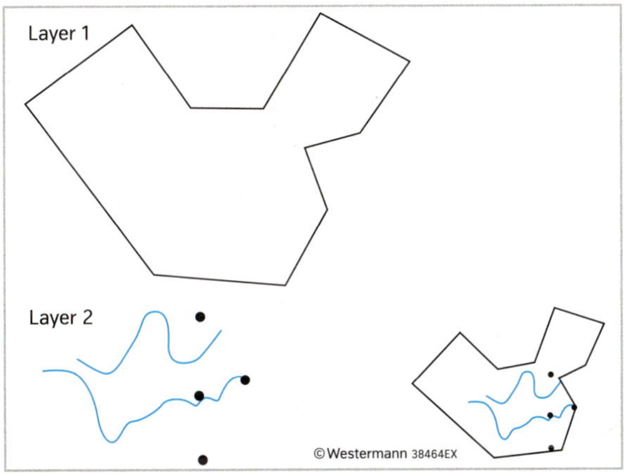

M4 *Schritt 1: Grundkarte mit Orientierungsmarken (Flüsse, Städte, ggf. Breitenkreise)*

Methode: Thematische Karten erstellen

Michael Albrecht – Leiter der Technischen Kartographie der Westermann Gruppe (z. B. Diercke)

Was oder als was arbeiten Kartographen?
Der Kartograph zeichnet Karten aller Art: Landkarten, Seekarten, Stadtpläne, Straßenkarten usw. Kartographen arbeiten überall dort, wo Karten entstehen: bei Verlagen, die Straßenkarten oder Stadtpläne herstellen, bei Behörden (z. B. Kommunalbehörden einer Stadt oder Landesämtern) oder bei Softwarefirmen, die Navigationsgeräte entwickeln. Beim Verlag Westermann sind wir für alle Karten zuständig, die als Atlaskarten, Hand- oder Wandkarten in der Schule verwendet werden. Der allergrößte Teil dieser Arbeit wird heute per Computer durch das Zeichnen am Bildschirm erledigt.

Wie wird man Kartograph?
Kartographen (moderner heißt es heute: Geomatiker) absolvieren entweder eine dreijährige Berufsausbildung oder ein Studium an einer Fachhochschule oder Hochschule.

Haben Sie Tipps für die Erstellung thematischer Karten?
Das Wichtigste ist der Aufbau der Informationen in einer Karte. Es gibt immer die eine, die wichtigste Information, die die Karte dem Betrachter zeigen soll. Sie muss zuerst erkennbar und gut lesbar sein. Alles, was weniger wichtig fürs Thema ist, sollte man dezenter darstellen (z. B. blassere Farben, kleinere Schriften) oder sogar ganz weglassen. Oft hilft eine kleine Ideen-Skizze von der geplanten Karte, bevor man mit dem Zeichnen beginnt. Ist diese Skizze gut gelungen, dann funktioniert später auch die so gezeichnete Karte.

M5 *GEO-Praxis – Kartographen*

1 Aktiv!
Gestalte thematische Karten zur Ressourcenausstattung Chinas – entweder als Layer oder als eigene Karte. Nutze die Kopiervorlage als Umrisskarte. Gehe vor wie beschrieben und setze die Tipps des Kartographen in M5 um.
Analysiere das Ressourcenpotenzial der VR China. Nutze deine Karten!

Wahlalternativen:
2 a) *Beschreibe* die Verteilung der Bevölkerung Chinas (M1).
b) *Nenne* Hypothesen zur Erklärung der Bevölkerungsverteilung.

3 a) *Ordne* die Elemente thematischer Karten A–E (Info) den Zahlen 1 –5 in der Karte M1 *zu*.
b) Werte die thematische Karte M1 aus (›S. 111).

Grundwissen

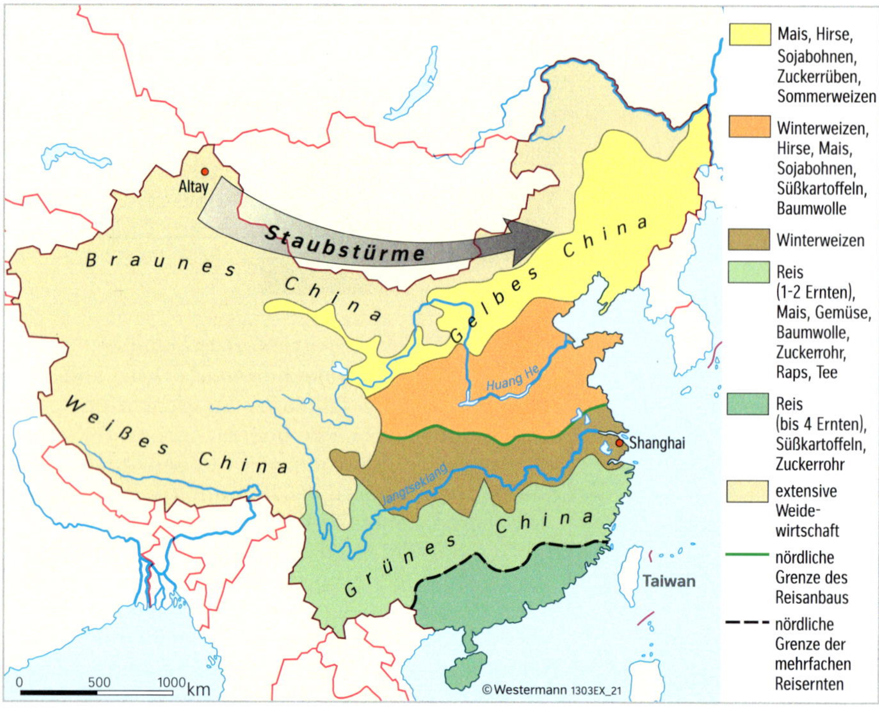

M1 *Thematische Karte zu den Agrarregionen in der VR China*

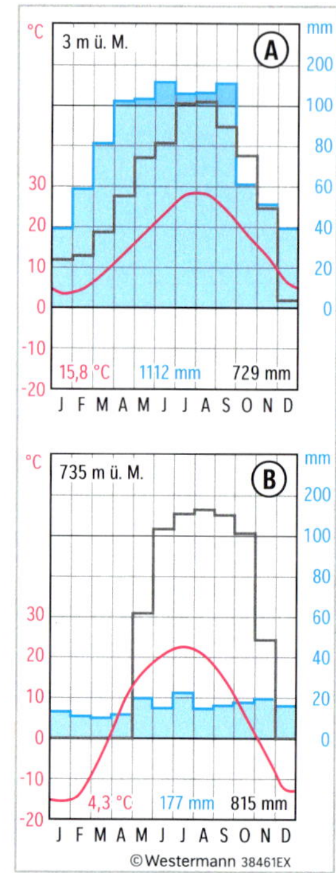

M3 *Klimadiagramme*

Klima: Wie beeinflusst das Klima die Landwirtschaft der VR China?

Die VR China lässt sich vereinfacht in zwei klimatische Großregionen unterteilen – den ariden Westen und den humiden Osten. Die Grenze bildet die 400 mm Isohyete – die Linie mit einem Jahresniederschlag von 400 mm. Sie verläuft nördlich von Peking bis Lhasa (Tibet). Westlich dieser Linie ist Ackerbau nur sehr eingeschränkt möglich. Der feuchte Osten umfasst von Norden nach Süden die Mittelbreiten und Subtropen. Die Wärmegunst nimmt dabei nach Süden zu. Die Grenze dieser beiden Klimazonen verläuft ungefähr auf der geographischen Breite von Shanghai.

Das **Klima**, vor allem Ostchinas, ist vom **Monsun** (Info) geprägt. Wetterextreme wie Dürren und Überschwemmungen, die aufgrund des Klimawandels zunehmen könnten, hängen stark mit der Variabilität des Monsuns zusammen (M4) und stellen Bauern in ganz China immer wieder vor große Herausforderungen. Die in den Spätsommermonaten vor der Küste Südchinas entstehenden tropischen Wirbelstürme (*Taifune*) verstärken diese Problematik zusätzlich. In den Übergangsjahreszeiten wandern *Zyklonen* mit ihren Frontensystemen über große Teile der VR China hinweg.

Doppelte Zweiteilung

Für die menschliche Nutzung ist das Zusammenwirken von Relief, Klima und der daraus resultierenden Vegetation entscheidend. […]
Die ethnischen Chinesen, die sich Han nennen, betrieben vor allem Ackerbau. Ihr Siedlungsgebiet war daher der niederschlagsreiche Osten. Im trockenen Westen siedelten vorwiegend Nomaden oder Völker, die kleinflächig in Flussoasen Ackerbau ausübten. Die beiden naturgeographischen Großräume lassen sich jeweils nochmals zweiteilen.
Den vier Teilen werden Farben zugeordnet. […] Daraus resultieren (je) zwei agrargeographische Großräume: Im Norden werden vor allem Weizen und Mais angebaut („gelbes China"), im Süden Reis, an Hängen auch Tee („grünes China"). Der aride Westen wird durch das Relief zweigeteilt: Die Steppen- und Wüstengebiete des Nordwestens bekamen wegen der sonnenverbrannten Vegetation den Namen „braunes China", das Hochland von Tibet wegen des Schnees die Bezeichnung „weißes China".

Quelle: Böhn, D. – Auf Tour (VR China). S. 30f., 2012

M2 *Die vier Farben der VR China*

INFO

Monsun

Der Begriff Monsun leitet sich vom arabischen Wort „mausim“ ab, was so viel bedeutet wie halbjährlich wechselnder Wind.

In den Sommermonaten nehmen die Luftmassen über dem Südchinesischen Meer viel Wasser auf und werden zugleich vom Hitzetief über der VR China „angesaugt“. Dieser daher aus Südosten wehende Wind sorgt in großen Teilen der VR China für erhöhte Niederschläge (Sommermonsun).
Da sich hingegen die ostasiatische Landmasse in den Wintermonaten stark abkühlt, entsteht dann ein Kältehoch. Aus diesem Hochdruckgebiet wehen die Winde in umgekehrter Richtung aus Nordwest kommend übers Land. Nun steht die VR China unter dem Einfluss kalter, trockener Festlandsluft (Wintermonsun).

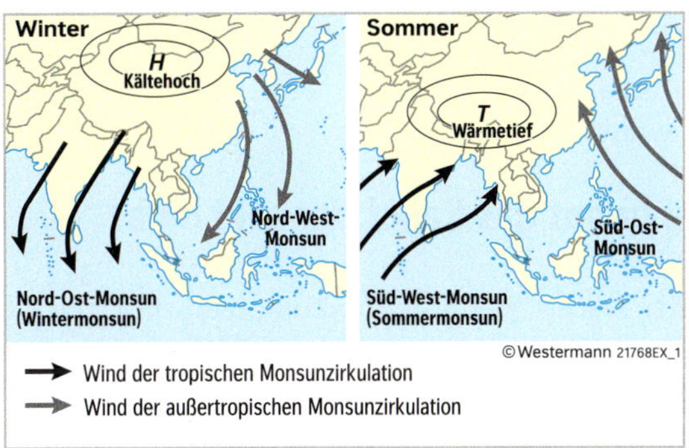

ERINNERE DICH!

Wetterextrem Dürre

Von einer Dürre sprechen wir, wenn die Gesamtniederschlagsmenge mindestens 25 % unter der durchschnittlichen Niederschlagsmenge liegt.

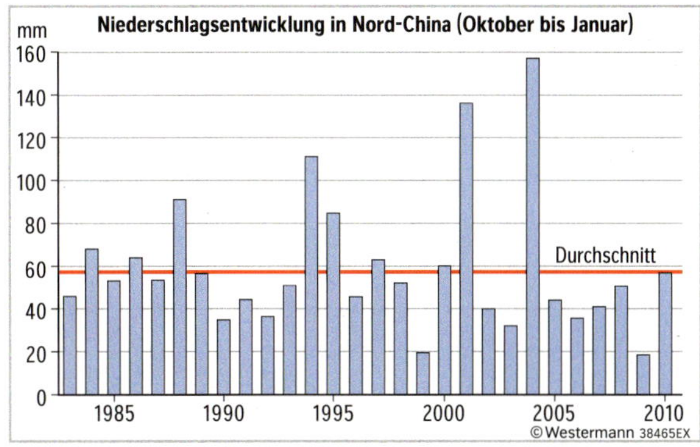

M4 *Niederschlagsvariabilität in der Nordchinesischen Ebene*

Anbauprodukt	Anforderungen an das Klima
Weizen	• 500 – 600 mm Niederschlag • gemäßigte Temperaturen
Reis	• viel Wasser (stehend) • 25 – 30 °C
Baumwolle	• warmes Klima, wenn möglich trocken oder wechselfeucht • kein Frost

M5 *Ansprüche der Nutzpflanzen*

M6 *Landwirtschaftlicher Gunst- und Ungunstraum in der VR China*

1 Aktiv!
a) *Gestalte* eine eigene thematische Karte (Layer oder Karte) zur klimatischen Gliederung der VR China (Text).
b) Beantworte die Frage der Überschrift und die Aufgaben 2, 4 und 5 mithilfe deiner Karte(n).

Wahlalternativen:
2 a) *Beschreibe* das Klima der VR China.
b) *Ordne* die Klimadiagramme (M3) den Orten Shanghai und Altay begründet *zu*.
c) *Nenne* für jede Klimastation den Klimaschlüssel nach Siegmund/Frankenberg (›S. 162, Atlas).

3 *Erläutere* die Lage der Anbauzonen der VR China ausgehend von den „vier Farben Chinas“ (M1–M3).

4 *Begründe*, weshalb das Klima im Osten der VR China „Fluch und Segen“ zugleich sein kann (M4 – M6, Info).

5 „Wetterextreme erschweren die landwirtschaftliche Nutzung Chinas.“ *Überprüfe* diese Aussage.

6 **Differenziert:** *Analysiere* mithilfe des Arbeitsblattes Auswirkungen des Klimawandels auf die chinesische Landwirtschaft.

Vertiefung

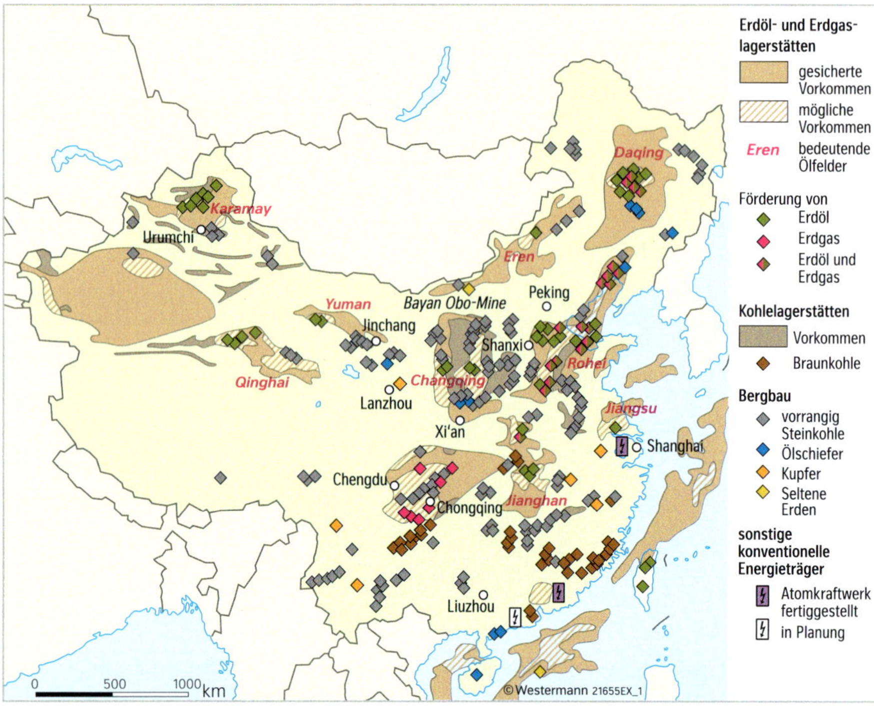

M1 *Thematische Karte zu ausgewählten Bodenschätzen in der VR China*

INFO 1

Kohle in China
Trotz sinkender Werte wird noch immer ein Großteil des chinesischen Energieverbrauchs durch Kohle gedeckt. Zu Beginn des Jahres 2018 waren es noch knapp über 60 %. Die VR China investiert zwar viel in erneuerbare Energien und auch in Atomkraft, aber die Belastungen durch Verbrennung von Kohle bleibt auf Dauer noch ein großes Problem.

Relief: Welches Rohstoff- und Energiepotenzial bietet das Relief der VR China?

Obwohl die VR China reich an Rohstoffen wie Kohle und Erzen ist (M1) und ein großes regeneratives Energiepotenzial besitzt (M5, M6), werden gewaltige Mengen an Rohstoffen importiert.

Relief und Rohstoffpotenzial

Verteilung, Gewinnung und Verarbeitung der *Bodenschätze* stehen im Zusammenhang mit erdinneren und erdäußeren Prozessen und somit dem Relief. Interkontinentale Auswirkungen der Plattentektonik haben die Oberflächenformen Chinas geprägt und so Lagerstätten entstehen lassen.
Allgemein gilt, dass Länder, die über eine alte Geologie verfügen und die tektonisch aktiv sind oder waren (Hebung, Senkung, Faltung), reich an Rohstofflagerstätten sind. Im Zeitalter der Digitalisierung sind vor allem Chinas Lagerstätten an Metallen der Selten Erden bedeutend (Info 2).

Relief und regeneratives Energiepotenzial

Kleinräumige Verwerfungen und Brüche haben zu einem stufenartigen Aufbau der Landschaft geführt (M2). Die großen Ströme wie der Jangtsekiang durchfließen China daher kaskadenartig. Daraus ergibt sich ein recht hohes Potenzial für die Wasserkraft (M6). Aber auch andere regenerative Energieträger wie Wind- und Sonnenenergie hängen eng mit dem Relief zusammen (M5).

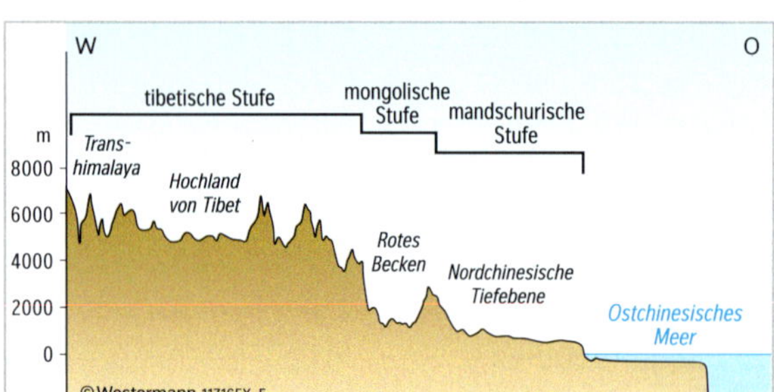

M2 *Die drei großen Stufen Chinas*

M3 *Karikatur*

INFO 2

Metalle der Seltenen Erden
Die VR China ist der größte Förderer und verfügt über immerhin 33 Prozent der Weltressourcen dieser Metalle, die notwendig für viele Zukunftstechnologien sind. In anderen Ländern war die Produktion wegen der relativ geringen Preise für chinesische Rohstoffe und aus ökologischen Gründen eingestellt worden. Die Preise wurden teils wegen geringer Standards auf Kosten der Minenarbeiter und der Natur erzielt. Peking drängte jedoch auf höhere Standards und erkannte den strategischen Vorteil seiner Reserven: Der Abbau verteuert sich und Exporte verringerten sich, weshalb Reserven aus anderen Ländern wieder lukrativer werden.

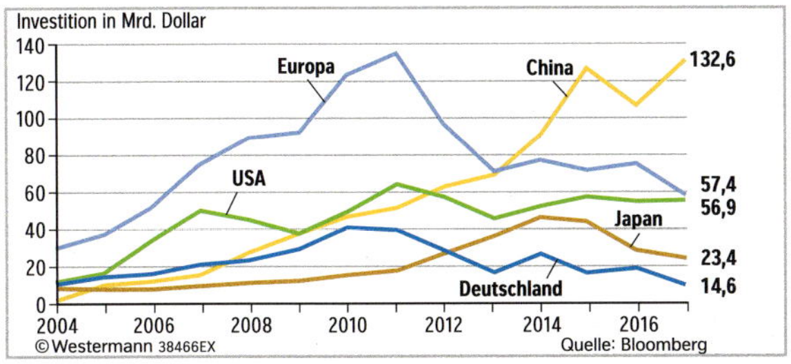

M4 *Erneuerbare Energien im Vergleich*

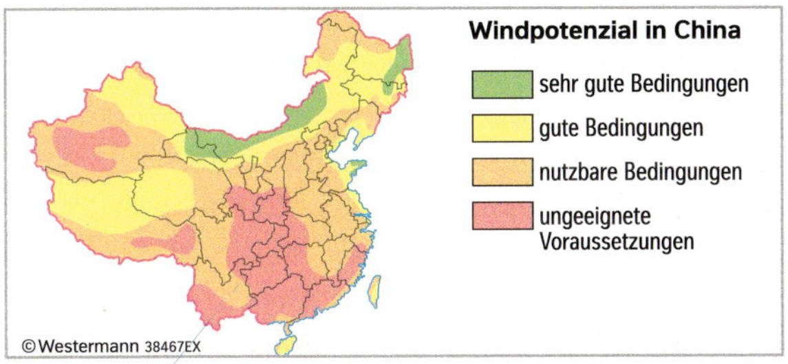

M5 *Durchschnittliche Windgeschwindigkeiten*

- Stromkapazität 18 200 Megawatt (entspricht 15 Atomkraftwerken)
- Stausee: 600 km Länge
- Städte und Dörfer werden überflutet, insgesamt 2 Mio. Menschen umgesiedelt
- Länge der Staumauer: 2309 Meter
- Fünfstufige Schleuse überwindet 115 Höhenmeter
- Kosten insgesamt: 75 Mrd. Euro
- Ziel: Hochwasserschutz/Stromerzeugung/ bessere Schiffbarkeit

©Westermann 9096EX_9

M6 *Fallbeispiel für Wasserkraft in der VR China*

INFO 3

Solarenergie
Die VR China baut ihre Kapazitäten im Bereich Solarenergie (Fotovoltaikzellen und Solarthermie) weiter aus. Großes Potenzial liegt in Regionen, in denen die Sonne verlässlich scheint. Dies ist in hoch gelegenen Gebieten im Regenschatten großer Gebirge oder in Trockenräumen der Fall.
Aber auch im Kleinen wird in der VR China vermehrt Sonnenenergie zum Erhitzen von Wasser benutzt: In der Stadt und auf dem Land setzen sich preisgünstige Warmwasserkollektoren durch, die für Haushalte Warmwasser erzeugen.

1 Aktiv!
a) *Gestalte* eine eigene thematische Karte (Layer oder Karte) zum Potenzial der regenerativen Energieressourcen der VR China.
b) Beantworte die Frage der Überschrift und die Aufgaben 4–6 mithilfe deiner Karte(n).

Wahlalternativen:
2 *Beschreibe* das Vorkommen an Lagerstätten (M1).

3 *Analysiere* die Karikatur zum hungrigen Drachen (M3).

4 *Arbeite* Unterschiede in China *heraus*:
a) *Vergleiche* den Norden und Süden der VR China hinsichtlich des Potenzials an fossilen und regenerativen Energieressourcen.
b) *Begründe* die Aussage: „Das Relief und das Klima begünstigen Chinas Süden bei der Wasserkraft".

5 *Begründe* das hohe Potenzial und den Ausbau an erneuerbaren Energien in der VR China (M4–M6).

6 Transfer!
Für den chinesischen Geographen Zhao sind zwei wichtige Kennzeichen der VR China – ihr Reichtum an Bodenschätzen und ihr Mangel an Ackerboden – durch die Plattentektonik entstanden (M1, Text, ›S. 123).
Begründe seine Ansicht!

Vertiefung

M1 *Thematische Karte zur staatlichen Wirtschaftsförderung in der VR China*

Wirtschaft: Wie fördert die VR China ihre Infrastruktur für die Wirtschaft?

Landwirtschaft, Industrie und Dienstleistungen drängen sich im Osten der VR China zusammen, insbesondere an der Küste. Dieser Raum ist Hauptziel ausländischer Investitionen. Innerhalb der Küstenregion konzentriert sich die Wirtschaft in drei Großräumen: Peking, dem Jangtsekiang-Delta mit Shanghai (M2) und dem Perlflussdelta mit der Achse Hongkong – Shenzhen – Guangzhou (M1, M4).

Geplanter Aufstieg

War die VR China bis in die 1970er-Jahre noch vom Welthandel weitgehend abgeschottet, so öffnete sich das Land zunehmend: Einige Städte wurden als **Sonderwirtschaftszonen** ausgewiesen und bildeten eine Brücke zur Marktwirtschaft (M2). Mittels **Protektionismus** agiert(e) die VR China zunächst geschickt als „Fabrik“ der Welt und sammelte Know-how. Mittlerweile sind viele chinesische Firmen in der Lage, qualitativ hochwertige Produkte anzubieten. Sie fordern die etablierten Akteure der *Globalisierung* (›S. 108) heraus.

Das Ziel liegt darin, selbst die Markt- und Innovationsführung zu übernehmen. Hierfür baut die Regierung die **Infrastruktur** weiter aus und fördert die Forschung und Entwicklung (F&E) in Zukunftsbranchen wie der künstlichen Intelligenz (KI). Das Projekt *Neue Seidenstraße* (M5) untermauert diese globalen Ansprüche. Durch finanzielle Förderung, aber auch durch *Land Grabbing (v.a. in Afrika)*, sichert sich die VR China Rohstoffe und Einfluss.

M2 *Shanghai/Pudong im Wandel zwischen 1988 und 2015*

Westchina		Zentralchina		Küstenbereich	
Provinz	BIP/ Einw.*	Provinz	BIP/ Einw.*	Provinz	BIP/ Einw.*
Sinkiang	12 862	Shanxi	13 685	Helongjiang	12 178
Tibet	11 196	Anhui	12 608	Hebei	35 007
Gansu	3 364	Hubei	17 674	Shandong	20 777
Quinghai	12 648	Jiangxi	12 887	Zhejiang	25 225
Sichuan	12 735	Hunan	14 421	Guangdong	23 127

Quelle: Staatliches Amt für Statistik VR China;
* BIP/Einw. (KKP) / Achtung: ≠ BIP/Einw. (nominal)

M3 *Unterschiede in der VR China (2017)*

China will die Seidenstraße neu beleben

[...] Xi hat 29 Staats- und Regierungschefs zu einer Konferenz nach Peking eingeladen, bei der er die Rahmenbedingungen zur Wiederbelebung der Seidenstraße besprechen will – auf dem Land- und dem Seeweg. [...] „China stößt in Bereiche und Regionen vor, die bisher vernachlässigt waren"[...], sagt Heilmann. Die Seidenstraße bringe eine „tiefgreifende Veränderung" der Art, wie China mit der Welt umgehe, sagt Wang Yiwei vom Institut für Internationale Beziehungen der Volksuniversität in Peking. China sei kein einfacher Teilnehmer der Globalisierung mehr, sondern treibe sie an und gestaltet sie im eigenen Sinne. [...].

Quelle: Mayer-Kuckuk F. In: www. badische-zeitung.de, 15.05 2017

M5 *Pressemeldung*

Das Perlflussdelta im Süden der VR China stellt die mit Abstand wachstumsstärkste Region des Landes dar. Hier leben mittlerweile ca. 50 Millionen Menschen. Die Entscheidung, die erste Sonderwirtschaftszone in Shenzhen einzurichten, basierte auf seiner Nähe zu Hongkong und damit auf die bereits bestehenden Handelsbeziehungen zu der bis 1997 unter britischer Verwaltung stehenden Kronkolonie.

In Foshan, auf der westlichen Seite des Deltas, hat der Midea Konzern (gesprochen: Mydea, abgeleitet von „my idea") seinen Hauptsitz. In 80 % aller Haushaltsgeräte dieser Welt soll mindestens ein Bauteil von Midea stammen.

Neu bei Midea ist die eigenständige Entwicklung von Geräten. Markenunternehmen kaufen diese Produkte ein und vertreiben sie unter ihrem eigenen Label. Im Jahr 2016 übernahm Midea die Haushaltssparte des japanischen Toshiba-Konzerns. Es kann nun 40 Jahre unter diesem Label produzieren. Ebenso kaufte es das deutsche Unternehmen KUKA auf und sicherte sich so Zutritt zum lukrativen europäischen Markt.

M4 *Boomregion Perlflussdelta*

INFO 1

Entwicklungsachsen

Die VR China entwickelt ausgehend von der Küste das Hinterland anhand zweier Modelle:
T-Modell: Jangtse und Küstenlinie
Kai-Modell: Erweitertes T-Modell zu einem dem chinesischen Zeichen „开" (kai) ähnelnden Muster. Weitere Achsen folgen den Eisenbahnlinien von Lanzhou ausgehend ans Meer und von Peking aus nach Shenzhen.

INFO 2

Ressource Infrastruktur

Die Ausstattung eines Raumes mit materiellen Einrichtungen, welche die Grundlage für die Ausübung wichtiger menschlicher Bedürfnisse bilden und die soziale und wirtschaftliche Entwicklung eines Raumes ermöglichen. Beispiele sind: Ver- und Entsorgungseinrichtungen, Verkehrsmittel/-wege, Kommunikationsnetze, Einrichtungen des Gesundheits- und Bildungswesens.

1 Aktiv!
a) *Gestalte* eine eigene thematische Karte (Layer oder Karte) zu wirtschaftsräumlichen Unterschieden und zu den Entwicklungsachsen der VR China.
b) Beantworte die Frage der Überschrift und die Aufgaben 2–5 mithilfe deiner Karte(n).

Wahlalternativen:

2 a) *Beschreibe* die Lage wirtschaftlicher Kernräume in China.
b) *Analysiere* die Bedeutung von geöffneten Küstenregionen für den Aufschwung Chinas (M4).

3 „Chinas Wirtschaft und Infrastruktur ist geprägt von starken Unterschieden". *Überprüfe* diese Aussage.

4 *Begründe* die beiden Modelle der Raumentwicklung zum Abbau der Unterschiede innerhalb der VR China (Info).

5 *Erläutere*, wie die VR China als Wirtschaftsmacht der Zukunft agiert und welche räumlichen Folgen dies hat (Text, M4, M5, Info 1).

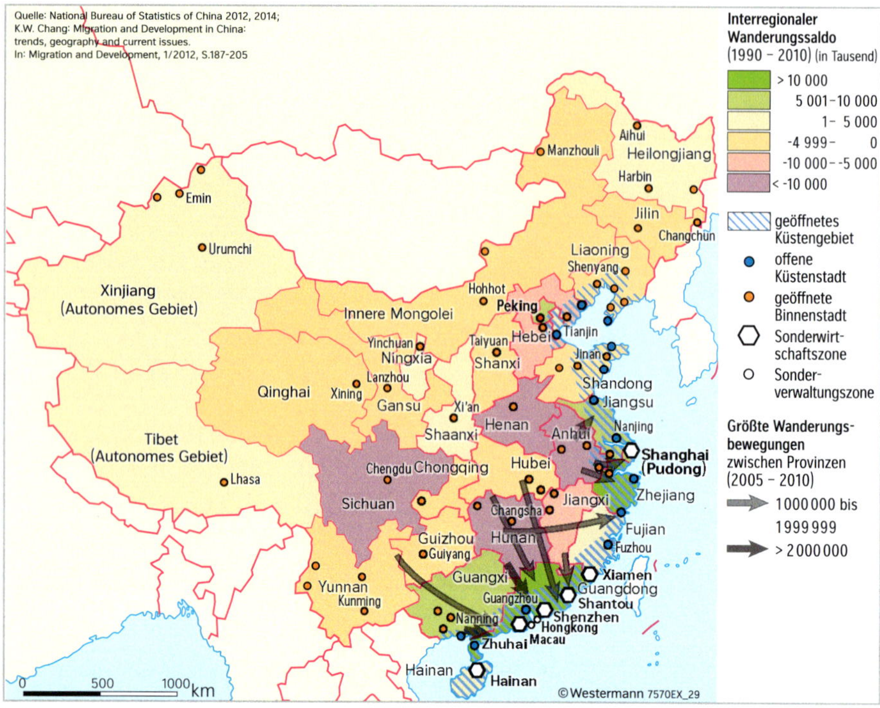

M1 *Thematische Karte zu den Wanderungsbewegungen in der VR China*

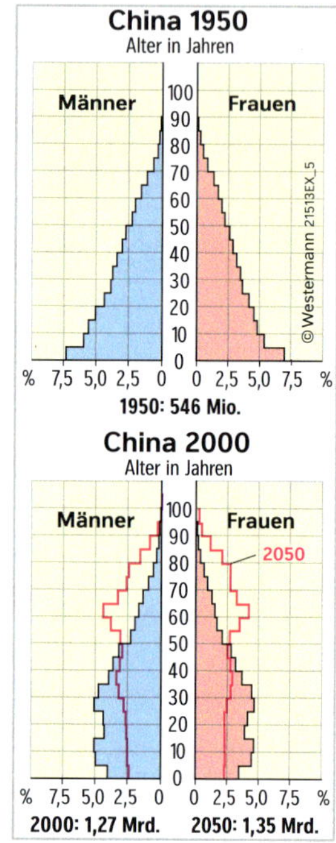

M3 *Wandel der Altersstruktur*

Gesellschaft: Wie steuert und nutzt die VR China ihre Humanressourcen?

„Heiratet später und habt weniger Kinder" – das forderte die chinesische Regierung bis 2015. Da für viele Landbewohner ein Kind zur Altersversorgung jedoch nicht ausreichte, erhielten sie seit 2007 ab dem Alter von 60 Jahren eine zusätzliche Rente.

M2 *Propaganda-Plakat*

Die VR China ist das bevölkerungsreichste Land der Erde: 2018 lebten dort ca. 1,4 Milliarden Menschen – ein riesiges Potenzial an Arbeitskraft, Talent und Wissen. Die durch Wachstum und regionale Unterschiede ausgelösten Wanderungsbewegungen (M1) stellen China jedoch vor Herausforderungen.
1979 führte die chinesische Regierung die *Ein-Kind-Politik* ein. Ziel war es, das rasante Bevölkerungswachstum durch Werbung, Geldprämien, aber auch Strafzahlungen zu bremsen. Im Laufe der Zeit wurden Ausnahmen hinzugefügt und im Jahr 2015 wurde schließlich die umstrittene Maßnahme aufgrund einiger unerwünschter Folgen wieder abgeschafft (M3–M5).
Das enorme Ost-West-Gefälle in der VR China lässt Schätzungen zufolge bis 2040 mehr als 400 Millionen Menschen (zum Vergleich: BRD 82 Millionen) ihre Heimat in Richtung der großen Metropolen an der Ostküste verlassen. Diese größte heutige Migrationsbewegung der Menschheit stellt sowohl den Staat und auch den Einzelnen vor große Herausforderungen (M5, M6). In den Städten wächst derweil parallel eine neue, wohlhabende Mittelschicht heran, deren Lebensstil dem unseren sehr ähnelt (M7).

„Experten halten den Abbruch der Ein-Kind-Politik für zu spät, um Folgen zu vermeiden!"

„Der neue chinesische Ansatz: Zwei Kinder!"

„Die Ära der Ein-Kind-Politik ist vorbei; doch ihre Folgen bleiben spürbar!"

M4 *Eine Nachricht geht um die Welt (angelehnt an Pressemeldungen)*

ERINNERE DICH!

Modell des demographischen Übergangs (Beispiel VR China)

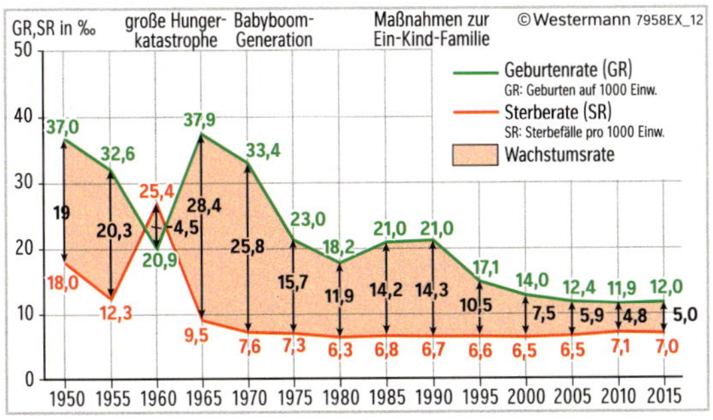

Eine der Folgen dieser Ende der 1970er-Jahre verordneten sozialpolitischen Maßnahme ist die deutliche Reduktion des natürlichen Bevölkerungswachstums in China. Ein Erfolg, bedenkt man die Diskussion um mögliche Probleme durch den globalen Bevölkerungsanstieg oder die Probleme durch hohes Bevölkerungswachstum in Indien.
Für die VR China selbst ist damit aber eine rapide Überalterung der Gesellschaft verbunden: 1950 waren nur zwei Prozent aller Chinesen älter als 70 Jahre. Bis 2050 wird sich dieser Anteil Schätzungen zufolge auf 17 Prozent erhöhen. Das senkt den Arbeitnehmeranteil und könnte die Wirtschaftskraft hemmen, bevor die Gesellschaft insgesamt ein hohes Einkommensniveau erreicht hat.

M5 *Folgen der Ein-Kind-Politik in der VR China*

Der Wanderarbeiter Zhang Ao Yun berichtet

Meine Familie stammt aus der Provinz Guizhou. [...] Wir arbeiten beide in einer Spielzeugfabrik im Perlflussdelta, die für den europäischen Markt produziert. Meine Frau setzt am Fließband Modellautos zusammen, während ich im Lager die Kartons mit den fertigen Modellautos auf Paletten staple. Wir arbeiten an sechs Tagen in der Woche zehn Stunden pro Tag. Wir haben in den zehn Stunden eine halbe Stunde Mittagspause, die wir an unseren Arbeitsplätzen verbringen. [...] An manchen Arbeitsplätzen riecht es sehr stark nach Klebstoff. Dort haben fast alle Arbeiter Husten und Kopfschmerzen. [...]
Um Geld zu sparen, wohnen wir in einer Unterkunft der Fabrik direkt auf dem Firmengelände. Man darf auf den Zimmern auch keinen Besuch haben. Das heißt, meine Frau und ich sehen uns nur abends und an unserem freien Tag. Unsere 13-jährige Tochter Li Fan besuchen wir in unseren zwei Ferienwochen, wenn wir nach Guizhou zurückfahren. Von dort sind wir hierhergezogen, um Geld für unsere Felder und Tiere zu erwirtschaften. Meine Frau und ich konnten damals keine Ausbildung machen. Für unsere Tochter wünschen wir uns das. Wenn sie gut genug ist, kann sie vielleicht sogar studieren. Wenn meine Eltern den Hof nicht mehr betreiben können, müssen sie zusammen mit Li Fan zu uns ziehen.
Quelle: Eiermann, M. In: Diercke 360°, 2-2012

M6 *Bericht aus dem Perlflussdelta*

Aufstieg der Familie Mustermann
Zhao Wenhua ist 50 Jahre alt, sie war Assistentin des Geschäftsführers einer Immobilienfirma. [...] Ihr Mann ist ein Jahr älter und Radiologietechniker. [...] Und die 20-jährige Tochter studiert Chemie. Der Familie geht es gut, sie gehören zur wachsenden Mittelschicht. [...]

Zhao Wenhua: *„Unsere Generation hatte das Glück, in den 60er-Jahren geboren zu sein. Wir wurden erwachsen, als China seine großen Reformen begann und der Wirtschaftsboom kam. Als wir unseren Uniabschluss gemacht haben, gab es genug gute Jobs und die Lebenshaltungskosten waren noch gering. Und wir konnten uns den Lebensstil aussuchen, den wir wollten.“ [...]*

Quelle: Reimers, A. In: www.das erste.de, 1504.2014

M7 *Wachsender Mittelstand*

1 Aktiv!
a) *Gestalte* eine thematische Karte (Layer oder Karte) zu Chinas Humanressourcen.
b) Beantworte die Frage der Überschrift und die Aufgaben 2 und 5 mithilfe deiner Karte(n).

Wahlalternativen:
2 Die Karte M1 zeigt Wanderungsbewegungen in der VR China.
a) *Beschreibe* die Migrationsbewegungen.
b) *Erkläre* das räumliche Muster.

3 a) *Erläutere* den Wandel in der chinesischen Bevölkerungspolitik (M2–M7).
b) *Begründe* die Schlagzeilen in M4.

4 *Vergleiche* die Situation der zwei chinesischen Familien (M6, M7) untereinander und mit deiner Familie.

5 Transfer!
Analysiere mithilfe weiterer Karten in diesem Kapitel die ungleiche räumliche Bevölkerungsverteilung.

Vertiefung

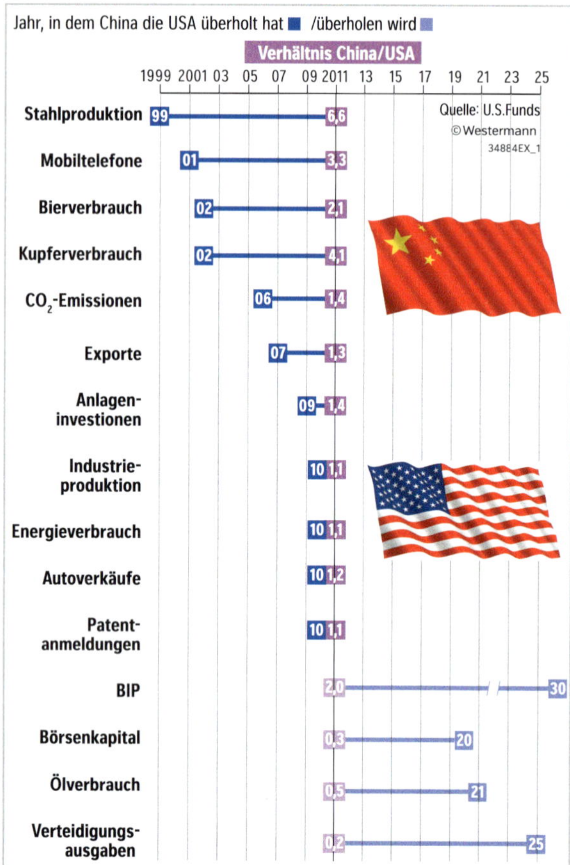

M1 *Wirtschaftliche Entwicklungsindikatoren der VR China im Vergleich zu den USA*

INFO 1

BRICS-Staaten

Als BRICS-Staaten bezeichnet man einen informellen Zusammenschluss von fünf (ehemals vier) aufstrebenden Weltwirtschaftsregionen mit regelmäßigen Treffen zur Abstimmung ihrer Wirtschaftspolitik (M3). Südafrika gehört seit 2011 als neues Mitglied dazu.

Obwohl sich die BRICS-Staaten im HDI-Ranking, der Bevölkerungszahl oder der Ressourcenausstattung teilweise stark unterscheiden, ist ihnen gemein, dass sie als aufstrebende Schwellenländer zu Beginn des 21. Jahrhunderts wirtschaftliche Zuwachsraten von 5-10 % pro Jahr aufwiesen.

Die BRICS-Staaten repräsentieren knapp über 40 % der Weltbevölkerung und machten 2017 gemeinsam etwa ein Viertel des Bruttoinlandsproduktes der Weltwirtschaft aus.

Prognosen gehen davon aus, dass die BRICS-Staaten in der Zukunft, trotz Krisenphasen, eine immer wichtigere Rolle spielen werden.

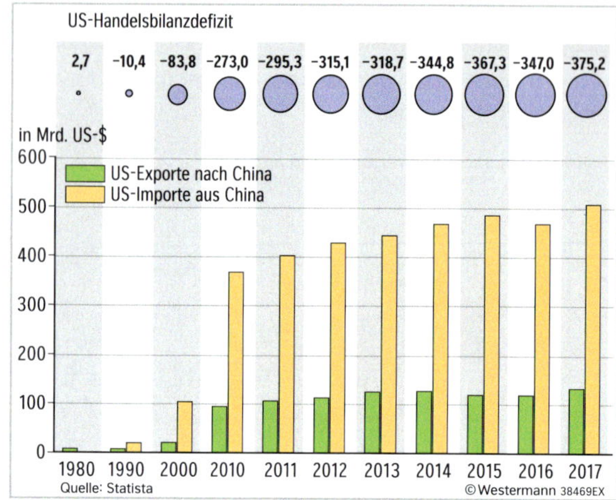

M2 *Handel der USA mit der VR China 1985 – 2017 (Exporte, Importe und Handelsbilanz)*

Zwei Weltwirtschaftsregionen im Vergleich

Die USA und die VR China sind aktuell neben der Europäischen Union (EU) die bedeutendsten Akteure in der globalen Wirtschaft. Bei einem Vergleich beider Länder muss berücksichtigt werden, dass deutliche Unterschiede in den Bereichen Geschichte, Politik sowie der Ressourcenausstattung vorliegen. Ein Vergleich ist aber reizvoll, weil sich die USA als führende Wirtschaftsmacht in zunehmender Konkurrenz zur VR China sieht. Deren stark wachsende Volkswirtschaft wird die USA in absehbarer Zeit ökonomisch überholen und einen Gegenpol zu den westlichen Wirtschaftsmächten bilden (M1). Die VR China selbst gehört zur Gruppe der BRICS-Staaten, die sich erst in den letzten Jahrzehnten zu relevanten Eckpfeilern der Weltwirtschaft entwickelt haben (Info 1, M3).

	2010	2020	2030	2040	2050
BRIC (Brasilien, Russland, Indien, VR China)	8640	20226	40278	74483	128324
G7 (BRD, Frankreich, UK, Italien, Japan, Kanada, USA)	30437	36781	43745	53617	66039

Quelle: Welthandelsorganisation (WTO)

M3 *Szenario: Entwicklung des addierten BIP von BRIC und G7 (in Mrd. US-$)*

Wahlmethode: Analysespinnen erstellen und auswerten

INFO 2

Analysespinnen – Netzdiagramme

Die Analysespinne – auch Netzdiagramm genannt – ist ein Liniendiagramm, dessen Datenpunkte als (polare) Koordinaten um ein gemeinsames Zentrum angeordnet sind. Die Anordnung der Werte richtet sich nach der Aussage: So kann der höchste Wert im Zentrum oder ganz außen liegen. Die zu einem Datensatz gehörigen Werte werden als eine geschlossene Netzlinie, die ein Polygon (Vieleck) umschließt, dargestellt.
Diese Diagrammform eignet sich gut für die vergleichende Darstellung mehrerer Indikatoren und Kategorien verschiedener Länder oder Regionen.

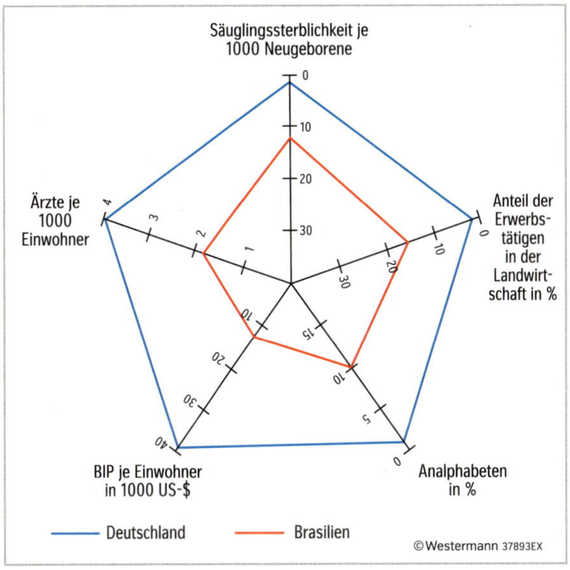

M4 *Beispiel für eine Analysespinne*

Indikator	USA	VR China
BIP/Einw. (US-$, nominal)	59792	8643
Alphabetisierungsrate (%)	99	96
Anteil erneuerbarer Energien an Primärenergie (%)	19	22
Personenkraftwagen (pro 1000 Einw.)	535	12
Kohlendioxidemissionen (in t pro Einw. *)	17	7

Quellen: www.weltinzahlen.de, Statista, *Der Spiegel (2016)

M5 *Vergleichsindikatoren (2017)*

Schritt für Schritt: Wir erstellen eine Analysespinne und werten diese aus

1. Daten auswählen und analysieren
Verschaffe dir zunächst einen Überblick über die Datenlage, Indikatoren und die Einheiten. Wähle sinnvolle Indikatoren aus, je nach Fragestellung.

2. Achsen einzeln skalieren
Jeder Indikator wird auf einer eigenen Achse dargestellt. Jede Achse erhält ihre eigene Skala, die skaliert werden muss. Setze die Höchstwerte eines Indikators entweder im Schnittpunkt der Achsen oder am Achsenende, je nach Aussageabsicht. In der Regel stehen als positiv („gut") zu interpretierende Werte außen. Nutze bei der Skalierung die komplette Achsenlänge aus und beschrifte die Achsen aussagekräftig.

3. Werte eintragen und Diagramm zeichnen
Setze nun die Punkte an die richtige Stelle und verbinde dann die Punkte eines Landes. Wähle gut unterscheidbare Farben und Linienarten für die einzelnen Länder. Ergänze am Ende die Legende und den Titel.

4. Auswerten
Nun kannst du die verschiedenen Länderpolygone unter einer übergeordneten Fragestellung miteinander vergleichen. Die Visualisierung als Analysespinne hilft dir, Unterschiede auf einen Blick zu erkennen.

1 a) *Beschreibe* die Entwicklung der Handelsbeziehungen der USA mit der VR China (M2).
b) *Vergleiche* die wirtschaftliche Entwicklung der VR China und der USA (M1, ›S. 119: M5).

2 *Erläutere* die Bedeutung der BRICS-Staaten für die Weltwirtschaft (M3, Info1).

3 Differenziert:
a) *Erstelle* eine Analysespinne, welche die Weltwirtschaftsregionen USA und VR China abbildet (M5). Wähle hierzu ein Arbeitsblatt.

b) *Vergleiche* die Weltwirtschaftsregionen mithilfe deiner Analysespinne.

Vertiefung

Wachstum um jeden Preis? – Materialien zur Diskussion

Die hohen wirtschaftlichen Wachstumsraten der VR China und der hohe Lebensstandard der USA spiegeln deren gute Ressourcenausstattung und die starke Nutzung dieser Ressourcen wider. Doch zu welchem Preis geschieht dies? Wie nachhaltig sind die jeweiligen Entwicklungen?
Ungünstige Folgen im sozialen und ökologischen Bereich sind letztlich auch mit negativen Rückwirkungen auf die Wirtschaft verbunden. Um das Wachstum nachhaltig zu gestalten, müssen alle Bereiche der Nachhaltigkeit berücksichtigt werden. Hierzu gehört auch die Politik. Sie gibt die entsprechenden Handlungsrichtungen sowie den gesetzlichen Rahmen vor.

Beispiel 1 – Luftverschmutzung in chinesischen Boomstädten

INFO

Feinstaub
Als Feinstaub werden alle freischwebenden Teilchen in der Luft bezeichnet, die im Durchmesser kleiner als 10 Mikrometer (µm) sind.
Besonders gefährlich sind Partikel, die kleiner als 2,5 µm sind, da diese direkt in die Blutbahn gelangen können. Hohe Belastungswerte werden vor allem bei austauscharmen Wetterlagen erreicht (Smog-Wetterlagen).

Schadstoffreduktion
- Mit Treibstoff betriebene Roller oder Dreiräder dürfen nicht in die Stadt einfahren
- Mit Treibstoff betriebene Lkw dürfen nicht vor 22 Uhr in die Stadt
- An Tagen mit starker Luftverschmutzung dürfen jeweils nur Autos mit geraden oder ungeraden Zahlen auf die Straße
- Begrenzte Zulassung neuer Kfz-Kennzeichen (per Lotterie)
- Subventionen für elektrisch betriebene Lkw oder Pkw

M1 *Maßnahmen der Pekinger Stadtverwaltung*

„Bereits wenige Tage nach meiner Ankunft besteht meine erste Tageshandlung darin, die „Beijing AQI" auf meinem Smartphone zu öffnen. Keine Nachrichten, keine Tweets, sondern ein Zeitstrahl mit Feinstaubwerten stellt die erste und vielleicht wichtigste Meldung des Tages dar...

Immerhin hängt über Peking oft grauer Dunst. Zuletzt sollen die Werte des besonders gefährlichen Feinstaubs PM2,5 24 Mal höher (!) gewesen sein, als von der Weltgesundheitsorganisation (WHO) für den Menschen als verträglich bewertet. Doch ich darf aufatmen: Die App meldet Werte, die nur „ungesund für besonders sensible Gruppen" sind. Gemeint sind ältere oder kranke Menschen sowie Kinder. Ich gelte als nicht „besonders sensibel", wie ich nachlese. Doch dann stelle ich auch fest: Feinstaub gelangt ab einer gewissen Größe direkt in die Lunge oder sogar in die Blutbahn. In der VR China sterben 500 000 Menschen jährlich daran.

Vielleicht sollte ich also meine Atemmaske auf dem Weg in die Stadt einmal ausprobieren?"

M3 *Bericht aus Peking*

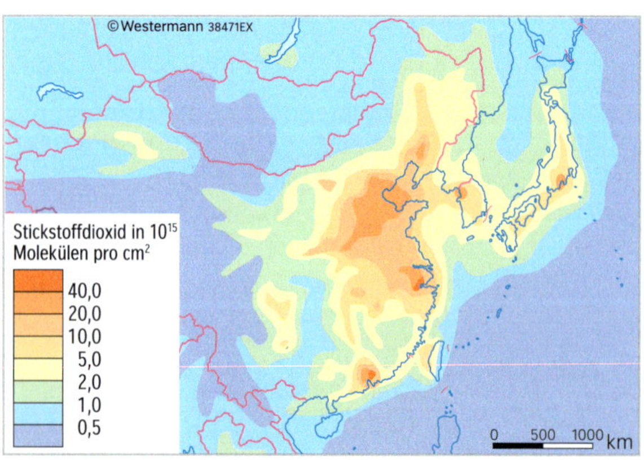

M2 *Stickstoffdioxid-Belastung in Ostasien*

M4 *Smog in Peking*

Beispiel 2 – Die USA auf der Suche nach mehr Energie

M5 *Frackingbohrturm in North Dakota*

„Die US-Energiebranche sucht nach Möglichkeiten, um im Land selbst mehr Energie zu erzeugen. Das Fracking ist erfolgreich, zugleich aber aufgrund möglicher ökologischer und gesundheitlicher Folgen sehr umstritten. Deshalb sind auch die erneuerbaren Energien im Fokus. Ausgerechnet der Ölstaat Texas hat vorgemacht, wie man die Windenergie ausbauen kann. Wäre der Bundesstaat ein eigenständiges Land, so wäre er nach Spanien heute der sechstgrößte Produzent von Windenergie. Zwar beträgt der Anteil der erneuerbaren Energie an der Stromerzeugung in den USA noch unter 20 Prozent, doch der Ausbau geht schnell voran. Die Solarstromproduktion hat sich in nur zwei Jahren verdoppelt."

M6 *Bericht aus den USA*

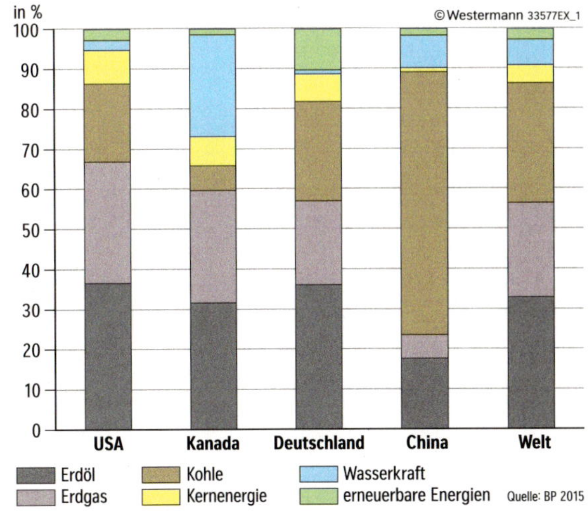

M7 *Anteile von Energieträgern im Vergleich*

Um den enormen Bedarf an Erdgas und Erdöl zu decken und die eigenen Ressourcen zu schonen, greifen die USA nicht nur auf Importe zurück, sondern erschließen auch durch „hydraulische Frakturierung" (kurz: Fracking) unkonventionelle Lagerstätten. Hierbei wird Erdgas und Erdöl aus dem tief liegenden, dichten Muttergestein gefördert. Mögliche ökologische Folgen sind Verunreinigungen des Grund- oder Oberflächenwassers durch austretende Frackfluide, eine mangelhafte Entsorgung des Brauchwassers oder das Entweichen von Gasen (z.B. Methan) aus tieferen Schichten.

M8 *Warum Fracking?*

1 *Erkläre*, welche Probleme sich im Hinblick auf die Nachhaltigkeit bei den Beispielen Luftverschmutzung in China und Fracking in den USA ergeben.

2 Meinung!
Erörtere die Lösungsstrategien der Staaten.

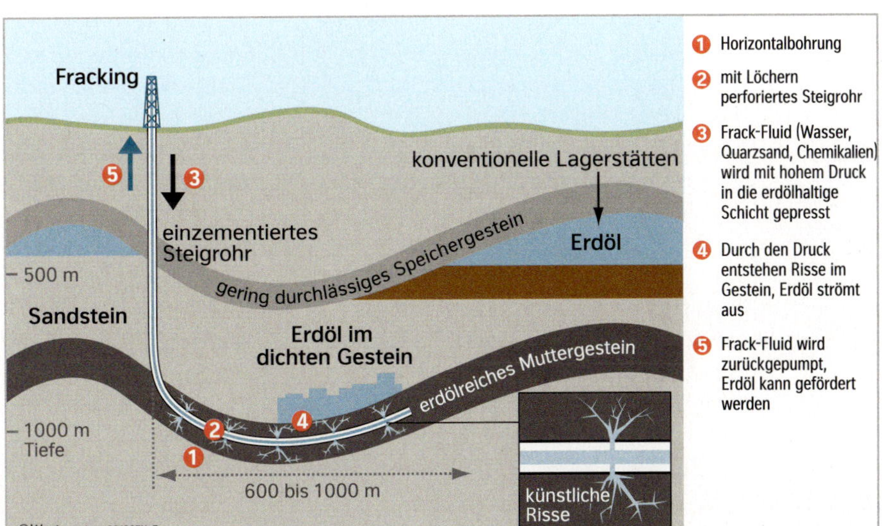

M9 *Prinzip des Frackings*

Kompetenzcheck!

	Das solltest du können!	Teste dich!	Hilf dir!
Orientierung (Orientierungs-kompetenz)	**Ich verorte ...** ... die großen Reliefeinheiten der USA und der VR China. ... wichtige Städte in den USA und der VR China. ... die Weltwirtschaftsregionen der TRIADE sowie die BRICS-Staaten.	1. *Benenne* und *verorte* die großen Reliefeinheiten der USA und der VR China. 2. *Benenne* Großstädte der USA und der VR China in M1 und mithilfe des Atlas. 3. *Ordne* in M1 die zugehörigen Länder der Triade und der BRICS-Staaten *zu*.	›S. 112/113, ›S. 124/125 ›Kartenteil, ›Atlas
Methode (prozessbezogene Kompetenzen)	**Ich kann ...** ... thematische Karten auswerten.	4. *Erkläre* die räumliche Verteilung ausländischer Direktinvestitionen (M6).	›S. 126–127
	Ich nutze ... ... Satellitenbilder, Karten, Texte, Statistiken, Diagramme und Tabellen, um die Ressourcenausstattung der USA und der VR China analysieren zu können.	5. *Stelle* Zusammenhänge zwischen der Ressourcenausstattung der USA bzw. der VR China und dem Satellitenbild M1 *dar*.	›S. 110–129
	Ich erstelle ... ... thematische Karten und führe damit eine Ressourcenanalyse durch.	6. Ergänze deine thematische Karte zum regenerativen Energiepotenzial (›S. 124) um die Metalle der Seltenen Erden (Atlas).	›S. 124/125
	... Analysespinnen und vergleiche damit Wirtschaftsregionen.	7. *Erstelle* ein Netzdiagramm zu Brasilien mithilfe der Indikatoren in M7. Erweitere somit dein Diagramm mit den Daten zur USA und China. Vergleiche diese mit Brasilien.	›S. 130/131
Inhalt (inhaltsbezogene Kompetenzen)	**Ich kann ...** ... wichtige wirtschaftsgeographische Kenngrößen (BIP, Export, Import, Handelsbilanz) erklären.	8. *Erläutere* die Abbildungen M2 sowie ›S. 119: M4 und ›S. 108: Erinnere Dich!	›S. 108/109
	... die räumliche Verflechtung der Weltwirtschaftsregionen durch den Welthandel beschreiben.	9. *Erläutere* die Begriffe Globalisierung, Triadisierung und Fragmentierung.	›S. 108/109
	... für die USA und die VR China bedeutende Ressourcen benennen und deren Verbreitung beschreiben.	10. *Beschreibe* auf Grundlage geeigneter Atlaskarten die Ressourcenausstattung der USA und der VR China.	›S. 110–129
	... die Bedeutung der Ressourcenausstattung für die USA und die VR China analysieren.	11. *Analysiere* die Bedeutung der Ressourcenausstattung der USA und der VR China an zwei selbst gewählten Beispielen.	›S. 110–129
	... die Notwendigkeit einer nachhaltigen Ressourcennutzung begründen.	12. *Begründe* die Notwendigkeit einer nachhaltigen Ressourcennutzung (M3).	›S. 132/133
	... die USA und die VR China als Konkurrenten darstellen und vergleichen.	13. *Erkläre* die Maßnahmen der USA und der VR China (M4, M5).	›S. 130/131

A–Z: Grundbegriffe des Kapitels (vergleiche Lexikon im Anhang)
Agglomeration, Binnenmarkt, Boden, Bodenschatz, Export, Global City, Globalisierung, Humanressourcen, Import, Infrastruktur, Kapital, Klima, Megalopolis, Monsun, Naturressourcen, Protektionismus, Ressource (erweitert), Rohstoff, Sonderwirtschaftszone, Terms of Trade, Tornado, Welthandel

M1 *Satellitenbild der Erde bei Nacht*

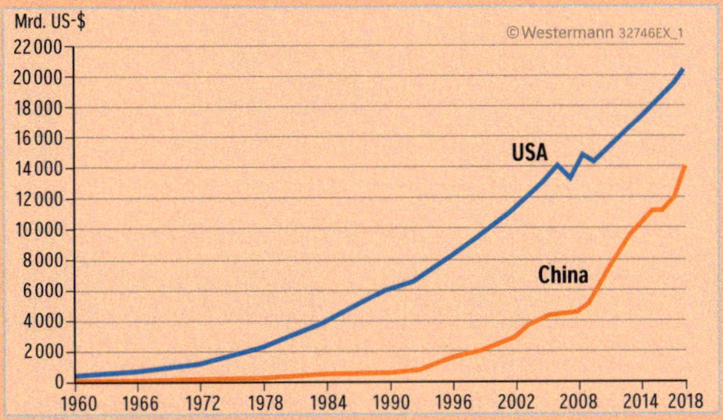

M2 *Entwicklung des BIP im Vergleich*

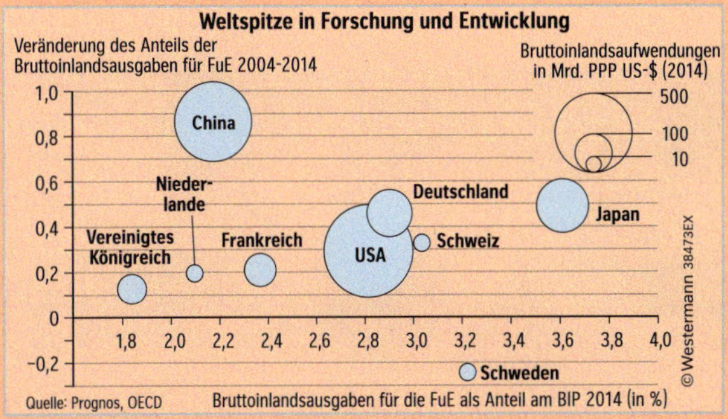

M5 *Ausgaben für Forschung und Entwicklung*

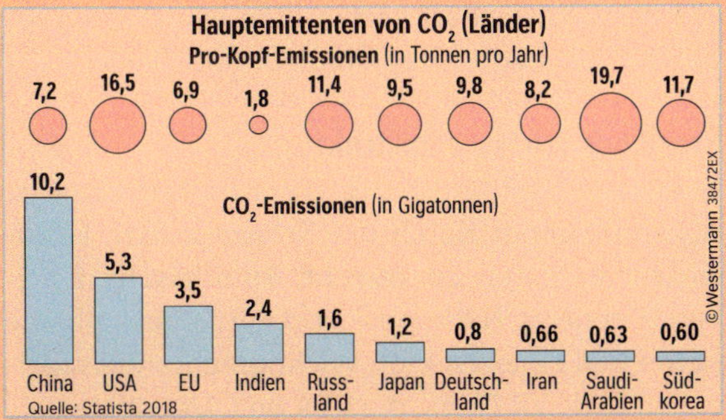

M3 *Die Staaten mit dem höchsten CO_2-Ausstoß*

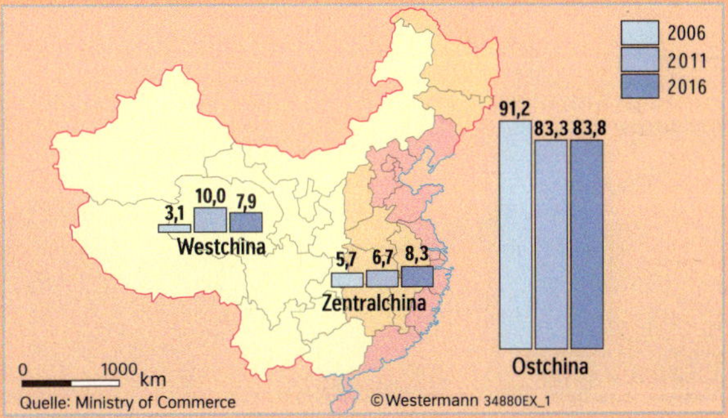

M6 *VR China – Ausländische Direktinvestitionen*

Zollstreit zwischen USA und VR China

Im Handelskonflikt zwischen den USA und der VR China wurde 2018 eine neue Stufe erreicht: Die USA setzt Zölle auf chinesische Waren im Wert von mehreren hundert Milliarden Dollar in Kraft! Der Zollsatz beträgt zunächst 10 Prozent, am 1. Januar 2019 wird er auf 25 Prozent steigen. Die VR China belegte im Gegenzug bestimmte US-Waren mit Zöllen im Wert von 60 Milliarden Dollar.

M4 *Der Kampf um die Spitze*

Indikator	Wert
BIP/Einw. in US-$ (nominal)	9 896
Alphabetisierungsrate in %	93
Anteil erneuerbarer Energien in %	7
Personenkraftwagen je 1000 Einw.	143
Kohlendioxidemissionen in t/Einw.	2

M7 *Indikatoren für Brasilien (2017)*

M1 *Energie um jeden Preis? – Bau des Belo-Monte-Großstaudamms im Amazonasbecken*

Reise durch Amerika – Ein Blick auf Brasilien

TRANSFER

M2 *Aus den Wirtschaftsbereichen Brasiliens: Eisenerzabbau, Sojaernte, VW-Produktion*

Brasilien ist das bevölkerungsreichste sowie flächenmäßig größte Land Südamerikas und stellt die stärkste Volkswirtschaft des Kontinents dar. Das Land zählt zu den BRICS-Staaten (›S. 130). Die Grundvoraussetzungen für die wirtschaftliche Entwicklung waren neben dem *Rohstoffreichtum* die *Humanressourcen* des Landes. Diese stellen einen riesigen *Binnenmarkt* und großen Arbeitskräftepool dar. Die rasante wirtschaftliche Entwicklung und zunehmende Einbindung in die globalisierte Wirtschaft verstärkten allerdings auch bereits vorhandene regionale Unterschiede.

Brasiliens Wirtschaftsstruktur

Brasiliens breitgefächerte *Wirtschaftsstruktur* ist gekennzeichnet durch die Schwerpunkte Landwirtschaft (Soja, Zuckerrohr, Rindfleisch), Bergbau (Eisenerz), Nahrungs- und Automobilindustrie sowie den Finanzsektor. Wichtigste Handelspartner sind die VR China, die USA und Argentinien.

Aufstieg und Krise der Wirtschaft

In den frühen 2000er-Jahren boomte Brasiliens Wirtschaft. Ursachen hierfür waren eine Stärkung des Binnenmarktes über Sozialprogramme und der steigende Rohstoffbedarf der VR China. Die große Abhängigkeit von Rohstoffexporten führte aber ab 2014, mit dem Einbruch der Rohstoffpreise auf dem Weltmarkt, zu einer großen Wirtschaftskrise, deren Nachwirkungen bis heute anhalten. Zudem hemmt *Korruption* eine nachhaltige wirtschaftliche Entwicklung.

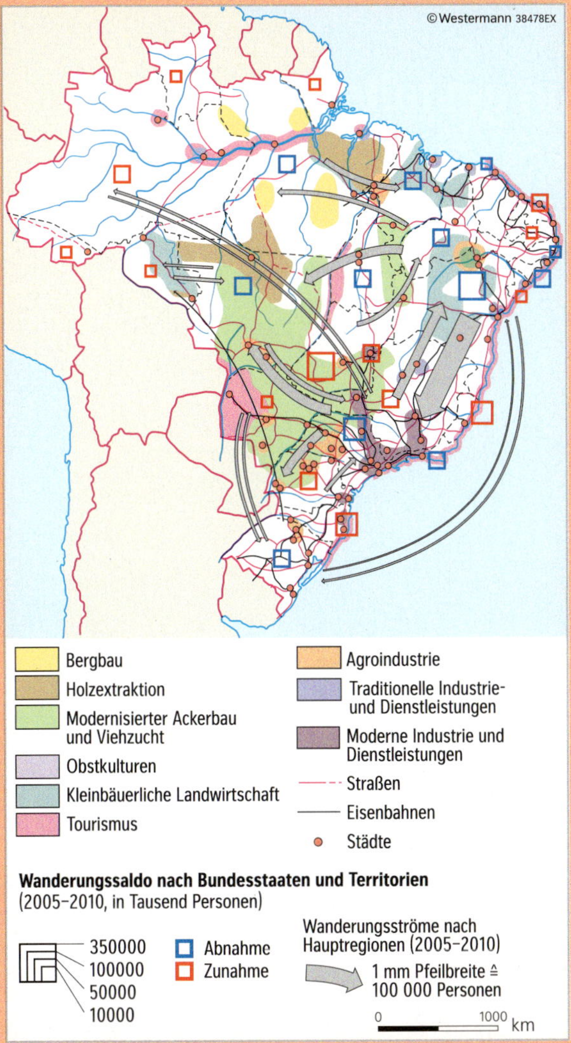

M3 *Thematische Karte zum Wirtschaftsraum*

Brasilien
Fläche: 8,515 Mio. km²
Einwohner: 209 Mio.
Bevölkerung (Abstammung/Hintergrund, in %): europäisch (50), afrikanisch-europäisch (43), afrikanisch (6), indigen (300 Ethnien)
Städtische Bevölkerung: 86 %
Staatsform: Präsidiale Bundesrepublik

BIP: 2056 Mrd. US-$
Zuwachs: 1,0 %
BIP-Anteile: LW (5 %), Industrie (22 %), DL (73 %)
HDI-Rang: 79 (189)
Lebenserwartung: 76
durchschnittliche Schulbesuchsdauer: 8 Jahre
BIP/Einw. (nominal): 9896 US-$

M4 *Steckbrief (2017)*

Vertiefung

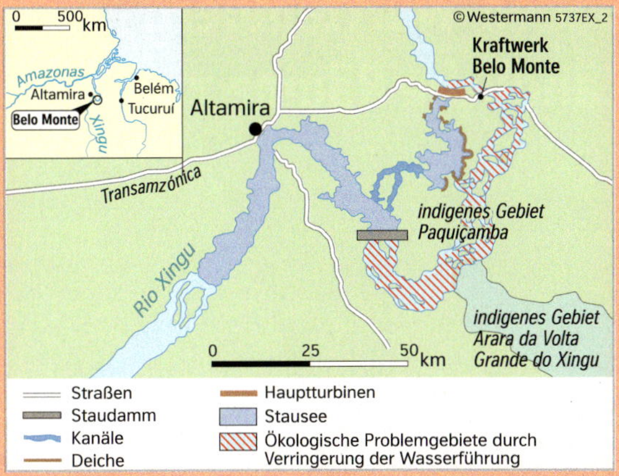

Brasilien greift im Energiesektor zu knapp 40% auf erneuerbare Energie und dabei insbesondere auf Wasserkraft zurück. Die wasserreichen Flüsse im Amazonasbecken bieten dafür ein riesiges Potenzial. Seit 2011 wird nahe Altamira, an einem wichtigen Nebenfluss des Amazonas, Brasiliens größtes Staudammprojekt realisiert. Drei Talsperren sollen nach der geplanten Fertigstellung im Jahr 2019 den Fluss in zwei große Stauseen in etwa der Größe des Bodensees aufstauen. Belo-Monte wird das drittgrößte Wasserkraftwerk der Welt sein.

Für das Großprojekt mussten zwischen 20 000 und 40 000 Menschen umgesiedelt werden, darunter indigene Völker, die neben ihrer Heimat wichtige Kultstätten aufgeben mussten. Außerdem vernichtet der Staudamm wertvolles Ackerland und große Regenwaldflächen. Die Ureinwohner und verschiedene Umweltschutzgruppen haben deshalb immer wieder gegen das Projekt protestiert. Dies führte zeitweise zu Baustopps.

Auf der anderen Seite kann der Staudamm ganzjährig kostengünstigen Strom für die wachsende Wirtschaft Brasiliens liefern und verringert damit die Abhängigkeit des Landes von Energieimporten. Darüber hinaus stellt die Wasserkraft eine saubere Energiequelle dar. Nicht zuletzt erhofft sich die Regierung die Ansiedlung von Industriebetrieben in der Region, die ihrerseits wieder Arbeitsplätze schaffen sollen.

M5 *Das Belo-Monte-Großstaudamm-Projekt*

1 *Analysiere* die Ressourcenausstattung Brasiliens mithilfe der Doppelseite und des Atlas.

2 *Bewerte* das Belo-Monte-Staudamm-Großprojekt (M5) im Hinblick auf seine Nachhaltigkeit.

Baden-Württemberg – Ländliche Räume zukunftsfähig gestalten!

Blick aus einem Luftschiff auf das ländliche Baden-Württemberg. Welche Voraussetzungen müssen gegeben sein und welche Möglichkeiten gibt es, dass sich solche Räume nachhaltig und damit zukunftsfähig entwickeln?

Wie bleiben oder werden ländliche Räume lebenswert?

... diese Frage stellen sich Raumplaner und zunehmend Gemeindevertreter. Der Grund hierfür ist, dass immer mehr Menschen vom Land in die Städte ziehen. Dies hat für den ländlichen Raum unterschiedliche Folgen.

Ausstattung und Versorgung

„Durch die Schließung des Supermarktes fällt für uns Ältere die Möglichkeit weg, uns selbst im Ort zu versorgen. Wir schätzen die Ruhe hier und die Natur, machen uns aber Gedanken wegen wichtiger Versorgungseinrichtungen. Geht der Hausarzt in Rente? Schließt unsere Bank?
Ein weiteres Problem ist, dass durch solche Schließungen auch Arbeitsplätze wegfallen und das Dorf insgesamt an Attraktivität verliert."

„Als junge Familie mit zwei Kindern sind wir letztes Jahr hierher aufs Land gezogen. Hier können wir uns einen Bauplatz leisten: Der Quadratmeter Bauland hat 1/7 des Stuttgarter Preises gekostet! Die Kitaplätze sind günstiger und vor allem bekommt auch jedes Kind einen Platz."

„Ins Kino und zum Shoppen fahren wir mit dem Bus 35 Minuten in die nächste größere Stadt; ins Gymnasium immerhin nur 20 Minuten. Zum Studieren müssen wir später hier wegziehen oder lange Pendlerzeiten einplanen. Immerhin sollen Studienanfänger in Karlsruhe für ihr WG-Zimmer so viel zahlen wie unsere Familien für die ganze Wohnung."

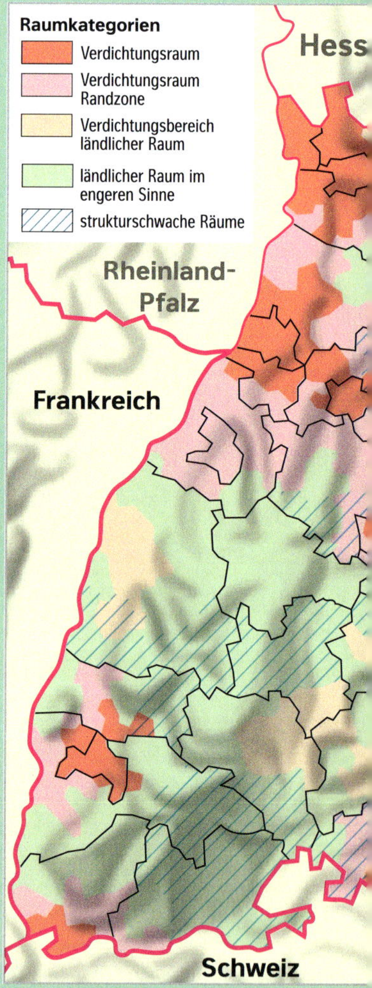

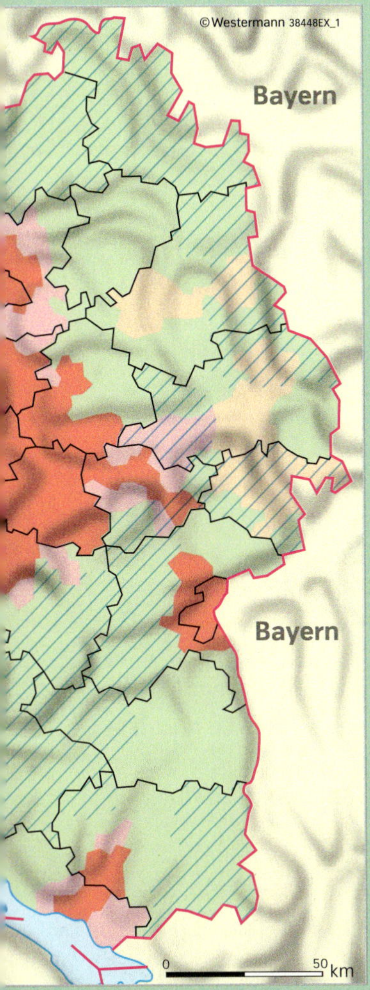

Arbeitsplätze

„Hier auf dem Land können wir expandieren, das Bauland ist günstig und die Gemeinde unterstützt unser Vorhaben. Der Autobahnanschluss ist nicht weit entfernt. Allerdings könnte die ÖPNV-Anbindung besser sein, und das Internet ist viel zu langsam – hier muss fast in ganz Deutschland dringend nachgebessert werden, sonst werden viele Firmen abgehängt. Wir benötigen als Weltmarktführer sehr gut ausgebildete Fachkräfte, diese müssen wir überzeugen, dass es sich hier auf dem Land gut leben lässt. Deswegen haben wir eine Betriebskita und viele Gesundheitsprogramme im Angebot."

„Der neue Gewerbepark an der Autobahn zieht viele Firmen an, vor allem im Transportgewerbe; hier im sogenannten Packaging Valley zudem Firmen aus der Verpackungsindustrie. Uns Transportfirmen erleichtert es die Logistik, wenn neue Gewerbeparks an den Entwicklungsachsen entstehen – leider haben wir jedes Jahr mehr Ausbildungsplätze als Lehrlinge."

Tourismus und Naturschutz

„Wir fahren gerne von Stuttgart hier heraus ins Biosphärengebiet Schwäbische Alb. Hier kann man toll wandern und die Natur ist intakt. In Stuttgart haben wir eine hohe Luftverschmutzung durch die vielen Autos, in der Natur kann man endlich mal durchatmen."

„Für uns Naturschützer ist das Biosphärengebiet eine tolle Gelegenheit, die Natur zu studieren, da sie hier erhalten bleibt. Zudem wird in den Entwicklungszonen großer Wert auf regionale Produkte gelegt, das stärkt die Region wirtschaftlich."

LEITFRAGE

Welche Voraussetzungen müssen für eine nachhaltige Entwicklung ländlicher Räume gegeben sein?

M1 *Von der Raumordnung auf Bundesebene...*

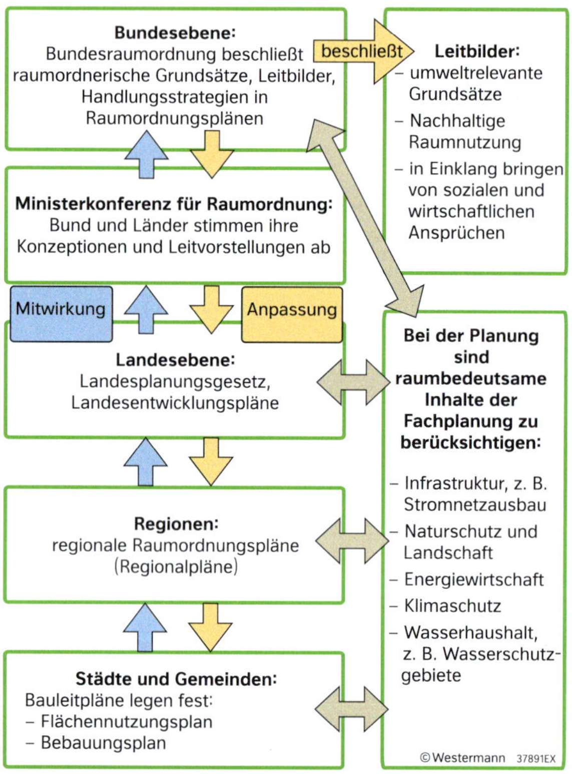

M2 *Aufbau der Raumordnung in Deutschland*

M3 *... bis zur regionalen und lokalen Planung*

Stadt – Land – Raum

Ländlicher Raum oder städtischer Raum? In was für einem „Raum" willst Du später einmal leben?

Städte und Dörfer haben jeweils Vor- und Nachteile sowie Herausforderungen, die gelöst werden müssen. Aufgrund der Abwanderung vieler Menschen in die Städte zeigt sich gegenwärtig, dass viele Dörfer so umgestaltet werden müssen, dass sie auch in Zukunft lebenswert sind.
Um hierzu die Rahmenbedingungen zu setzen, ist eine sorgfältige Planung notwendig, welche die verschiedenen menschlichen **Grundbedürfnisse** an den Raum berücksichtigt. Zudem überschneiden sich oft Nutzungsinteressen und es entstehen *Raumnutzungskonflikte*.

Raumordnung und Raumplanung in Deutschland

Die verschiedenen Ansprüche an den Raum müssen die staatlichen Organe koordinieren. Die Bundesregierung bestimmt hierbei Grundsätze und Leitbilder der **Raumordnung**. Auf Landesebene wird die Umsetzung der Leitbilder in *Landesentwicklungsplänen* festgelegt.

Die konkreten Maßnahmen, die der Gestaltung eines Raumes dienen, werden in der **Raumplanung** festgelegt, welche wiederum in der *Regionalplanung* der Regionen bzw. auf Gemeindeebene durchgeführt wird (M2). Auf allen Ebenen werden sogenannte Fachplanungen beteiligt, um bestimmte Vorgaben zu berücksichtigen. Aus diesem Grund ist zum Beispiel in Deutschland eine Kläranlage nicht in einem Wohngebiet zu finden.

Als Ziel ist im *Raumordnungsbericht* (ROB) vorgegeben, überall gleichwertige Lebensbedingungen zu gewährleisten. Die Leitbilder sind hierbei:
- Wettbewerbsfähigkeit stärken
- Daseinsvorsorge (Grundversorgung) sichern
- Raumnutzung steuern und nachhaltig entwickeln
- Klimawandel und Energiewende gestalten.

Seit 2011 unterscheidet das Bundesinstitut für Bau-, Stadt- und Raumforschung (BBSR) grundsätzlich vier Raumgruppen: kreisfreie Großstädte, städtische Kreise, ländliche Kreise mit Verdichtungsansätzen und dünn besiedelte ländliche Kreise (M4).

„Die üblichen Raumkategorien stammen aus dem Raumordnungsbericht und vom Bundesinstitut für Raumforschung."

M4 *Raumstruktur in Deutschland nach BBSR*

INFO

Raumkategorien im ROB

Verdichtungsräume
Großflächige Gebiete mit einer überdurchschnittlichen Siedlungsverdichtung und einer intensiven inneren Verflechtung.

Randzonen um die Verdichtungsräume
Angrenzende Gebiete mit erheblicher Siedlungsverdichtung.

Der Ländliche Raum kann nochmals in Typen unterteilt werden (M5).

Typ 1: Ländliche Räume mit Entwicklungsdynamik
In der Nähe stark wachsender Stadtränder bilden die ehemaligen Dörfer den Siedlungskern, der von Wohn- und Gewerbegebieten umgeben ist. Positiv sind die funktionale Stärkung und der wirtschaftliche Gewinn durch Zuzug. Negativ ist die Kluft zwischen einheimischer und zugezogener Bevölkerung.

Typ 2: Ländliche Räume mit Entwicklungsansätzen
Typ 2.1: Diese Dörfer liegen in der Nähe von Verdichtungsräumen, sind aber deutlich von ihnen getrennt. Dorferneuerung versucht hier den Verlust alter Substanz zu beheben. Durch Rückbesinnung auf die örtlichen Traditionen erlebt der soziale Bereich eine Wiederbelebung. Im Idealfall entsteht so ein neues dörfliches Selbstverständnis von Einheimischen und Zugezogenen über eine gemeinsame Identität.

Typ 2.2: In landschaftlich attraktiven Gebieten bildet sich der Tourismus als Monofunktion aus. In den Dörfern werden der Baubestand und das Ortsbild gepflegt, da gerade das Gesamtbild der Siedlung neben den Dorffesten, Brauchtum und dem Vereinswesen die Basis für den Tourismus bildet.

Typ 3: Strukturschwache, periphere ländliche Räume
In agrarischen Gunsträumen und abseits gelegenen, kaum städtisch beeinflussten ländlichen Siedlungen, deren Hauptwirtschaftszweig die Landwirtschaft ist, überwiegen traditionelle Raumstrukturen. Der Verlust an Einwohnern und Infrastruktureinrichtungen, die sich aufgrund mangelnder Nachfrage nicht mehr lohnen, sind derzeit prägend. Es wird nur noch dort umgebaut, wo es der technische Stand der Landwirtschaft bzw. die Lebensansprüche verlangen.

M5 *Typen ländlicher Räume*

1 *Nenne* für jedes Leitbild der Raumordnung (Text) zwei konkrete Möglichkeiten.

2 In welchem Raum lebst du? *Benenne* die Kategorie (M4).

3 a) *Beschreibe* den Unterschied zwischen Raumordnung und Raumplanung.
b) *Erkläre* den Aufbau der Raumordnung in Deutschland (M2).

4 *Beschreibe* die Verteilung der Siedlungsstruktur (M4).

5 Aktiv!
a) *Arbeite* mithilfe des Atlas für jeden Strukturtyp zwei Raumbeispiele in Baden-Württemberg *heraus*.
b) *Benenne* mögliche Vorteile und Nachteile hinsichtlich der Lebensqualität in diesen verschiedenen Räumen.

Vertiefung

Wie lange fahren wir zum nächsten Flughafen? – Raumkategorien, Achsen und Zentrale Orte

Bei der Wahl des Wohnorts spielen viele Kriterien eine Rolle. Manchen sind kurze Wege zur Arbeit wichtig, anderen die Nähe zur Natur. Wichtig für alle ist die Befriedigung der **Grundbedürfnisse** in unmittelbarer Nähe. Für weitere Bedürfnisse (etwa hochwertige Kultur oder Bildung) sind oft längere Strecken zurückzulegen, denn nicht jeder Ort kann sie anbieten. Umgekehrt gibt es Städte mit einem Überangebot.

INFO 1

Zentrale Orte und Zentralität

Grundlage der Planung sind Landes- und Regionalentwicklungsachsen, die ein punkt-axiales System bilden (M2). Durch miteinander verbundene Zentrale Orte soll darin die Siedlungsentwicklung konzentriert und die Infrastruktur entlang der Achsen gebündelt werden.

Die sogenannte „Zentralität“ wird gemessen am Ausstattungsgrad und dem Bedeutungsüberschuss durch zentrale Einrichtungen.

Städte und Gemeinden werden je nach ihrer Ausstattung als Ober-, Mittel-, Unter- und Kleinzentrum definiert (M1). Höhere Zentren bieten immer auch das Angebot untergeordneter Zentren.

Die Oberzentren werden durch *Landesentwicklungsachsen* verbunden. Manche dieser Achsen gehen auf das römische Wegenetz zurück oder haben ihren Ursprung im Handel des Mittelalters. Ziel der *Raumordnung* (›S. 142) ist es, dass die Zentren jeweils bestimmte Bedürfnisse der Menschen erfüllen. Zugleich darf die Fahrzeit in nächsthöhere Zentren nicht zu lang sein.

Die *Raumplanung* soll sicherstellen, dass überall gleichwertige Versorgungsmöglichkeiten in zumutbarer Entfernung vorhanden sind. Da Menschen und Arbeitsplätze nicht gleich verteilt sind und sich die Verteilung ständig ändert, stellen in Zukunft vor allem **ländliche Räume** in der Peripherie eine große Herausforderung für die Raumplanung dar.

Merkmal	Oberzentrum	Mittelzentrum	Unterzentrum	Kleinzentrum

Beispiel	Heilbronn	Baden-Baden	Bad Dürrheim	Dischingen
Einwohner	> 100000	> 35000	> 10000	3500 bis 8000
Kultur und Sport	mehrere Theater, Oper, große Museen, Sportstadion	Theater, Kino, große Sporthalle	Sporthalle, evtl. kleines Museum	Sportstätte
Bildung	Universität	Gymnasien, Berufsschulen, Volkshochschule	Kindergarten, Grundschule, weiterführende Schule	Kindergarten, Grundschule, Bücherei
Gesundheit	Spezialkrankenhäuser	Krankenhaus, Fachärzte	mehrere Allgemeinmediziner	Apotheke, Arzt
Einkauf	Einkaufsmöglichkeiten aller Kategorien	Einkaufsmöglichkeiten des gehobenen, langfristigen Bedarfs	Einkaufsmöglichkeiten des täglichen Bedarfs	kleiner Einzelhandel
Erreichbarkeit	maximal 90 Minuten Anreise	max. 45 Minuten	maximal 30 Minuten	mehr als 30 Minuten
Sonstiges	Landratsamt, Polizeipräsidium, evtl. Flughafen, Landesbank	Behörden, Polizei, Geschäftsstellen von Banken und Versicherungen	mehr als zwei Kreditinstitute, Bahnhof	evtl. ein Kreditinstitut oder Geldautomat

M1 *Zentralitätsstufen von Orten und deren Merkmale*

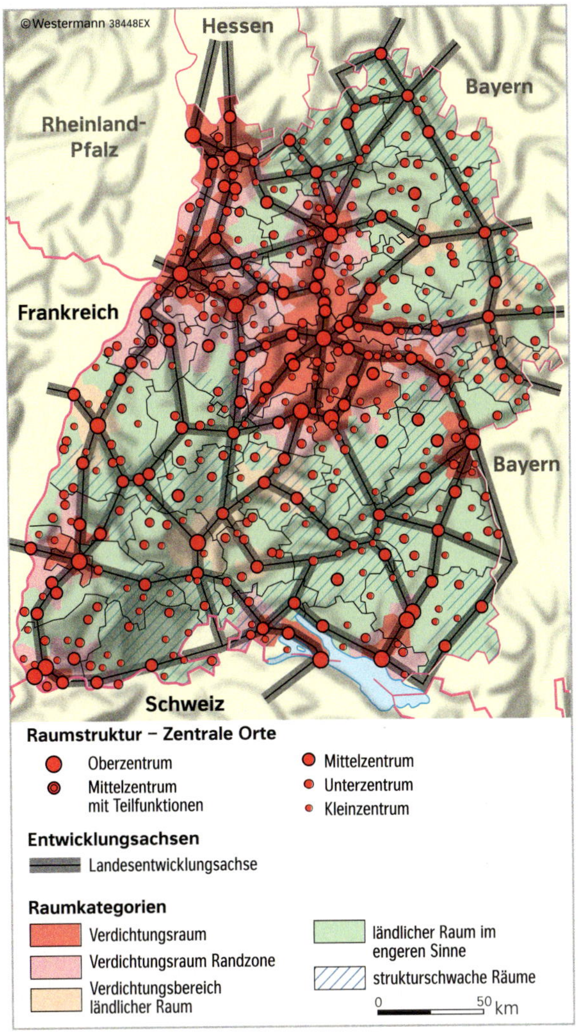

M2 *Strukturkarte von Baden-Württemberg*

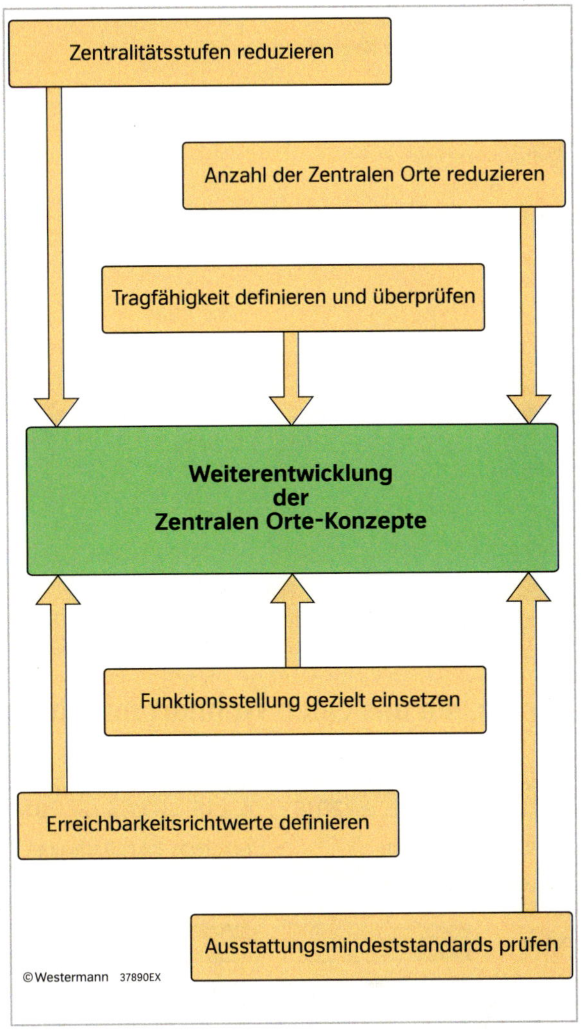

M3 *Strategie zum Zentrale-Orte-Konzept*

INFO 2

Aktivraum und Passivraum

Das Begriffspaar steht einerseits für einen prosperierenden (oder wachsenden) Raum und andererseits für einen stagnierenden (oder sogar rückläufigen) Raum. Ursprünglich wird als Aktivraum eine wirtschaftlich und politisch bedeutsame Raumeinheit, als Passivraum eine schlecht ausgestattete, dünn besiedelte und ökonomisch zurückgebliebene Raumeinheit bezeichnet.
Das Begriffspaar hat sich vor allem in der regionalen Wirtschaftspolitik durchgesetzt. Langfristig gilt es, die räumlichen Entwicklungsunterschiede (Disparitäten) in wirtschaftlicher, sozialer und kultureller Hinsicht abzubauen und gleichwertige Lebensräume zu schaffen.

1 a) *Beschreibe* die Verteilung der Ober- und Mittelzentren in Baden-Württemberg.
b) *Erkläre* die Lage der Entwicklungsachsen mithilfe des Atlas.

2 *Erkläre* die Notwendigkeit der Weiterentwicklung des Konzepts (M3).

3 Aktiv!
a) *Ordne* deinen Heimatort begründet in M1 *ein*.
b) *Ordne* den weiteren Zentren in M1 eine Stadt aus deinem Heimatraum *zu*. *Begründe* und *überprüfe* dein Ergebnis im Internet.
c) Überpüfe, ob das Zentrale-Orte-Konzept in deiner Region erfüllt wird: *Ermittle* mit einem Routenplaner Fahrzeiten zum/zur nächstgelegenen: Zentrum, Universität, Krankenhaus, Flughafen.

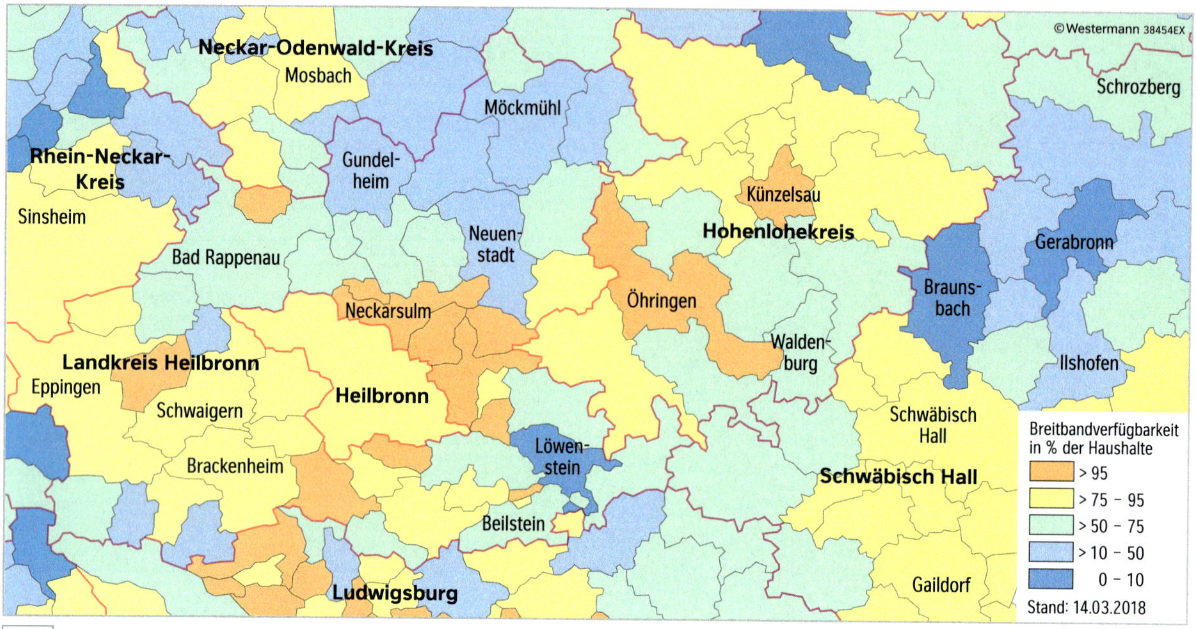

M1 *Breitbandverfügbarkeit in der Region Heilbronn*

Wir suchen uns einen Wohnort mithilfe von GIS!

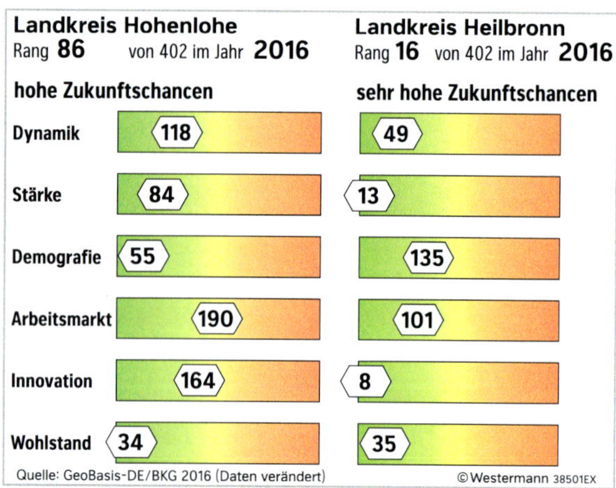

M2 *Ergebnisse des Zukunftsatlas*

ERINNERE DICH!

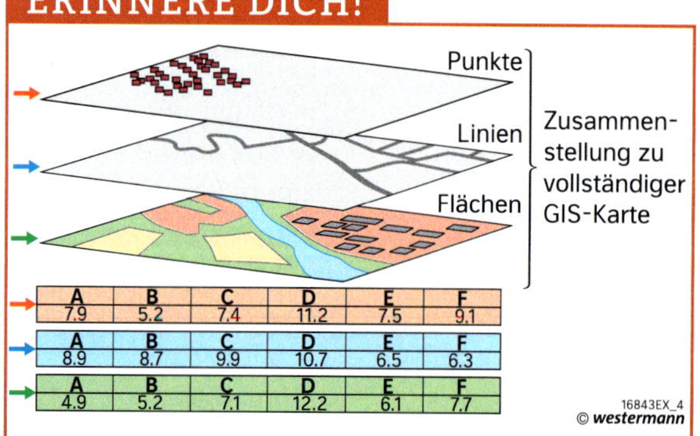

Geographische Informationssysteme (GIS) sind ein wichtiges Mittel der *Raumplanung*, um die vielfältigen vorhandenen Informationen zu erfassen und grafisch darzustellen. Hiermit bekommt man eine schnelle und klare Unterscheidung nach bestimmten Kategorien, wohingegen Daten in Tabellenform zwar dieselben Informationen enthalten, optisch aber schlechter auszuwerten sind.
Raumplaner arbeiten häufig mit GIS-Systemen (M4–M6). Aber auch für Privatpersonen können diese aufbereiteten Daten interessant sein, zum Beispiel bei der Wohnortsuche. So kann es in nah beieinander liegenden Kreisen oder Gemeinden große Unterschiede geben, etwa in der Verfügbarkeit eines schnellen Internetzugangs (M1) oder der Erreichbarkeit des nächsten Oberzentrums (M5).

Die Prognos AG bewertet regelmäßig die Zukunftsaussichten verschiedener Regionen in Deutschland. Die Kriterien stammen aus den folgenden Bereichen: Demographie (Bevölkerungsentwicklung, Anteil junger Erwachsener), Arbeitsmarkt (Arbeitslosenquote, Anteil Hochqualifizierter), Wohlstand und Soziales (Kaufkraft, Kriminalitätsrate) sowie Wettbewerb und Innovation (Patente, Gründungsintensität, Investitionsquote).

M3 *Kriterien des Zukunftsatlas*

M4 *GIS-Beispiel Zukunftsatlas 2016: Regionen und ihre Zukunftschancen*

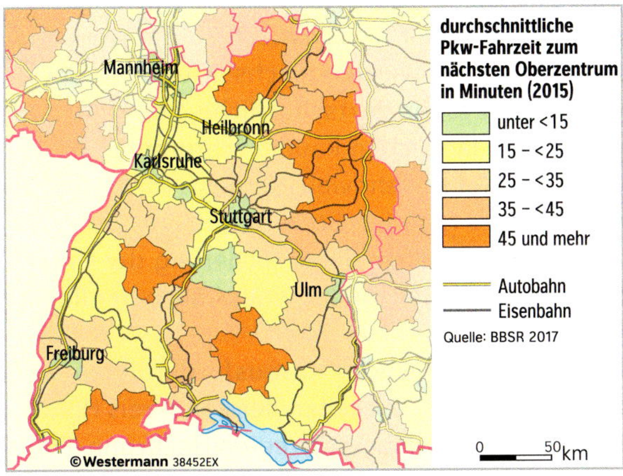

M5 *GIS-Beispiel: Erreichbarkeit von Oberzentren in Baden-Württemberg*

GEO-Praxis:
Maria Kühn, Ingenieurin für Regionalplanung

Beschreiben Sie bitte ihre Hauptaufgabenfelder.
Ich befasse mich mit der Planung und Entwicklung von Städten und Regionen. Wenn etwa ein neuer Stadtteil geplant wird, habe ich viel zu tun. Ich muss die örtlichen Gegebenheiten untersuchen und Analysen erstellen, nach welchen Möglichkeiten gebaut werden kann. Genauso werde ich in bestehenden Städten eingesetzt: Dann geht es darum, Strukturen zu verbessern und zu optimieren oder auch Bereiche an die veränderten Anforderungen der Bewohner anzupassen.

Können Sie einfach ihren Ideen freien Lauf lassen?
Nein, ich muss mich an vielen Vorgaben orientieren: Den gesetzlichen Bestimmungen, wirtschaftlichen Vorgaben, ökologischen und kulturellen Besonderheiten, aber auch an den politischen Interessen. Heute werden natürlich auch die Bürgerinnen und Bürger bereits bei der Planung mit eingezogen, um Raumnutzungskonflikte zu verhindern.

Wie sieht ihr Arbeitsalltag aus?
Das kommt immer auf das an, was gerade geplant wird. Ich plane gerade einen neuen Autobahnanschluss, um ein bisher schlecht angeschlossenes Randgebiet besser an ein Ballungszentrum anzubinden. Zuletzt habe ich Standorte für Windräder gesucht, hier war die Hauptaufgabe, mit betroffenen Bürgern frühzeitig den Dialog zu suchen.

Verwenden Sie GIS bei Ihrer Arbeit?
Ja, das benutze ich fast täglich. Es erleichtert viele Dinge durch die hohe Anschaulichkeit!

Wer ist ihr Arbeitgeber?
Ich bin bei einem kommunalen Planungsamt angestellt. Einige meiner Kommilitonen arbeiten in Architekturbüros, andere haben es in eine Unternehmensberatung oder zu einem Immobilienmakler geschafft, die Einsatzgebiete sind vielfältig.

M6 *GEO-Praxis – Regionalplaner*

INTERNET

GIS Anwendungen:
- www.geoportal-raumordnung-bw.de
- www.handelsblatt.com/politik/deutschland/zukunftsatlas-2016/

1 *Nenne* GIS-Anwendungen, die du nutzt.

2 *Erörtere* einen Raumnutzungskonflikt aus deiner Region (M6).

3 *Diskutiere* die Vor- und Nachteile des Zukunftsatlas.

4 *Beurteile*, inwieweit GIS-Darstellungen (M1, M4, M5) bei der Wohnortsuche helfen.

5 Aktiv!
Wo willst du leben? Starte das Lernportal ***www.diercke.de/lernmodule/standortanalyse*** und führe mithilfe des GIS eine Standortanalyse durch.

M1 *Leben im Dorf (Dörzbach)*

M2 *Hightech vom Land: ebm-papst*

In der Region Heilbronn-Franken: 100 % Land – Hohenlohe

Weltmarktführer ohne Mitarbeiter?

Der Nordosten Baden-Württembergs, insbesondere der Kreis Hohenlohe, ist Spitze in Deutschland: Nirgends sonst sind so viele Weltmarktführer angesiedelt. Vornehmlich handelt es sich um mittelständische Unternehmen, die nur Branchenintern bekannt sind (Hidden Champions).
Arbeitsplätze gibt es daher genug, vor allem im Industriesektor. Auch die Lebensbedingungen sind gut: viel Natur, attraktive Mittelstädte wie Künzelsau oder Öhringen, ein hoher Freizeitwert. Dennoch kommen immer weniger Fachkräfte von außerhalb in die Region – die Firmen befürchten, dass ihnen künftig die Mitarbeiter ausgehen.

Vor- und Nachteile des ländlichen Raums

Das Leben im ländlichen Raum bietet viele Vorzüge gegenüber der Stadt: größere Wohnflächen, niedrigere Mieten, bessere Wohnqualität durch vielfältige Freizeitaktivitäten in der Natur und saubere Luft. Auf der anderen Seite gibt es oft gravierende Nachteile: Lange Wege zur Arbeit oder Schule, schlechte Anbindung an den ÖPNV, fehlende Einkaufsmöglichkeiten und wenig kulturelle Angebote vor Ort. Aus diesen und ähnlichen Gründen verlassen vor allem junge Leute die Region (Push-Faktoren). Nach ihrem Studium oder einer Ausbildung kommen sie oft auch nicht mehr zurück und bleiben in den Metropolen, die mit attraktiven Stellen bei Weltkonzernen und Lifestyle locken. Geringere Schülerzahlen verschärfen diese Entwicklung zusätzlich (›S. 148).
Je dezentraler Ortschaften liegen, desto größer sind diese Probleme. Oftmals starten Projekte auf Initiative der Einwohner oder von Gewerbetreibenden. Hierfür stehen verschiedene Fördermittel der Bundesländer und der EU zur Verfügung.

ebm-papst – das grüne Unternehmen

Das Familienunternehmen ebm-papst aus Mulfingen ist im Bereich Ventilatoren und Antriebe weltweit führend und verbaut seine Technik unter anderem in Formel 1-Boliden und Teilchenbeschleunigern. Energieeffizienz und Nachhaltigkeit sind grundlegend mit dem Label „green tec“ im Unternehmen verankert. Dem demographischen Wandel begegnet man im Unternehmen mit vielfältigen Maßnahmen: Flexible Arbeitszeitmodelle, Angebote für ältere Arbeitnehmer und Maßnahmen zur Vereinbarkeit von Familie und Beruf. Es werden vielfältige Ausbildungs- und Studienplätze angeboten, zudem besteht eine Kooperation mit Schulen im Bereich „Jugend forscht“. Außerdem wird ein vielfältiges Kultur- und Sportmarketing betrieben, etwa der ebm-papst Marathon.
2014 wurde der 15 Mio. € teure Produktionsneubau und das neue Rechenzentrum in Mulfingen eingeweiht.

M3 *Grundbedürfnis Arbeit*

Neue Wege der Mobilität

In insgesamt 14 Gemeinden der Limesregion wird das Netzwerk „flinc“ bereits eingesetzt, um den ländlichen Raum vor allem für jüngere Menschen und Familien wieder als Wohnort interessant zu gestalten. 80 Prozent der zurückgelegten Wegstrecke mit Pkw sind Kurzstrecken – genau diese werden im ländlichen Raum häufig nur unzureichend vom ÖPNV abgedeckt.
Das Mitfahrnetzwerk „flinc“ soll Fahrtanbieter z. B. zum Supermarkt und Fahrtsuchende zusammenbringen. Gefördert wird das Projekt mithilfe des Netzwerks LEADER; einem Programm der Europäischen Union (EU) zur Regionalförderung von Projekten, die von Menschen vor Ort vorgeschlagen werden.

M4 *Grundbedürfnis Infrastruktur*

Dorfladen in Schöntal – Oberkessach

Mit immer weiter zurückgehenden Grundversorgungsangeboten haben insbesondere die Teilorte im ländlichen Raum zu kämpfen. Auch in der Gemeinde Oberkessach schlägt diese Entwicklung durch, wie die Schließung der alteingesessenen Dorfbäckerei im Jahr 2014 zeigt. Als einziges Ladengeschäft zur Sicherung der Nahversorgung für Oberkessach und der umliegenden Teilorte Weiler, Hopfengarten, Aschhausen, Rossach, Berlichingen und Weigental existiert somit nur noch der „Nah und Gut Markt".
Insbesondere für ältere und eingeschränkte Personen in Oberkessach ist der „Nah und Gut Markt" ein wichtiger Grundversorger, der ihnen ermöglicht, ihren Alltag alleine zu organisieren und Dinge des täglichen Bedarfs vor Ort zu kaufen. Mit Hilfe der LEADER Förderung wird der bestehende Laden nun saniert und modernisiert. Das Ziel ist eine langfristige Sicherung des Lebensmittelgeschäfts im peripheren Raum als Sicherung der Grundversorgung. Gleichzeitig werden regional produzierte landwirtschaftliche Produkte angeboten und der Energieverbrauch verringert.

Quelle: leader-hohenlohe-tauber.eu, 17.08.2018 (Zugriff)

M5 *Grundbedürfnis Versorgung*

Schulhaus, Strumpffabrik, Leerstand, jetzt Wohnhaus mit Gewerbe

Das Schulhaus aus dem Jahr 1845 wurde nach dem Zweiten Weltkrieg zur Strumpffabrik umgebaut. Nach der Verlagerung der Fabrik stand das Gebäude neun Jahre leer. Angela H. wurde auf die Immobilie aufmerksam und war von ihrer Historie beeindruckt. Im Zusammenhang mit der geplanten Umgestaltung des benachbarten Kirchumfeldes sah sie hier die Möglichkeit, attraktiven Wohnraum zu schaffen. Familie H. erwarb das Objekt und baute drei Mietwohnungen sowie Büro- und Lagerflächen für den eigenen Heizungsinstallateur-Betrieb ein. Vor Baubeginn suchten sie nach alten Bildern vom Gebäude und ließen sich von der Stadt beraten. Nach historischem Vorbild wurden außen Sandsteinfaschen um die Fenster angebracht. Innen wurde das alte Treppenhaus erhalten, das Fachwerk wurde zum Teil sichtbar gemacht. Inzwischen sind Mieter eingezogen, die sich hier wohlfühlen. [Der Umbau wurde durch das Entwicklungsprogramm Ländlicher Raum (ELR) des Landes gefördert.]

Quelle: Gothe K. u.a. In: melap-plus.de, 17.08.2018 (Zugriff)

M6 *Grundbedürfnis Wohnen*

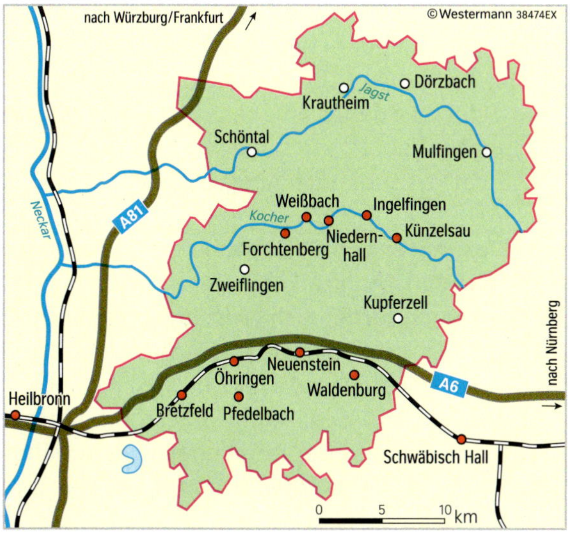

M7 *Der Landkreis Hohenlohe*

1. *Arbeite* die Maßnahmen zur Standortsicherung der Firma ebm-papst *heraus* (M3).

2. *Erkläre*, inwiefern die vorgestellten Aspekte M3–M6 zur Entwicklung des ländlichen Raums beitragen.

3. Transfer!
Beurteile die Zukunftsfähigkeit des Kreises Hohenlohe aus der Perspektive:
- eines berufstätigen Familienvaters,
- einer/s Jugendlichen,
- einer gehbehinderten älteren Frau,
- einer alleinerziehenden Mutter mit 2 Kindern.

M1 *Streuobstwiese im Albvorland*

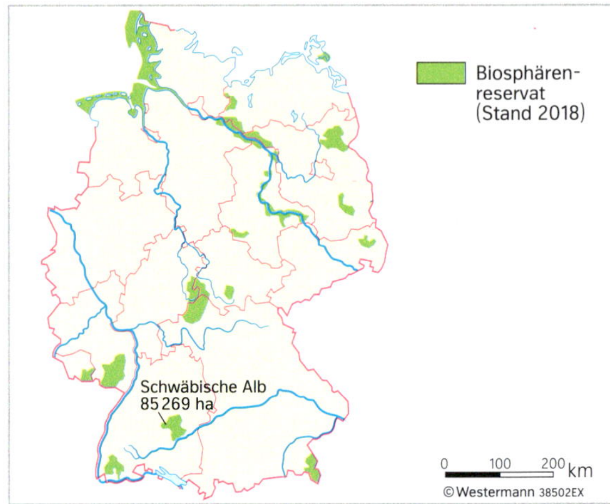

M4 *Biosphärenreservate in Deutschland*

Wahlthema: Biosphärengebiet Schwäbische Alb

M2 *Ruine Reußenstein am Albtrauf*

M3 *Wacholderheide auf der Albhochfläche*

Landschaftliche Attraktivität kann für ländliche Räume ein wichtiges Potenzial darstellen. Sie wirkt als weicher *Standortfaktor* und lädt Menschen zum Ansiedeln oder zum Verweilen ein. Sie bietet wirtschaftliche Grundlagen für Naherholung und Tourismus, die allerdings gepflegt und gemanagt werden müssen.
Ziel der UNESCO-Biosphärenreservate ist es, Natur- und Kulturraum in Einklang zu bringen. Biosphärenreservate, das erste wurde 1978 eingerichtet, sind also Modellregionen, in denen sich die Belange der Natur mit denen der Wirtschaft und Siedlungstätigkeit sinnvoll ergänzen und gemeinsam zum Wohl des Raumes fortentwickeln.
Mittlerweile gibt es in Deutschland 17 solcher Reservate; in Baden-Württemberg sind dies das Biosphärengebiet Schwarzwald und die Schwäbische Alb. Das Bundesland hat sich für den Begriff Biosphärengebiet entschieden, da das Wort „Reservat" zu sehr nach Ausgrenzung klang.

Das **Biosphärengebiet** Schwäbische Alb umfasst ungefähr 850 Quadratkilometer und ist geprägt von einer außerordentlich vielseitigen Landschaft (M1–M3). Es erstreckt sich vom Albvorland mit seinen Streuobstwiesen über den steil ansteigenden Albtrauf mit den Hangwäldern bis hin zur Albhochfläche mit ihrer traditionellen Kulturlandschaft der Wacholderheiden, Magerrasen und Ackerflächen.

Die Kernzone
soll dem unbeeinflussten Naturzustand möglichst nahe kommen, weshalb sie von wirtschaftlicher Nutzung freigehalten wird. Hier wird beobachtet, wie die weitere natürliche Entwicklung ohne menschliche Eingriffe abläuft. Oberstes Prinzip ist der strenge Schutz natürlicher und naturnaher Lebensräume und Lebensgemeinschaften.

Die Pflegezone
wirkt nach dem Motto: Schützen durch Nützen. Ziel ist auch hier die Erhaltung artenreicher und bedrohter Tier- und Pflanzengemeinschaften, allerdings durch schonende Landnutzung, um so eine bestimmte Kulturlandschaft zu erhalten, die zum Beispiel durch Streuobstwiesen oder durch Wacholderheiden charakterisiert ist.

Die Entwicklungszone
ist der Teil des Gebietes, in dem die wirtschaftliche Nutzung im Vordergrund steht. Die Wertschöpfung der Region soll durch ressourcenschonende Nutzung gesteigert werden. Die Entwicklungszone unterliegt keinen strengen naturschutzrechtlichen Beschränkungen, da sie in erster Linie als Wirtschaftsraum verstanden und genutzt wird.

M5 *Zonierungskonzept*

M6 *Biosphärengebiet Schwäbische Alb*

- Das Biosphärengebiet muss in Kern-, Pflege und Entwicklungszone gegliedert sein.
- Die Kernzone muss mindestens 3 % der Gesamtfläche ausmachen.
- Die Pflegezone soll 10 % der Gesamtfläche einnehmen.
- Zusammen sollen Kern- und Pflegezone mindestens 20 % der Gesamtfläche einnehmen.
- 50 % der Gesamtfläche soll die Entwicklungszone mindestens betragen.

M7 *Grundlagen eines Biosphärengebietes*

ERSTAUNLICH!

Weltweit gibt es 689 UNESCO-Biosphärenreservate in 122 Ländern (Stand Juli 2018). Sie haben eine Fläche von ungefähr 10 Millionen Quadratkilometern. Das entspricht 2 % der Erdoberfläche.

1 *Erkläre* den Begriff Biosphären-gebiet.

2 a) *Erkläre* die Aufgaben der unterschiedlichen Zonen.
b) *Stelle dar*, inwieweit sich Biosphärengebiete zur nachhaltigen Entwicklung ländlicher Räume eignen.

Biosphärengebiet Schwäbische Alb: Nachhaltige Entwicklung fördern

Wie sind die Regionen in Deutschland für die Zukunft aufgestellt? Studien wie der „Zukunftsatlas“ versuchen, diese Frage zu beantworten (›S. 146). Die Indikatoren Demographie, Arbeitsmarkt, Wettbewerb und Innovation sowie Wohlstand und soziale Lage werden über Indizes ermittelt. Die Kaufkraft ist beispielsweise ein geeigneter Indikator, um den Wohlstand zu messen. Die Bevölkerungsentwicklung gibt Aufschluss über die demographische Entwicklung und das BIP pro Beschäftigten misst die Wettbewerbsfähigkeit. Es ergibt sich eine Karte zur Stärke und Dynamik für Landkreise und kreisfreie Städte in Deutschland, mit deren Hilfe sich die Zukunftsfähigkeit einer Region einschätzen lässt.

Ziele für das Biosphärengebiet

Das Biosphärengebiet liegt hauptsächlich im Landkreis Reutlingen, aber auch der Alb-Donau-Kreis hat Anteil. Während der Zukunftsatlas dem Landkreis Reutlingen eine hohe Dynamik einräumt, erreicht der Alb-Donau-Kreis nur eine geringe Dynamik. Ziel ist es daher, die Region Schwäbische Alb wirtschaftlich zu fördern, ohne dabei Eigenarten zu zerstören.

Dies kann zum Beispiel über eine florierende Landwirtschaft erfolgen, die zugleich Ökologie und Kulturlandschaftspflege berücksichtigt. Denn die Schwäbische Alb ist eine Tourismusregion. Durch entsprechende Angebote, Beherbergung sowie das Konsumieren regionaler Produkte und Dienstleistungen aus dem Biosphärengebiet könnte sich ein *regionaler Wirtschaftskreislauf* schließen. Dieser sichert Arbeitsplätze und macht die Region zukunftsfähig. Im Zukunftsatlas ist auch die Digitalisierung als Chance ausgewiesen, denn sie bietet die Möglichkeit, Arbeit und Wohnen besser zu vereinbaren (M1:D, ›S. 147: M4).

Rang (von 402 Kreisen)	Stärke (= Istzustand)	Dynamik (= Entwicklung)	D 1–5
Landkreis Reutlingen (80)	85	107	3
Alb-Donau-Kreis (159)	135	300	3

Quelle: Prognos Zukunftsatlas, 2016

M1 *Zukunftschancen der Landkreise im Gebiet*

M2 *Schließung regionaler Wirtschaftskreisläufe*

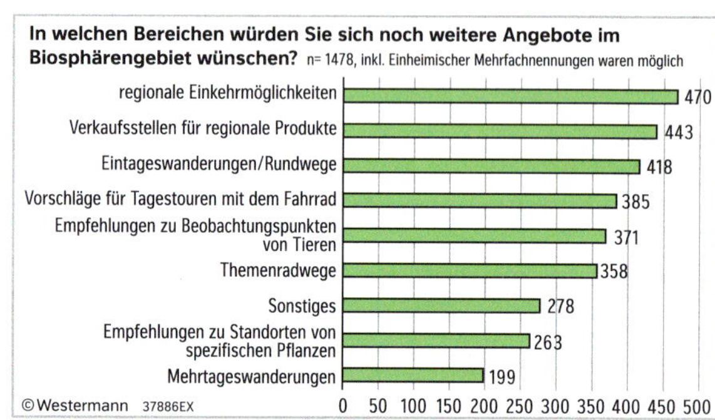

M3 *Erwartungen an das Biosphärengebiet*

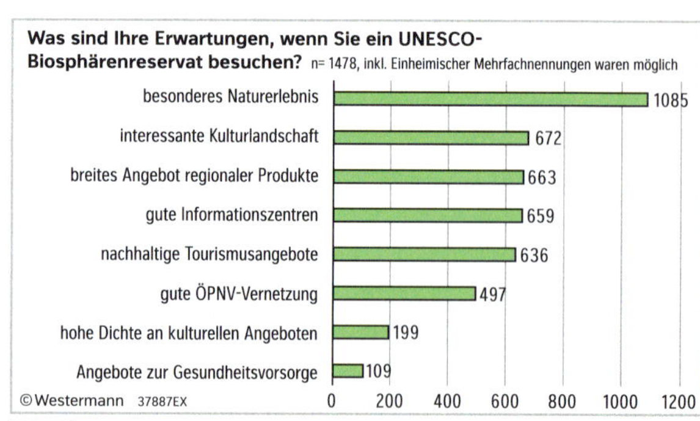

M4 *Wünsche an das Biosphärengebiet*

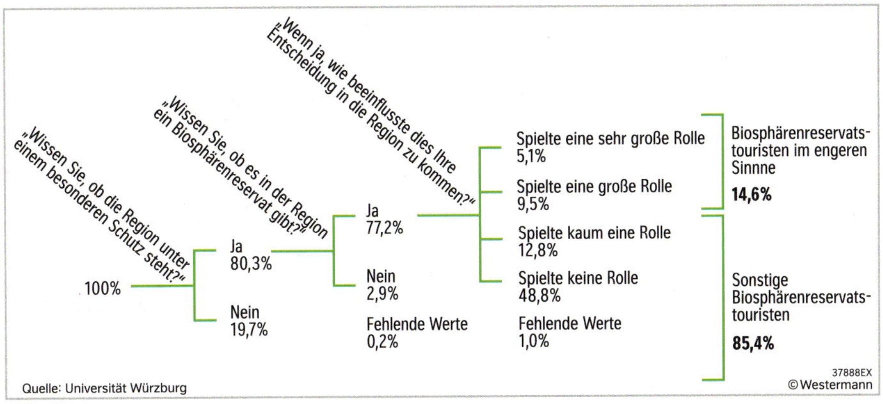

M5 *Umfrage bei Besuchern des Biosphärengebietes Schwäbische Alb*

	Anzahl	Tagesausgaben in €	Bruttoumsätze in €
Biosphärenreservatstouristen i.e.S.			
Gesamt	1 072 000		32 725 200
davon Tagesgäste	820 000	21,90	17 958 000
davon Übernachtungsgäste	252 000	58,60	14 767 200
Sonstige Biosphärenreservatstouristen	6 052 000		135 977 900
davon Tagesgäste	4 915 000	16,40	80 606 000
davon Übernachtungsgäste	1 137 000	48,70	55 371 900
Summe	7 124 000		168 703 100

M6 *Bruttoumsätze der Besucher des Biosphärengebiets Schwäbische Alb*

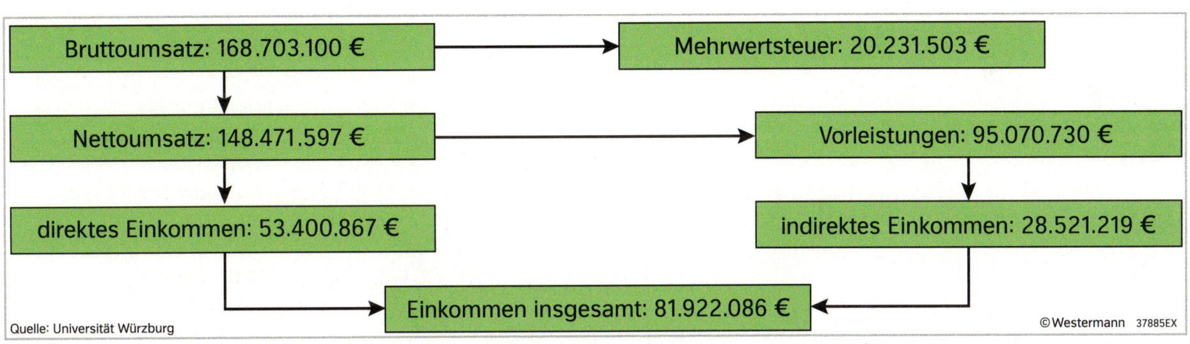

M7 *Einkommenswirkung des Biosphärengebietes*

ERSTAUNLICH!

Durch den Tourismus entsteht Beschäftigung, die man auch rechnerisch nachweisen kann. Dieser Wert darf nicht mit der Anzahl der durch den Tourismus Beschäftigten gleichgesetzt werden, da in der Realität mehr Personen – zumindest anteilig – vom Tourismus profitieren. Rechnerisch nimmt man das touristische Nettoeinkommen insgesamt und teilt dies durch das durchschnittliche Primäreinkommen pro Kopf der Region. Dieses liegt auf der Schwäbischen Alb bei 29 215,03 €.

1 a) *Beschreibe*, was „das Beste aus der Region Schwäbische Alb" (M2) sein könnte.
b) *Erkläre*, wie durch den Tourismus der regionale Wirtschaftskreislauf gestärkt wird.

2 *Arbeite* aus M3 und M4 Chancen und Risken *heraus*.

3 Aktiv!
a) *Arbeite* den rechnerischen Beschäftigungseffekt, der durch das Biosphärengebiet entstanden ist *heraus* (Erstaunlich!).
b) *Bewerte*, ob das Biosphärengebiet die Wirtschaftskraft der Region nachhaltig fördert.

Kompetenzcheck!

	Das solltest du können!	Teste dich!	Hilf dir!
Orientierung (Orientierungskompetenz)	**Ich verorte …** … ländliche Räume in Baden-Württemberg und in Deutschland.	1. *Beschreibe* die Lage der ländlichen Räume in Deutschland und in Baden-Württemberg in M1.	›S. 142/143
Methode (prozessbezogene Kompetenzen)	**Ich nutze …** … ein GIS, um Räume zu analysieren.	2. *Stelle* mithilfe eines GIS-Portals, eine Strukturkarte von Baden-Württemberg *dar*.	›S. 144/145 ›S. 146/147
Inhalt (inhaltsbezogene Kompetenzen)	**Ich kann …** … den Begriff Nachhaltigkeit definieren und mit dem Begriff Zukunftsfähigkeit in Verbindung bringen.	3. *Erläutere* den Begriff „Nachhaltigkeit".	›Lexikon
	… Grundbedürfnisse benennen und damit Grunddaseinsfunktionen abgrenzen.	4. *Erstelle* eine Mindmap zum Thema Grundbedürfnisse.	›S. 144 ›Lexikon
	… *beschreiben*, was einen Raum lebenswert macht und was nicht.	5. *Beschreibe* Gründe, weshalb du *nicht* in einem bestimmten Raum leben möchtest.	›S. 146/147
	… verschiedene Raumkategorien beschreiben.	6. *Beschreibe* die Verteilung abgegrenzter Raumtypen in Deutschland (M1).	›S. 144/145
	… die Grundlagen der Raumordnung und -planung in Deutschland erklären.	7. *Erstelle* ein Schema zum Aufbau der Raumordnung in Deutschland.	›S. 142
	… die Raumstruktur Baden-Württembergs beschreiben.	8. „Baden-Württemberg hat viele hilfsbedürftige ländliche Räume." *Überprüfe* diese Aussage.	›S. 144/145
	… die unterschiedlichen Funktionen und Austattungen verschiedener Zentren erklären.	9. *Nenne* mithilfe des Atlas und des Internets für jede Kategorie der Zentralität ein Beispiel in Baden-Württemberg.	›S. 145
	… die Auswirkungen des demographischen Wandels auf den ländlichen Raum analysieren.	10. *Erkläre*, weshalb es Räume im Osten Deutschlands gibt, in denen die Tragfähigkeit gesichert werden muss, obwohl viele Menschen dort wegziehen (M3).	›S. 148
	… die Zukunftsfähigkeit eines ländlichen Raums hinsichtlich eines oder mehrerer Aspekte beurteilen.	11. a) *Beurteile* die Auswirkungen der Entwicklungen in M2 und M3. b) *Bewerte* die Wirksamkeit der Maßnahmen in M4–M7.	›S. 148–155 ›S. 148–155

A–Z: Grundbegriffe des Kapitels (vergleiche Lexikon im Anhang)
Biosphärengebiet, demographischer Wandel, Geographisches Informationssystem (GIS), Grundbedürfnisse, ländlicher Raum, Raumordnung, Raumplanung

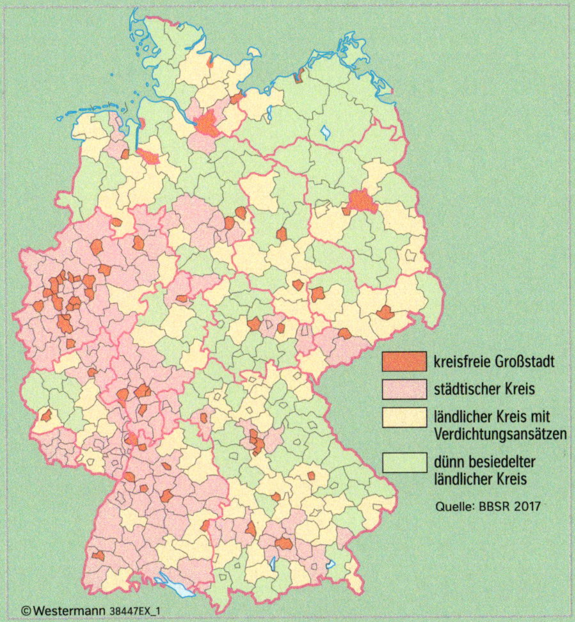

M1 *Raumstruktur in Deutschland*

M4 *Breitbandausbau im ländlichen Raum*

INTERNET

Produkte aus dem Biosphärengebiet Schwäbische Alb
https://albgemacht.de/

M5 *Maßnahme aus der Schwäbischen Alb*

Wer übernimmt meine Apotheke?
Eine Nachfolge für eine Apotheke aufzubauen, dauert und muss frühzeitig begonnen werden. Gerade Apotheken in kleinen Orten sind eng vernetzt und mit ihren Kunden vertraut. Doch gerade in ländlichen Regionen fehlt oft der Nachwuchs! Die neu ausgebildeten Apotheker zieht es eher in die Städte. So besteht die Gefahr, dass sich die medizinische Versorgung auf dem Land weiter verschlechtert. Viele Studenten ahnen nicht einmal, dass Apotheken auf dem Land eine hervorragende Alternative sein können; mit attraktiven fachlichen Herausforderungen, einem interessantem Umfeld und blendenden Berufsaussichten.

M2 *Droht nach dem Ärzteschwund auch ein Apothekermangel auf dem Land?*

Der kritische Punkt
Aus dem ländlichen Raum verschwinden auch immer mehr Grundschulen, obwohl gerade sie für strukturschwache Gegenden sehr wichtig sind. Denn sonst beginnt ein „Teufelskreis“, so Experten. Eine solche Region wird unattraktiv für junge Familien – und damit auch für Unternehmen.
Die weitere Entwicklung einer Region hängt also an der Sicherstellung der Grundversorgung wie zum Beispiel dem Öffentlichen Personennahverkehr, medizinischen Diensten oder grundlegenden Bildungs- und Kultureinrichtungen.

M3 *Die Bedeutung der Grundversorgung*

Nachdem Heilbronn 2008 als einzige Stadt in Baden-Württemberg die Kindergartengebühren abgeschafft hat, wurde nun durch die Bundesgartenschau 2019 sowie den intensiven Breitbandausbau in der Region eine hohe Attraktivität für junge Leute geschaffen.

M6 *Maßnahmenbündel in der Region Heilbronn*

In Arnach sollte einfach ein alter Schafstall umgenutzt werden. Die Idee: Platz schaffen für seniorengerechtes Wohnen und das Miteinander von Generationen. Im Gebäude entstanden barrierefreie und damit altersgerechte Wohnungen. Die Küche und auch ein gemeinsamer Aufenthaltsraum sind frei zugänglich und sollen gemeinsam genutzt werden.
Schnell zeigte sich jedoch, dass sich das Fundament für einen Ausbau nicht eignet. Ein Neubau musste her, der nur durch das Landesprogramm MELAP finanziell gefördert und damit realisiert werden konnte. MELAP sucht Ideen zur intelligenten Nutzung, weil es unter anderem das innere Potenzial von Orten fördern möchte.
Damit war es möglich, die Struktur des Schafstalls aufzunehmen, sodass das Hofensemble in seinem Charakter erhalten blieb. Die neue Fassade wurde wieder mit Holz beplankt und große Fenster nach Süden ermöglichen eine passive Sonnenenergienutzung in den Räumen.

M7 *Leuchtturmprojekte und Förderung*

M1 *Eindruck aus dem Nationalpark Tenorio Volcano, Costa Rica*

TRANSFER

Reise durch Amerika – Durch den Regenwald Costa Ricas

M2 *Waldzustand in Costa Rica*

M3 *Brücke durch einen Mangrovenwald*

Das 51000 Quadratkilometer große Costa Rica befindet sich in einer Zone, in der typischerweise tropischer Regenwald ausgeprägt ist. Es gibt eine einzigartige Flora und Fauna. Doch wie in ganz Mittelamerika wurde der Wald auch in Costa Rica zurückgedrängt – vor allem für eine exportorientierte Landwirtschaft in den zumeist *ländlichen Räumen*. Auch Mangrovenwälder verschwanden, um Becken zur Salzgewinnung anzulegen.
Mittlerweile stellen Landwirtschaft und Salzgewinnung jedoch nicht mehr die attraktivsten Wirtschaftszweige dar. Costa Rica hat den Ökotourismus entdeckt, der zum größten Devisenbringer des Landes geworden ist.
Bodenerosion, verschlammte Flüsse, Abhängigkeit von Weltmarktpreisen durch wirtschaftliche Monostruktur, Artenschwund (auch nationaler Symbole wie des Rotaugenfrosches) führten in Costa Rica zu einem Umdenken. Das Land wurde zu einem Vorreiter im Umweltschutz und vermarktet nun seinen Wald lieber *nachhaltig*, anstatt ihn zu roden:

- seit 2017 ist ein Viertel des Landes Schutzgebiet,
- Über 50% der Landfläche ist wieder bewaldet, seit 2000 stieg die Waldfläche um 4000 km².

Und das Land will noch mehr: Durch erneuerbare Energiequellen und ein öffentliches Bussystem auf Wasserstoffbasis möchte Costa Rica ab 2021 ein CO_2-neutrales Land sein. Somit wird der Ferntourismus zumindest vor Ort klimafreundlich.

Costa Ricas grüne Revolution
Die Geschichte mag bereits vor Millionen von Jahren anfangen, als sich die Cocos-Platte unter die Karibische Platte schob und dabei eine Kette von Vulkaninseln bildete. Bald schon sollten sich diese tektonisch aufgeworfenen Inseln durch die langsame Anhebung des Meeresbodens zu einem zusammenhängenden Land verbinden: Die Geburt Costa Ricas war gleichzeitig die Geburt einer einzigartigen Flora und Fauna mit üppigen Regen- und Nebelwäldern. [...]
Die Menschen beschlossen das Geschenk [...] zu beschützen. Parkwächter wurden angestellt, um gegen illegalen Holzschlag und Jagd vorzugehen, Zäune und Eingangstore wurden gebaut, um den Zugang zu schützenswerten Gebieten zu kontrollieren. [...] Im Jahr 2015 [sind] 25 % des Landes Naturschutzgebiet und weitere 10 % privat geschützte Reservate – weltweit der höchste Schutzanteil! [...] Der Schutz der Natur ist mit hohen Kosten verbunden. [...] Costa Rica [begann] damit, Besucher gegen Eintritt die unberührte Natur erleben zu lassen und bot damit eine neue Alternative zur herkömmlichen Form des Tourismus – den Ökotourismus. [Doch] schon bald merkten findige Unternehmer, dass sich mit dem Label „Öko" gute Werbung machen lässt: Unter ernstgemeinte nachhaltige Tourismusprojekte mischten sich gewinnorientierte Produkte, die sich mit dem Prädikat „Öko" grün wuschen. [...]
1999 reagierte das Fremdenverkehrsamt Costa Ricas mit dem „Zertifikat für nachhaltigen Tourismus" (CST), das sich bis heute etabliert hat. Damit zählt Costa Rica zu den ersten Ländern mit einer nationalen Politik für nachhaltigen Tourismus. Vorrangig verfolgt das Zertifikat drei Ziele: (1) die angemessene Nutzung der natürlichen und kulturellen Ressourcen, (2) die Verbesserung der Lebensqualität in den lokalen Kommunen und (3) wirtschaftlicher Erfolg, der sich auch positiv auf andere Wirtschaftszweige des Landes auswirkt.
Quelle: Zurmühlen, O. In: www.world-insight.de/reisemagazin, 07.12.2015

M4 *Costa Ricas Weg zur Nachhaltigkeit*

Sektor	2000 (%)	2015 (%)
Primär	10,3	1,1
Sekundär	28,2	20,0
Tertiär	61,5	78,9

M5 *Entwicklung der Bruttowertschöpfung Costa Ricas nach Sektoren (Anteil am BIP)*

M6 *Führung durch den Regenwald*

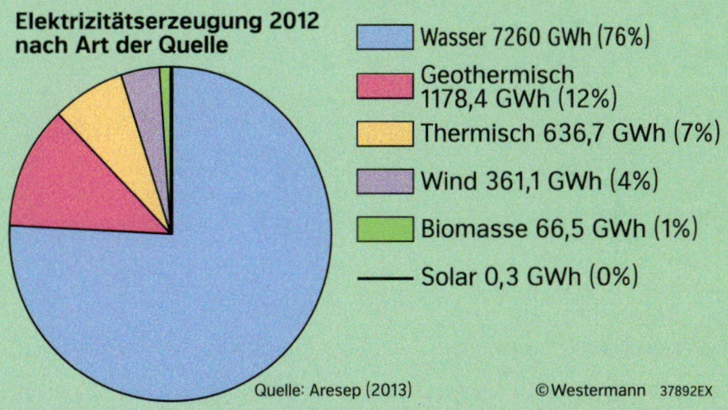

M7 *Stromerzeugung in Costa Rica*

Talsperre/Kraftwerk Reventazón

Leistung:	*306 Megawatt*
Stausee:	*700 Hektar*
Staumauer:	*500 m Länge, 130 m Höhe*

Bereits 2015 erzeugte Costa Rica fast 300 Tage lang 100 Prozent seines Stroms aus erneuerbaren Energiequellen. Um das Ziel unbegrenzter Abdeckung im Jahre 2021 zu erreichen, wurde das derzeit leistungsstärkste Wasserkraftwerk Mittelamerikas gebaut. Es ging im Jahr 2016 in Betrieb. Für den Stausee musste allerdings Regenwald überflutet und eine Umsiedlung durchgeführt werden.

M8 *Pro und Kontra Hydroenergie*

1 *Stelle* Costa Ricas Strategie zur weiteren Entwicklung *dar.* Berücksichtige die Potenziale und bisherigen Ansätze des Landes.

2 Meinung! *Erörtere*, inwiefern Costa Rica einen nachhaltigen und zukunftsfähigen Weg eingeschlagen hat. Berücksichtige dabei mögliche Widersprüche.

TRANSFER

Klimadaten der Erde

	J	F	M	A	M	J	J	A	S	O	N	D	Jahr
Europa													
Reykjavik (Island)					Höhe ü. NN: 61 m				64° 08' N / 21° 54' W				Dh2
T (in °C)	–0,5	0,4	0,5	2,9	6,3	9,0	10,6	10,3	7,4	4,4	1,1	0,2	**4,3**
N (in mm)	76	72	82	58	44	50	52	62	67	86	73	79	**799**
pLV	4	4	4	6	16	19	20	19	16	12	5	4	**128**
Stuttgart (Deutschland)					Höhe ü. NN: 314 m				48° 50' N / 9° 12' O				Dsh2
T (in °C)	0,5	1,9	5,3	8,9	13,3	16,4	18,4	17,9	14,7	10,0	4,7	1,5	**9,5**
N (in mm)	38	35	39	54	84	93	63	76	53	41	48	41	**665**
pLV	2	3	7	50	70	84	97	88	63	39	4	3	**511**
Sevilla (Spanien)					Höhe ü. NN: 30 m				37° 24' N / 6° 00' O				Csa2
T (in °C)	10,7	11,9	14,0	16,0	19,6	23,4	26,8	26,9	24,4	19,5	14,3	11,1	**18,2**
N (in mm)	84	72	55	60	30	20	2	7	21	62	102	92	**607**
pLV	30	37	55	64	89	65	83	84	69	81	44	30	**732**
Warschau (Polen)					Höhe ü. NN: 98 m				52° 17' N / 20° 58' O				Dsh3
T (in °C)	–3,3	–2,1	1,9	7,7	13,5	16,7	18,0	17,3	13,1	8,2	3,2	–0,9	**7,8**
N (in mm)	22	21	26	33	58	71	69	62	43	37	41	32	**515**
pLV	13	13	3	40	68	84	89	80	47	24	2	1	**464**
Asien													
Jakutsk (Russland)					Höhe ü. NN: 101 m				62° 01' N / 129° 43' O				Esh4
T (in °C)	–40,9	–35,9	–21,6	–6,1	6,7	15,4	18,7	14,9	5,7	–8,5	–29,2	–38,8	**–10,0**
N (in mm)	9	7	6	10	18	37	39	37	29	20	16	12	**239**
pLV	1	1	1	7	64	83	98	68	42	4	1	1	**371**
Tokio (Japan)					Höhe ü. NN: 5 m				35° 41' N / 139° 46' O				Ch3
T (in °C)	5,2	5,6	8,5	14,1	18,6	21,7	25,2	27,1	23,2	17,6	12,6	7,9	**15,6**
N (in mm)	45	60	100	125	138	185	126	148	180	164	89	46	**1405**
pLV	37	38	49	102	126	127	139	167	138	117	64	47	**1149**
Ahmadabad (Indien)					Höhe ü. NN: 55 m				23° 04' N / 72° 38' O				Asa5
T (in °C)	20,1	22,2	27,3	31,7	33,9	32,8	29,5	28,2	29,1	28,5	24,7	21,3	**27,4**
N (in mm)	2	1	0	3	20	103	247	288	83	23	14	5	**783**
pLV	59	69	90	107	112	158	96	77	65	87	76	62	**1060**
Singapur (Singapur)					Höhe ü. NN: 16 m				1° 22' N / 103° 59' O				Ah5
T (in °C)	25,8	26,4	26,8	27,2	27,5	27,4	27,1	27,0	26,8	26,8	26,3	25,7	**26,7**
N (in mm)	198	154	171	141	158	140	145	143	177	167	252	304	**2150**
pLV	107	120	115	64	112	69	67	66	109	109	95	86	**1117**

	J	F	M	A	M	J	J	A	S	O	N	D	Jahr
Afrika													
Casablanca (Marokko)					Höhe ü. NN: 62 m				1° 22' N / 103° 59' O				Csa1
T (in °C)	12,8	13,4	14,1	15,4	17,5	20,2	22,4	22,7	21,7	19,2	16,1	13,5	**17,4**
N (in mm)	62	59	51	40	19	6	1	0	5	31	74	78	**426**
pLV	29	34	38	42	27	31	32	32	32	48	38	31	**413**
Kufra (Libyen)					Höhe ü. NN: 382 m				24° 13' N / 23° 20' O				Ba5
T (in °C)	12,9	15,2	19,4	24,6	28,1	30,6	30,6	30,3	28,1	24,0	18,5	14,0	**23,0**
N (in mm)	0	1	0	0	0	0	0	0	0	0	0	0	**1**
pLV	19	23	31	41	49	54	54	53	48	40	28	20	**462**
Lagos (Nigeria)					Höhe ü. NN: 38 m				6° 35' N / 3° 20' O				Ash5
T (in °C)	27,3	28,5	28,5	28,0	27,1	25,6	25,3	25,1	25,5	26,4	27,2	27,2	**26,8**
N (in mm)	13	41	84	146	202	316	243	122	160	125	40	15	**1507**
pLV	89	88	80	70	96	67	73	46	79	49	62	79	**876**
Amerika													
Boston (USA)					Höhe ü. NN: 4 m				42° 22' N / 71° 02' W				Dsh3
T (in °C)	−1,9	−0,9	3,7	8,9	14,6	19,8	23,1	22,2	18,2	12,7	7,4	0,9	**10,7**
N (in mm)	91	92	94	91	83	79	72	82	78	84	107	102	**1054**
pLV	13	14	19	34	105	139	167	150	116	89	27	12	**884**
Belém (Brasilien)					Höhe ü. NN: 10 m				1° 27' S / 48° 28' W				Ah5
T (in °C)	26,6	24,5	25,5	26,7	25,9	25,9	25,8	26,0	26,1	26,4	26,4	26,1	**25,9**
N (in mm)	367	418	436	360	304	140	152	131	141	116	112	216	**2893**
pLV	95	57	60	64	80	54	97	60	61	65	65	93	**851**
Australien													
Sydney (Australien)					Höhe ü. NN: 6 m				33° 51' S / 151° 12' O				Ch2
T (in °C)	22,6	22,8	21,6	19,2	16,2	13,6	12,8	13,8	16,0	18,2	19,8	21,8	**18,2**
N (in mm)	131	126	164	133	101	140	56	99	65	88	116	85	**1304**
pLV	88	83	76	68	58	51	49	56	68	76	80	85	**839**
Antarktis													
Mc Murdo					Höhe ü. NN: 24 m				77° 51' S / 166° 40' O				Fh2
T (in °C)	−2,9	−9,3	−17,6	−20,6	−21,4	−22,0	−25,7	−26,7	−24,8	−18,9	−9,9	−3,9	**−17,0**
N (in mm)	16	30	11	13	19	29	18	12	16	10	10	14	**198**
pLV	12	3	1	1	1	1	1	1	1	1	3	10	**36**

Klimabaukasten: Klimaklassifikation nach Siegmund/Frankenberg

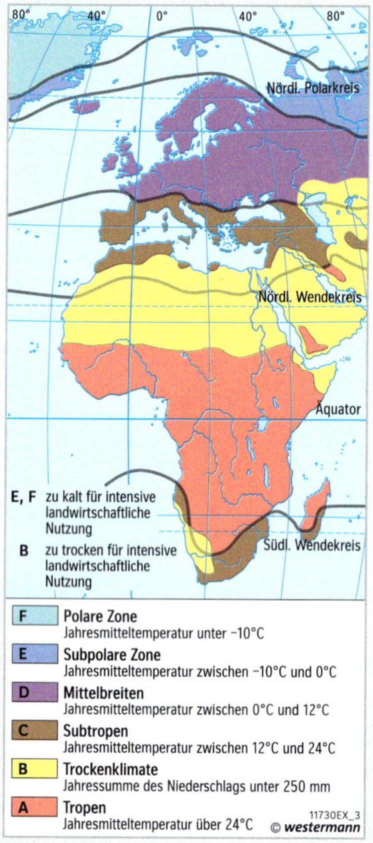

Ⓐ

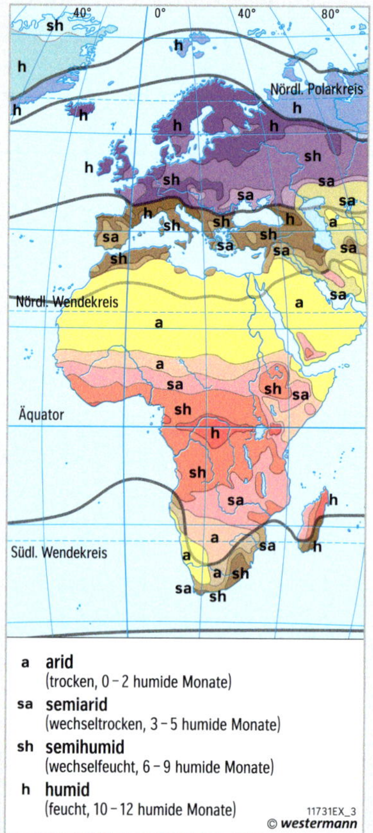

Ⓑ

Ⓒ

Klimaschlüssel 1
Einordnung hinsichtlich der Jahresdurchschnittstemperatur sowie der mittleren Jahressumme des Niederschlags zum Ausweis von Trockenklimaten.
Beispiel Mitteleuropa:
D (Mittelbreiten)

Klimaschlüssel 2
Einordnung hinsichtlich der monatlichen Verhältnisse zwischen Niederschlag und Verdunstung (Zahl der ariden und humiden Monate).
Beispiel Mitteleuropa:
sh (semihumid)

Klimaschlüssel 3
Einordnung hinsichtlich des Einflusses der Jahresschwankung der monatlichen Durchschnittstemperaturen (Maritimität/Kontinentalität).
Beispiel Mitteleuropa:
2 (maritim)

M1 *Der Klimabaukasten mit den Kartenschichten der aufeinander aufbauenden Klimaschlüssel*

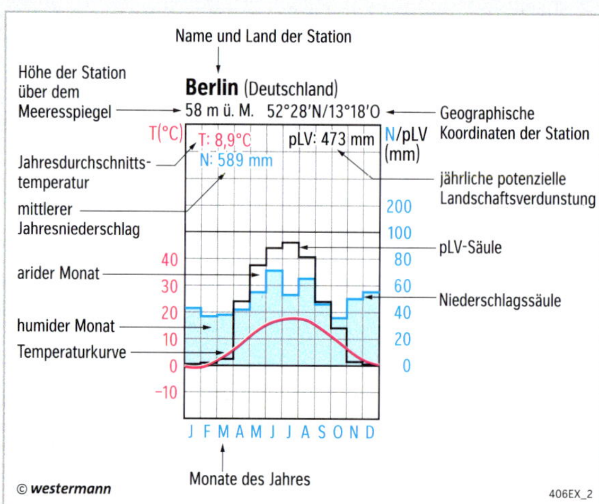

M2 *Aufbau eines Klimadiagramms*

Klimakarte der Erde im Diercke Weltatlas

100800-244
www.schueler-diercke.de

100852-172
www.schueler-diercke.de

Klimaklassifikation und Klimazonen

E-MODUL

www.diercke.de/lernmodule/klimazonen

Starthilfen zu den Aufgaben

›S. 13, Aufgabe 2:
Um die Bewegungsgeschwindigkeit z.B. zwischen Südamerika und Afrika abzuschätzen, musst du zunächst die Entfernung zwischen den beiden Kontinenten bestimmen (Atlas). Diesen Wert teilst Du dann durch 200 Millionen Jahre.

›S. 21, Aufgabe 2:
Um die geotektonische Situation Islands zu erläutern, beschreibst Du zunächst das Alter der Gesteine ausgehend vom mittelozeanischen Rücken bzw. seiner Verlängerung über der Insel. Erläutere dann die Prozesse, die zu dieser Altersverteilung geführt haben.

›S. 27, Aufgabe 1:
Wähle die Hauptinsel und z.B. Kauai. Die Lagebeziehung weist auf die Driftrichtung hin. Die Geschwindigkeit berechnet sich mit dem Quotienten aus Entfernung und Zeit.

›S. 31, Aufgabe 2:
Die Teilsysteme sind: Klima, Relief, Gesellschaft und Wirtschaft. Sammle zunächst unsortiert Ursachen (u.a. M2) und Folgen (u.a. M5), notiere diese auf Zettel, verbinde sie mit Folgepfeilen und sortiere sie dann strukturiert in ein Gefüge ein.

›S. 57, Aufgabe 2:
Bedenke, wie sich das dynamische Gleichgewicht verschiebt, wenn immer mehr CO_2 im Wasser gelöst wird.

›S. 71, Aufgabe 1:
Für die Klärung eines Zusammenhangs empfiehlt sich die folgende Reihenfolge:
1. Maßnahmebeschreibung
2. Damit verbundene Probleme und deren Ursachen im marinen Ökosystem.
3. Erhoffte Wirkung.

›S. 83, Aufgabe 3:
Betrachte die einzelnen Wirkungszusammenhänge und versuche, Zusammenhänge zwischen M4 und M1 herzustellen. Beispielsweise kann eine erhöhte Nachfrage entstehen, wenn die Wirtschaft boomt und große Staaten wie die USA oder die VR China wirtschaftlich wachsen.

›S. 89, Aufgabe 1:
Stelle Bezüge zwischen den in M2 genannten Problemen und den Vorkommen der Metalle (M4) her. Achte dabei vor allem auf die räumliche Verteilung der Reserven und die Dauer, bis Ressourcen evtl. zu Reserven werden (›S. 82).

›S. 89, Aufgabe 3:
Werte das Satellitenbild hinsichtlich möglicher negativer Folgen in den Bereichen Ökonomie, Ökologie und Gesellschaft aus. Nutze auch den Text in M4 und die Informationen, die du auf Seite 81: M6 zur Goldgewinnung und -verarbeitung erhältst.

›S. 91, Aufgabe 3:
Grundformel für M4:
Die Konfliktträchtigkeit eines Metall-Rohstoffes ist abhängig von dessen Verbreitung und der Krisenanfälligkeit möglicher Förderländer.

›S. 109, Aufgabe 5:
a) Beschreibe zunächst allgemeine Trends für jedes Land und stelle dann Vergleiche an. Es handelt sich bei den Werten um die Anteile am globalen Exportvolumen und zeigt somit, die Bedeutung der Länder als Exportnationen.
b) Bei der Hypothesenbildung können weitere Materialien, wie M2 oder auch die Informationen zu den Terms of Trade helfen. Ebenso können Faktoren wie Lohnunterschiede, die sich wiederum auf Entwicklungsunterschiede zurückführen lassen, Anhaltspunkte sein.

›S. 115, Aufgabe 5:
Eine Concept-Map visualisiert Begriffe zu einem Thema einschließlich ihrer Zusammenhänge. Diese Zusammenhänge werden durch beschriftete Pfeile dargestellt. Dies unterscheidet die Concept-Map von der Mindmap, die Begriffe einfach grafisch ordnet. Zwischen folgenden Begriffen kannst du z.B. durch kommentierte Pfeile Zusammenhänge herstellen: Tourismusbranche, Warmes Klima, Sonderkulturen, Bewässerungsfeldbau, Wasserverbrauch, Wassersparmaßnahmen.

›S. 119, Aufgabe 3:
a) Der Operator *charakterisieren*, verlangt von dir, dass du typische Merkmale großer Wirtschaftsregionen der USA darlegst. Ein Merkmal das Manufacturing Belts besteht beispielsweise darin, dass dieser einen Strukturwandel durchläuft.
b) Als Standortfaktoren werden wirtschaftsgeographische Gegebenheiten an einem Ort bezeichnet, die Unternehmen dazu veranlassen sich dort anzusiedeln. Für den Sunbelt zum Beispiel: geringe Steuern, Flächenverfügbarkeit, staatliche Subventionen usw.

›S. 123, Aufgabe 5:
Begründe die Aussage anhand der Wetterextreme Überschwemmung und Dürre (M4). Beide sind in China monsunal (Info) bedingt und bringen die Landwirte oft in Notlagen.

›S. 133, Aufgabe 1:
Wenn Geographen Sachverhalte, Maßnahmen oder Projekte im Hinblick auf Nachhaltigkeit bewerten, dann untersuchen sie die Auswirkungen auf die Umwelt (ökologisch), auf die Menschen (sozial) und auf die Wirtschaft (ökonomisch). Die politische Dimension wird zusätzlich betrachtet. Stelle zu den Themen „Luftverschmutzung in China" und „Fracking in den USA" die Probleme heraus, die im Hinblick auf die Dimensionen der Nachhaltigkeit (s.u.) entstehen, z.B. bei Luftverschmutzung Gesundheitsprobleme der Bevölkerung (soziale Dimension).

›S. 137, Aufgabe 2:
Bewerte jede Nachhaltigkeitsdimension für sich (ggf. mit Plus- und/oder Minuspunkten). Formuliere ein Fazit.

›S. 147, Aufgabe 2 :
Mögliche Beispiele könnten sein: Windkraftanlagen, Stromtrassenbau, Autobahn- oder Bahnlinienausbau, Lagerung von Brennstoffen oder Abfällen, Neubaugebiete, Eingriffe in Erholungsgebiete.

USA (physisch)

Landhöhen (in Meter)
- über 3000
- 1500 – 3000
- 1000 – 1500
- 500 – 1000
- 200 – 500
- 100 – 200
- 0 – 100
- Depression

Orte (Einwohner)
- über 5 000 000
- 1 000 000 – 5 000 000
- 500 000 – 1 000 000
- 100 000 – 500 000

Verwaltung
- Staatsgrenze
- Grenze eines Bundesstaates in den USA
- **Washington** Hauptstadt eines Staates
- **Atlanta** Hauptstadt eines Bundesstaates in den USA

Verkehr
- Eisenbahn
- wichtige Fernstraße

VR China (physisch)

Die Erde (physisch)

polarmeer
Franz-Josef-Land
Nowaja Semlja
Karasee
Kap Tscheljuskin
Taimyr-Halbinsel
Laptewsee
Ostsibirische See
Barentssee
Nordkap
Kola
Werchojansk
Werchojansker Gebirge
Kap Deschnew
Beringmeer
Aleuten
Salechard
Sibirien
Ural
Ob
Jenissei
Lena
Helsinki
Ladogasee
Moskau
Wolga
Nowosibirsk
Irtysch
Baikalsee
Jablonowyjgebirge
Stanowoigebirge
Ochotskisches Meer
Kamtschatka
Astana
Altai
Ulan-Bator
Amur
Kaspische Senke
Kaukasus
5642 Elbrus
Schwarzes Meer
Kaspisches Meer
Turan
ASIEN
Gobi
Mandschurei
Peking
Japanisches Meer (Ostmeer)
Korea
Honshu
Tokio
Tian Shan
Tarimbecken
Ankara
Athen
Mesopotamien
Bagdad
Teheran
Hochland von Iran
Hindukusch
Kabul
Kunlun Shan
Hochland von Tibet
Huang He
Ostchinesisches Meer
Jangtsekiang
Himalaya
Mt. Everest 8846
Indus
Tharr
Delhi
Ganges
Südchinesisches Bergland
Kairo
Nil
Rotes Meer
Riad
Pers. Golf
Arabien
Hanoi
Kanton
Indien
Bombay
Arabisches Meer
Golf von Bengalen
Bangkok
Mekong
Südchinesisches Meer
Manila
Philippinen
Marianen
Khartum
4620 Ras Daschan
Kap Guardafui
Andamanen
Hochland von Äthiopien
Nikobaren
Kap Comorin
Ceylon
Malediven
Mikronesien
Karolinen
Pazifischer Ozean
10554
10497
11034
Singapur
Malaiischer Archipel
Borneo
Kiribati
Mount Kenia 5199
Mogadischu
Kongobecken
3805 Kerinci
Sumatra
Melanesien
Puncak Jaya 5030
Neuguinea
Indischer Ozean
5895 Kilimandscharo
Seychellen
Tschagos-Inseln
Jakarta
Java
7450
Salomon-Inseln
Tuvalu
Daressalam
Komoren
Zentralindischer Rücken
Kokos-Inseln
Darwin
Kap York
Korallensee
Mosambik
Madagaskar
Kimberley-Plateau
Fidschi
Kalaharibecken
Maskarenen
AUSTRALIEN
Große Victoriawüste
Australisches Tiefland
Johannesburg
Drakensberge
Natalbecken
Perth
Darling
Australisches Bergland
Sydney
Tasmansee
St. Paul
Große Australische Bucht
2230 Mt. Kosciusko
Tasmanien
Neuseeland
Wellington
Chatham-Insel
Kerguelen
Campbell-Insel
ARKTIS
Wostoksee
Transantarktisches Gebirge
Rossmeer
Meerestiefen (in Meter)
0 - 200
200 - 2000
2000 - 4000
4000 - 6000
6000 - 8000
über 8000
Inlandeis
© Westermann 13900EX_6

Lexikon

(> = WICHTIGSTE BEGRIFFE)

Abfall (S. 68)
Stoffe anthropogener Herkunft, die nicht oder nur wenig lohnend verwertbar sind. Abfall wird nach Konsistenz, nach Herkunft und nach Beseitigungsmöglichkeit (Verbrennung, Deponieren) unterschieden. Abfall kann den oberflächennahen Untergrund oder das Grundwasser verunreinigen (→ Kontamination).

Agglomeration (S. 116)
Der Zustand oder Prozess der Verdichtung von Siedlungen und Wirtschaftsbetrieben zu einem Ballungs- oder Verdichtungsraum, wie z. B. das Ruhrgebiet.

Aquakultur (S. 64)
Aufzucht von Fischen und anderen im Wasser befindlichen Organismen wie Muscheln, Krebstiere und Algen in sich unter Wasser befindenden Netz- oder Käfiggehegen. Die Tiere und Pflanzen können sowohl in stehenden als auch in fließenden Gewässern sowie im Meer gezüchtet werden.

> **Asthenosphäre** (S. 14)
Oberer, zähflüssiger Teil des → Erdmantels bis in eine Tiefe von ca. 200 Kilometern. Hier sind die Konvektionsströme zu finden. Auf der Asthenosphäre bewegen sich die starren Platten der → Lithosphäre.

> **Basalt** (S. 32)
Sehr hartes, dunkelgraues bis schwarzes magmatisches Gestein, das einer dünnflüssigen Gesteinsschmelze in der → Erdkruste bzw. im → Erdmantel entstammt, die durch vulkanische Aktivität an die Erdoberfläche gelangte und dort erkaltet ist. Basalt bildet bei der Erstarrung mehreckige (meist sechseckige) Basaltsäulen aus.

Binnenmarkt (S. 118)
Allgemein bezeichnet der Begriff ein abgegrenztes Wirtschaftsgebiet, das durch den freien Verkehr von Waren, Dienstleistungen und Kapital gekennzeichnet ist und keine Zollschranken hat. Das betrifft zumeist den nationalen Markt eines Landes, den größten Binnenmarkt der Welt bildet aber die Europäische Union.

Biosphärengebiet (S. 152)
Großes Gebiet gewachsener Kulturlandschaft, welches strenge Kernzonen und angrenzende Pflege- und Entwicklungszonen als Lebens-, Wirtschafts- und Erholungsraum aufweist. Die Erhaltung dieser Gebiete ist von der UNESCO anerkannt.

> **Boden** (S. 86, 110)
Die oberste lockere Erdschicht, in der sich die Wurzeln der Pflanzen befinden und aus der sie sich mit Nährstoffen versorgen. Der Boden ist Voraussetzung für den landwirtschaftlichen Anbau.

Bodendegradation (S. 86)
Verschlechterung des Bodens durch landwirtschaftliche Übernutzung oder durch natürliche Einflüsse. Dies führt zur Veränderung der Struktur und stofflichen Zusammensetzung des Bodens sowie zum Nachlassen der Bodenfruchtbarkeit.

> **Bodenerosion** (S. 86)
Abtragung des Bodens durch Wasser und Wind, die besonders dann auftritt, wenn die schützende Pflanzendecke zerstört ist. Sie wird häufig vom Menschen ausgelöst, z. B. durch Überweidung.

Bodenkontamination (S. 90)
Verunreinigung des Bodens durch den Eintrag von Schadstoffen aus z. B. Abwässern oder Pestiziden.

Bodenschatz (S. 112)
Nutzbare Rohstoffe, die in der Erde lagern, wie z. B. Erdöl, Erdgas, Kohle, Erze, Kies und Sand. Sie werden im Tage- oder Untertagebau abgebaut.

> **Bodenverdichtung** (S. 86)
Veränderung des Bodens durch das Aufbringen hoher Lasten.

Bodenversalzung (S. 86)
Im Boden aufsteigendes Grundwasser führt gelöste Salze mit nach oben. Nach der Verdunstung des Wassers bleibt das Salz auf der Bodenoberfläche zurück und bildet eine Salzkruste. Bodenversalzung tritt bei künstlicher Bewässerung vor allem in ariden Gebieten auf.

Bodenversauerung (S. 86)
Prozess der Konzentrationszunahme freier Wasserstoff-Ionen im Boden.

> **Bodenversiegelung** (S. 86)
Durch den Bau von Straßen, Parkplätzen, Industrieanlagen und Wohngebieten kommt es zur Versiegelung großer Flächen, d. h. sie werden asphaltiert oder betoniert. Der Grad der Versiegelung ist von der Wasser- und Luftdurchlässigkeit der Beläge abhängig.

Deflation (S. 86)
Abtragende Tätigkeit des Windes, bei der Staub und Sand aufgeweht und wegtransportiert werden. Es bleiben dann nur gröbere Steine auf der Oberfläche liegen. Besonders aktiv ist die Deflation in Gebieten, deren Oberfläche nicht ausreichend durch eine Vegetationsdecke geschützt ist.

demographischer Wandel (S. 148)
Dieser beschreibt die Veränderung einer Bevölkerung hinsichtlich der Anzahl ihrer Mitglieder und ihrer Struktur (Altersgruppen, Geschlechterverhältnis, Entwicklung von Geburten- und Sterbefällen, Anteil von Inländern, Ausländern und Eingebürgerten, Zu- und Abwanderung).

> **Desertifikation** (S. 100)
Das Vordringen der Wüste in trockene Gebiete. Die Desertifikation wird zum Teil durch falsche oder zu starke Nutzung der Wüstenrandgebiete durch den Menschen ausgelöst. Infolge des Klimawandels wird von einer anthropogenen Verstärkung des Effekts ausgegangen.

destruktive Plattengrenze (S. 22)
Destruktiv bedeutet zerstörend. Eine destruktive Plattengrenze ist eine Grenze, an der zwei Kontinentalplatten aufeinander zudriften, wobei sich die ozeanische unter die kontinentale Platte schiebt (→ Subduktionszone), wie z. B. an der Westküste Nord- und Südamerikas. Gegensatz: → konstruktive Plattengrenze.

> **Effizienz** (S. 100)
Die Effizienz ist ein Maß für die Wirtschaftlichkeit einer Maßnahme. Sie dient zur Beurteilung des Verhältnisses von Aufwand und zu erreichendem Ziel. In Bezug auf die Nachhaltigkeit bedeutet Effizienz, den gleichen Output mit weniger Input zu erzielen.

Energieträger (S. 94)
Rohstoffe, die Energie in sich speichern. Es gibt fossile Energieträger, z. B. Kohle, Erdöl, Erdgas, die endlich sind und regenerative Energieträger, die immer wieder neu zur Verfügung stehen. Diese gewinnen ihre Energie z. B. aus Sonne, Wind und Wasser. Man unterscheidet auch in primäre Energieträger, aus denen direkt Energie gewonnen wird, wie regenerative und fossile Energieträger sowie sekundäre Energieträger, deren Energie indirekt aus Primärenergie erzeugt wird, wie z. B. Elektrizität.

Epizentrum (S. 18, 30)
Der Ort der stärksten Erschütterung bei einem Erdbeben. Das Epizentrum liegt genau über dem im Untergrund gelegenen Bebenherd, dem Hypozentrum.

> **Erdbeben** (S. 12, 28)
Erschütterung des Erdbodens durch endogene Kräfte und Vorgänge in der festen → Erdkruste. Man unterscheidet zwischen vulkanischen Beben im Zusammenhang mit Vulkanausbrüchen und den tektonischen Beben. Letztere entstehen durch Gesteinsbewegungen im Untergrund, wenn sich plötzlich hohe Druckspannungen lösen. Sie lösen auch → Seebeben mit der Folge eines → Tsunamis aus.

> **Erdkern** (S. 14)
Innerster Bereich des Erdkörpers von ca. 7000 Kilometern Durchmesser. Sein äußerer Bereich ist flüssig, der innere Kern befindet sich trotz hoher Temperaturen (bis 5000 °C) in festem Aggregatzustand.

> **Erdkruste** (S. 14)
Äußere verfestigte Schale der Erde, die 5 bis 60 km mächtig sein kann. Man unterscheidet dabei zwei Arten von Erdkruste: Aus der ca. 5 km mächtigen ozeanischen Kruste entstehen die Ozeanböden. Die kontinentale Kruste mit einer Dicke von 25 bis 60 km bildet die Kontinente und Schelfbereiche.

> **Erdmantel** (S. 14)
Zwischen der → Erdkruste und dem → Erdkern gelegener ca. 2900 Kilometer mächtiger, aus zähflüssigem Magma bestehender Bereich des Erdkörpers. Er macht zwei Drittel der Erdmasse aus. Die obere Grenze des Erdmantels wird durch die Mohorovičić-Diskontinuität markiert.

erneuerbarer Energieträger (S. 80)
Energieträger, die immer wieder neu zur Verfügung stehen und nach menschlichen Maßstäben unendlich sind. Zu den erneuerbaren Energieträgern zählen z. B. Sonne, Wind, Wasser, Erdwärme und Biomasse.

> **Erosion** (S. 32)
Abtragung von Produkten der → Verwitterung (Boden und → Gestein) durch die natürlichen Kräfte von Wind, Wasser und Eis oder durch Bodenbewegung.

Erz (S. 88)
Ein natürlich vorkommendes, metallhaltiges Gestein. Das Eisenerz wird z. B. als Rohstoff zur Eisenherstellung verwendet.

> **Export** (S. 109)
Die grenzüberschreitende Lieferung von Waren und Dienstleistungen aus dem Inland in das Ausland. Gegensatz ist der → Import.

Fangquote (S.64)
Angabe der Fangmenge für bestimmte Fischarten in Tonnen, in einem abgegrenzten Gebiet und einem bestimmten Zeitraum. Fangquoten werden z. B. für die EU politisch festgelegt.

Flächenverbrauch (S. 90)
Für unterschiedliche Formen der Nutzung von Landschaften wie Wirtschaft oder Verkehr werden Flächen bebaut und verändert.

fossiler Energieträger (S. 94)
Energierohstoffe, die durch biologische und physikalische Vorgänge, wie Veränderungen des Erdinneren und der Erdoberfläche, über lange Zeiträume hinweg entstanden sind. Sie sind endlich und erneuern sich langsamer, als sie bei der Nutzung zur Energiegewinnung verbraucht werden.

> **Gebirgsbildung** (S. 22)
Durch das Zusammenschieben und Auffalten dicker Gesteinsschichten entstanden die meisten Hochgebirge der Erde. Hierfür verantwortlich ist die Kraft der Erdplatten: Wo eine Erdplatte mit einer anderen zusammenstößt, schieben sich die einzelnen Gesteinsschichten in die Höhe. Sie können kippen und sich falten.

Geographisches Informationssystem (S. 146)
(GIS) Softwareprodukte, die raumbezogene Daten verarbeiten können. Zum Beispiel können Daten zu Jahresniederschlägen einer Region als Karte dargestellt werden. Auch eine Kombination verschiedener Daten wie Jahresniederschlag und landwirtschaftliche Anbauprodukte und ihre kartenmäßige Darstellung ist möglich.

> **Gestein** (S. 34)
Das Baumaterial der → Erdkruste. Gesteine bestehen aus verschiedenen → Mineralen. Je nach ihrer Entstehung unterscheidet man magmatische, metamorphe und Sedimentgesteine.

> **Gezeiten** (S. 52)
Ständig wiederkehrende Wasserstandsschwankungen des Meeres (Ebbe und Flut), die durch die Anziehungskraft des Mondes und die Fliehkraft der Erde hervorgerufen werden.

Gletschereis (S. 58)
Eismassen von Gletschern bilden sich im Hochgebirge oder in den Polargebieten. Durch die niedrigen Temperaturen taut der gefallene Schnee im Sommer nicht vollständig ab. Es bildet sich Gletschereis, das mehrere Kilometer dick werden kann.

Global City (S. 116)
Metropole mit einer besonders starken Konzentration von Hauptquartieren international operierender Unternehmen sowie hochrangigen unternehmensorientierten Dienstleistungen, z. B. New York, London, Tokio oder Hongkong.

> **Globalisierung** (S. 108)
Bezeichnung für die weltweite Durchdringung von Märkten. Sie wird vor allem bewirkt durch die zunehmende Verflechtung der internationalen Finanzmärkte, des Welthandels sowie die internationale Ausrichtung von Unternehmen. Begünstigt wird sie durch neue Kommunikationstechniken und Freihandelszonen.

> **Gneis** (S. 32)
Metamorphes Gestein (→ Metamorphit) dessen → Minerale meist eine Bänderung aufweisen. Es entstand durch Aufschmelzung und Neubildung aus anderen Gesteinen. Seit ihrer Entstehung haben diese Gesteine mehrere → Metamorphosen durchlaufen.

> **Grabenbruch** (S. 24)
Talförmiger, lang gestreckter Einbruch, der durch Bewegungen in der Erdkruste entstanden ist. Die Ränder eines Grabenbruchs bilden Gebirge, wie z. B. am Oberrheingraben mit Schwarzwald und Vogesen.

Granit (S. 34)
Granit ist ein magmatisches Gestein. Es entsteht durch langsame Kristallisation in der Tiefe und zählt daher zu den Tiefengesteinen. Granit setzt sich vorwiegend aus Kalifeldspat, Quarz und Glimmer zusammen.

Grundbedürfnisse (S. 144)
Mindestbedarf, den ein Mensch zum Leben braucht. Dazu zählt eine ausreichende Versorgung mit Nahrung, Trinkwasser und Kleidung. Wichtige Grundbedürfnisse sind außerdem Unterkunft, Bildung, Arbeit und ärztliche Versorgung.

> **Horizontalverschiebung** (S. 16)
Die horizontale Verschiebung zweier Gesteinsplatten oder -pakete an einer senkrechten Fläche. Die Plattengrenze wird als konservativ bezeichnet.

Hot Spot (S. 26)
Stationärer, im oberen Erdmantel lokalisierter Magmaherd, aus dem Schmelze nach oben dringt. Diese durchbricht die driftende Lithosphäre und bildet an der Erdoberfläche Vulkaninseln, z. B. die Hawaii-Inseln. Dieser Vulkanismus ist nicht an Plattenränder gebunden.

Humanressourcen (S. 108)
Die Ressource Mensch. Humanressource ist der wirtschaftliche Begriff für Arbeitskräfte und Personal und für das geistige Gut (Wissen, Ideen).

> **Import** (S. 109)
Der Import bezeichnet die Einfuhr von Waren, aber auch von Dienstleistungen und Kapital aus dem Ausland ins Inland. Gegensatz ist der → Export.

> **Infrastruktur** (S. 126)
Alle Einrichtungen wie Verkehrswege, Energieversorgung oder soziale Einrichtungen wie Krankenhäuser oder Schulen, die für die wirtschaftliche Entwicklung einer Region von Bedeutung sind.

Inlandeis (S. 58)
Bis zu mehrere Kilometer mächtiges Gletschereis. Eismasse, die durch Verdichtung von Schnee entsteht. Die Eismassen bedecken große Teile des Festlands. Am Rand des Inlandeises befinden sich häufig Gletscherzungen.

> **Kalkstein** (S. 37)
Ein weiß bis ockerfarbiges Sedimentgestein (→ Sedimentit). Es besteht überwiegend aus dem chemischen Stoff Calciumcarbonat ($CaCO_3$), der Bestandteil von Pflanzen und dem Außen- oder Innenskelett von Lebewesen ist und sich nach deren Tod als Kalkschlamm am Meeresgrund sammelte und durch Überlagerungsdruck zu Kalkstein verfestigt wurde.

Kapital (S. 110)
Unter Kapital versteht man Geld- und Sachkapital eines Unternehmens oder einer Volkswirtschaft, welches für Investitionen zur Verfügung steht. Das Kapital ist, neben Boden und Arbeit, ein Produktionsfaktor.

> **Kies** (S. 34)
Kies ist ein Lockersediment aus kleinen gerundeten → Mineral- oder Gesteinsbruchstücken mit Korngrößen zwischen 2 bis 60 mm. Es handelt sich um Ablagerungen von Flüssen, Meeren oder Gletschern. Die Rundung hängt dabei von der Gesteinshärte und Transportdistanz ab.

Klima (S. 114, 122)
Der typische durchschnittliche Wetterablauf in einem Gebiet über einen längeren Zeitraum. Dieser durchschnittliche Zustand der Atmosphäre wird aus Messungen über mindestens 30 Jahre ermittelt.

Klimawandel (S. 60)
Prozess des allmählichen Temperaturanstiegs und der Zunahme extremer Wetterlagen im Zuge der globalen Erwärmung.

> **Knappheit** (S. 82)
Bezeichnung für das begrenzte Vorkommen eines → Rohstoffes, einer → Ressource oder allgemein eines Gutes.

> **Kohlenstoffdioxidsenke** (S. 56)
Ein Reservoir, das Kohlenstoff statisch speichert. Die Ozeane sind Kohlenstoffspeicher, da sie Kohlenstoffdioxid (CO_2) aus der Atmosphäre aufnehmen und speichern.

konstruktive Plattengrenze (S. 20)
Eine sich auseinanderbewegende → Plattengrenze. Aufdringendes Erdmantelmaterial steigt dabei auf, schließt die entstandene Lücke und bildet neue → Lithosphäre.

> **Kontamination** (S. 122)
Die ungewünschte Verunreinigung und Anreicherung von Schad- oder Fremdstoffen im Boden, im Wasser, in der Luft sowie in pflanzlichen, tierischen und menschlichen Organismen. Diese Kontamination kann zum Beispiel durch Abgase, industrielle Abwässer, Giftmüll oder Pestizide erfolgen.

Kontinentalabhang (S. 48)
Oft sehr steile Begrenzung der kontinentalen Kruste.

Kontinentalschelf (S. 48)
Teil des Meeres, der maximal 200 m tief ist. Sein Untergrund besteht aus kontinentaler Kruste.

Kontinentalverschiebung (S. 12)
Von Alfred Wegener angenommenes langsames Driften der Kontinente. Jahre später erkannte man, dass sich nicht Kontinente, sondern Erdplatten bewegen (→ Plattentektonik).

> **Kreislaufwirtschaft** (S. 92)
Abfallvermeidung durch abfallarme Produktgestaltung sowie Getrenntsammlung der Wertstoffe zum anschließenden Recycling, mit geringen Material-, Energie- und Emissionsverlusten.

> **Kristallisation** (S. 32)
Als Kristallisation bezeichnet man den Vorgang der Verhärtung bei der Bildung und beim Wachstum von Kristallen. Bleibt → Magma beim Aufsteigen in größerer Tiefe stecken, kühlt es sehr langsam ab. Dabei entstehen aus der Gesteinsschmelze durch Kristallisation Kristalle, die zusammen magmatische Gesteine (→ Magmatit) bilden.

> **Küstenerosion** (S. 60)
Die Erscheinung der Küste wird durch Abtragung durch die natürlichen Kräfte von Wind, Wasser und Eis, aber auch vom Menschen beeinflusst. Der Küstenraum reagiert stark auf veränderte Umweltbedingungen und auf den Eingriff des Menschen durch Besiedelung, Bewirtschaftung und den Abbau von Rohstoffen. Das Zusammenspiel aus natürlichen Prozessen und anthropogenen Eingriffen verändert die Gestalt der Küste nachhaltig.

> **Küstenschutz** (S. 60)
Maßnahmen zum Schutz der Küste vor Zerstörung durch die Meeresbrandung. Dies geschieht durch Deichbau und Pflanzenbewuchs auf Dünen oder im Deichvorland. Gleichzeitig dient er zur Landgewinnung.

> **Lagerstätte** (S. 80)
Anreicherung nutzbarer → Mineralien oder → Gesteine (→ Bodenschätze), sodass sich ein Abbau lohnt.

> **ländlicher Raum** (S. 142, 144)
Raum im Gegensatz zur Stadt, der durch dörfliche Siedlungsstrukturen, eine geringere Bevölkerungsdichte und einen relativ hohen Anteil an Landwirtschaft gekennzeichnet ist.

Landschaftszerstörung (S. 88)
Direkte und indirekte anthropogen bzw. technogen bedingte Beeinträchtigungen der Funktion und des Gefüges der Landschaft, bis hin zur gänzlichen Zerstörung.

Lava (S. 26)
Aus einem Vulkan ausströmender, glutflüssiger, meist über 1000 °C heißer Gesteinsbrei, der an der Erdoberfläche erkaltet und erstarrt. Solange sich die heiße Lava im Erdinneren befindet, nennt man sie → Magma.

> **Lithosphäre** (S. 14)
Gesteinshülle der Erde. Zur Lithosphäre gehören die → Erdkruste und die obere, feste Schicht des → Erdmantels. Die Lithosphäre besteht aus starren Erdplatten, die sich auf einer zähflüssigen Schicht der → Asthenosphäre bewegen.

Magma (S. 16)
Glutflüssige, gashaltige Gesteinsschmelze in den tieferen Bereichen der → Erdkruste mit Temperaturen um 1000 °C. Sobald sie austritt, nennt man sie → Lava.

> **Magmatit** (S. 32)
Gesteine, die durch Erstarrung von Magma entstanden sind. Nach der Entstehung unterscheidet man Vulkanite und Plutonite.

Meereis (S. 58)
Zu Eis gefrorenes Meerwasser. (Wenn Meereisflächen abschmelzen, wird durch die sich verringernde weiße Fläche weniger Sonnenlicht reflektiert. Dies führt zu einer weiteren Erwärmung, der Prozess verstärkt sich selbst. Dies ist der derzeit auffälligste Prozess im Rahmen des → Klimawandels.)

> **Meereisbedeckung** (S. 58)
Zusammenhängende oder lose Eisflächen im Meerwasser der Arktis und Antarktis. Meereis entsteht durch das Gefrieren von Meerwasser. Es kann in Form von Treibeis in wärmere Gebiete vordringen und eine große Gefährdung für die Schifffahrt darstellen (→ Meereis).

> **Meeresspiegelanstieg** (S. 54)
In den letzten 100 Jahren wurde ein Anstieg des Meeresspiegels um 10 bis 20 cm beobachtet. Diese Entwicklung wurde vermutlich durch die globale Erwärmung verursacht, die eine thermische Volumen-Ausdehnung des Meerwassers zur Folge hatte.

> **Meeresströmung** (S. 52)
Transportbewegung von Wassermassen im Weltmeer. Die bedeutendsten sind die Oberflächenströmungen, die sich durch kontinuierlich über dem Meer wehende Winde bilden. Daneben sind auch Tiefen- und Ausgleichsströmungen am Wasseraustausch beteiligt. Tiefenströmungen sind Meeresströmungen in größerer Meerestiefe, die dadurch entstehen, dass dichteres Wasser absinkt und an anderer Stelle weniger dichtes Wasser aufsteigt. Auftriebsströmungen bringen kaltes und nährstoffreiches Wasser an die Oberfläche.

> **Meerwassererwärmung** (S. 56)
Im Rahmen des Klimawandels kommt es durch den Wärmeaustausch zwischen Atmosphäre und Ozean zu einer Erwärmung des Meereswassers. Ebenfalls zu dieser Erwärmung trägt das Schmelzen des Meereises (→ Meereisbedeckung) bei, da dadurch große Teile des Ozeans freiliegen und die Ozeanoberfläche so Strahlungswärme der Sonne aufnehmen kann. Die Erwärmung bewirkt, dass sich das Wasser ausdehnt und es kommt zu einem → Meeresspiegelanstieg.

Megalopolis (S. 116)
Bandartig ausgedehnte Stadtlandschaft, bestehend aus mehreren städtischen Ballungsräumen mit Kernstädten und Stadtrandsiedlungen.

> **Metamorphit** (S. 32)
Dieses entsteht durch Umwandlung von schon bestehenden → Gesteinen, die durch Senkungsprozesse wieder in die Tiefe des Erdinneren gelangen. Nach der Umwandlung sind sie durch Hebungsprozesse zurück an die Erdoberfläche gelangt. Im Zuge der → Metamorphose wird unter hohem Druck und hohen Temperaturen im Erdinneren z. B. aus einem Granit ein Gneis oder aus einem Kalkstein ein Marmor.

> **Metamorphose** (S. 32)
Unter dem Einfluss hohen Drucks und hoher Temperaturen werden Gesteine chemisch und mechanisch in → Metamorphite umgewandelt (aus Granit wird z. B. Gneis). Eine Metamorphose ist also eine Umwandlung.

> **Mineral** (S. 34)
Ein natürlich vorkommender anorganischer Stoff, der durch geologische Prozesse gebildet wird. Diese werden unterschieden hinsichtlich chemischer und physikalischer Eigenschaften wie zum Beispiel Härte, Spaltbarkeit, Plastizität, Kristallform, Farbe sowie elektrischer Leitfähigkeit. → Gesteine bestehen aus Mineralien.

Mittelozeanischer Rücken (S. 16, 48)
Bereiche am Ozeangrund, an denen sich zwei Kontinentalplatten voneinander wegbewegen. Durch das aufsteigende → Magma entsteht neue ozeanische → Lithosphäre. Es bilden sich lange Gebirge unter Wasser.

Monsun (S. 122)
Beständig wehende Winde, die im Jahresverlauf ihre Richtung um ca. 180° ändern. Sie sind Ausgleichsströmungen zwischen sich wechselnden Luftdruckgegensätzen zwischen Festland und Meer. Der Monsun kommt vor allem im Gebiet des Indischen Ozeans vor.

> **nachhaltige Bodennutzung** (S. 86)
Eine zielgerichtete Steuerung der Nutzung und des Verbrauches der → Ressource Boden auf Basis ihres → Vorkommens und mit dem Ziel, die Ressource Boden auch für nachfolgende Generationen zu erhalten.

> **nachhaltiges Wassermanagement** (S. 84)
Eine zielgerichtete Steuerung der Nutzung und des Verbrauches der → Ressource Wasser auf Basis ihres → Vorkommens und mit dem Ziel, die Ressourcen auch für nachfolgende Generationen zu erhalten.

Naturgefahr (S. 28)
Ereignis in der Natur, das vom Menschen nicht beeinflusst werden kann, aber oft verheerende Auswirkungen hat. Die Dauer reicht vom Bruchteil einer Sekunde (Blitzschlag) bis zu Monaten (Trockenheit).

Naturressourcen (S. 108)
Güter der Natur, die sich zur Nutzung durch den Menschen eignen. Dies sind Rohstoffe (z.B. Erze, Erdöl, Holz) und Naturgüter (Wasser, Boden, Luft).

offshore (S. 98)
Vielseitig genutzter Begriff der „im küstennahen Meeresraum gelegen" bedeutet. Im Offshore-Bereich werden Rohstoffe wie Erdöl gefördert oder Windkrafträder gebaut.

onshore (S. 98)
Im Küstenbereich bzw. auf dem Land gelegen. Beschreibt das Vorkommen und die Förderung von Lagerstätten, die im Gegenteil zum Begriff offshore nicht im Meer, sondern an Land liegen.

> **Ozeanbodenspreizung** (S. 20)
Ozeanbodenspreizung (Seafloor Spreading) ist das langsame seitliche Auseinanderweichen des Ozeanbodens. Es erfolgt die Bildung neuer ozeanischer → Lithosphäre infolge von → Plattenzug, Rückendruck und Rinnensog.

> **Plattentektonik** (S. 16, 32)
Theorie von der Entwicklung der → Erdkruste: Demnach ist diese in mehrere große und kleine Platten zerbrochen. Nach neuen Ansätzen bewirken an deren aktiven Rändern → Plattenzug und → Rückendruck die Bewegung der Erdplatten. An mittelozeanischen Rücken wird durch → Vulkanismus beständig neue Kruste gebildet. In Tiefseerinnen taucht hingegen alte Kruste wieder in den Erdmantel ab.

Plattenzug (S. 16)
(„slab pull") Das Abtauchen eines spezifisch schweren, relativ alten Plattenteils (Slab) gemäß der physikalischen Gesetzmäßigkeiten unter eine spezifisch leichtere, jüngere Platte und somit Unterstützung des Aufstiegs magmatischer Schmelzen an untermeerischen Rückensystemen (Plattenkonvergenz durch → Subduktion).

Protektionismus (S. 126)
Bezeichnung für Schutz- und Hilfsmaßnahmen (z.B. Zollgebühren, Einfuhrquoten, Subventionen), mit denen ein Staat versucht, ausländische Anbieter auf dem Inlandsmarkt zu benachteiligen oder heimische Produkte und Branchen zu fördern.

Raumordnung (S. 142)
Tätigkeit staatlicher Stellen, die Zielvorstellungen zur Gestaltung des Raumes (bzw. von Teilräumen) formulieren und Maßnahmen zur Verwirklichung dieser Ziele ergreifen. Die Raumordnung der Bundesrepublik Deutschland hat zum Ziel, gleiche Lebensbedingungen im gesamten Bundesgebiet zu schaffen. Hierbei sollen Ungleichgewichte (räumliche → Disparitäten), z.B. zwischen Verdichtungsräumen und ländlichen Räumen, abgebaut werden.

Raumplanung (S. 142)
Die Planung umfasst raumordnerische Maßnahmen, die der gezielten Gestaltung und Entwicklung des Raumes dienen.

> **Recycling** (S. 92)
Rückführung von Abfall in den Produktions- und Verbrauchskreislauf.

Reichweite (S. 82, 94)
Zeitspanne in Jahren, für die bei einem bestimmten Verbrauch die Reserven noch reichen werden. Dabei gibt die statische Lebensdauer die Verfügbarkeit von Rohstoffen bei aktuellem Verbrauch an, wohingegen die dynamische Lebensdauer von einem wachsenden Verbrauch ausgeht.

Rekultivierung (S. 96)
Wiederherstellung der (Kultur-) Landschaft in Gebieten, die durch die wirtschaftliche Tätigkeit des Menschen stark verändert wurden (z.B. Braunkohlentagebau). Im Rahmen von Rekultivierungen entstehen häufig Naherholungsgebiete.

> **Reserve** (S. 82)
Vorräte an → Ressourcen, die sich zur wirtschaftlich effektiven Gewinnung von für die Industrie benötigten, → Rohstoffen eignen.

> **Ressource** (S. 82, 110)
Geschätzte oder vermutete Gesamtvorratsmenge eines Rohstoffs, einschließlich des Anteils, der unter heutigen technischen und wirtschaftlichen Voraussetzungen nicht gewinnbringend gefördert werden kann.

> **Ressource** (erweiterte Definition, 110)
In Bezug auf Wirtschaftsräume wird der Ressourcenbegriff erweitert. Auch Bildung, Kapital, Infrastruktur und die Bevölkerung werden hierzugezählt.

> **Ressourcenfluch** (S. 90)
Besitzt ein Entwicklungsland wertvolle → Ressourcen, können diese statt ein Segen zu sein, zum Fluch werden. Industrieländer bauen die Ressourcen in den Ländern ab und so fließen die Einnahmen ins Ausland. Aber auch durch Korruption oder die Durchsetzung des Eigeninteresses der Unternehmen kommen die Einnahmen durch die Ressourcen nicht der Entwicklung des Landes und der Verbesserung der Lebensbedingungen der Bevölkerung zu.

Ressourcenmanagement (S. 80, 92)
Eine zielgerichtete Steuerung der Nutzung und des Verbrauchs von Ressourcen auf Basis von deren Vorkommen und unter der Beachtung der Tragfähigkeit der Umwelt. Ziel ist ein nachhaltiger Umgang mit der Ressource.

Rohstoff (S. 80)
Als Rohstoff bezeichnet man die unverarbeiteten → Ressourcen aus der Natur. Mit der Weiterverarbeitung werden Rohstoffe nutzbar gemacht. Rohstoffe, die in der Erde liegen und durch Tage- oder Untertagebau abgebaut werden, nennt man → Bodenschätze (zum Beispiel → Erze, Kohle, Erdöl, Steine).

Rückendruck (S. 16)
(„ridge push") Die Schwerkraft lässt die Platten von den Aufwölbungen der → mittelozeanischen Rücken Richtung Ozeanboden heruntergleiten. Im → Rift aufsteigendes Magma drückt die Platten gleichzeitig noch auseinander.

> **Sandstein** (S. 32)
Sandstein ist ein gelblich bis rötliches Sedimentgestein (→ Sedimentit) aus miteinander verkitteten Sandkörnern der Größe 0,063 bis 2 mm, vor allem Quarz. Sandstein entsteht vor allem in küstennahen Flachmeeren, wenn sich Sand zu einem → Gestein verfestigt, und ist ein weit verbreiteter Baustoff.

> **Salzgehalt** (S. 52)
Die Konzentration der im Wasser gelösten Salze (Salinitätsgrad).

> **Schalenbau der Erde** (S. 14)
Der innere Aufbau der Erde aus kugelförmig angeordneten Schalen unterschiedlicher Beschaffenheit und Dichte: → Erdkruste, → Erdmantel, → Erdkern.

> **Schelfeis** (S. 72)
Mehrere Hundert Meter mächtige Eisplatten, die von Gletschern oder Eisströmen an Land gespeist werden und mit diesen noch verbunden sind.

Schildvulkan (S. 26)
Ein flach gewölbter Vulkantyp meist großen Ausmaßes. Er ist infolge großflächiger Ausbreitung relativ dünnflüssiger, schnell fließender Lavaströme entstanden.

> **Schutzgebiet** (S. 64)
Raum, der aufgrund einzigartiger, schützenswerter Merkmale (natürliche oder kulturelle Merkmale, Landschaftsmerkmale) unter Schutz gestellt wird. Es werden auf unterschiedlichen Entscheidungsebenen unterschiedliche Arten von Schutzgebieten ausgewiesen (z. B. marine Schutzgebiete, → Biosphärengebiete).

> **Sedimentation** (S. 32)
Ablagerung von Lockermaterial (Verwitterungsprodukten) auf der Erdoberfläche, vor allem in Tälern, an Gebirgsrändern und in Flüssen oder Meeren.

> **Sedimentit** (S. 32)
Durch Verwitterung werden Gesteine immer weiter verkleinert, bis hin zu Sand und Ton. Dieses Material wird durch Wasser, Wind oder Eis abgetragen, transportiert und als Sediment im Meer abgelagert. Durch den Druck der oberen Sedimentschichten verfestigt sich das tiefer gelegene Material zu Sedimentgestein (Ablagerungsgestein). Typische Sedimentgesteine sind → Sand- und → Kalkstein.

> **Seebeben** (S. 30)
→ Erdbeben, dessen Hypozentrum unter dem Meeresboden liegt. Dabei kann ein → Tsunami ausgelöst werden.

Seismograph (S. 18)
Gerät, mit dem man Bodenerschütterungen registrieren kann, die von → Erdbeben verursacht werden. Daraus ergeben sich z. B. die Stärke und der Entstehungsort des Bebens.

Sonderwirtschaftszone (S. 126)
Abgegrenzte Gebiete, in denen ausländische Unternehmen zu günstigen Bedingungen (Steuererleichterungen, geringe Baukosten, billige Arbeitskräfte) produzieren können.

Stratovulkane (S. 30)
Ein durch wechselhafte Ausbruchstätigkeit von ausgeworfenen Aschen bzw. Schlacken und ausfließenden Lavaströmen entstandener → Vulkan. Dabei entstehen typische Vulkankegel mit steilen Flanken.

> **Subduktion** (S. 22)
Vorgang, bei dem eine Lithosphärenplatte unter eine andere taucht, wobei auch Teile der → Erdkruste erfasst werden können. Dabei sind die Dichteverhältnisse von Bedeutung: Relativ dichte → Gesteine tauchen unter relativ leichten Gesteinen ab. Deshalb tauchen ozeanische Platten unter kontinentale Platten.

Substitution (S. 92)
Ersetzen von Gütern durch jeweils andere, z. B. das Ersetzen von fossilen Energierohstoffen durch nachwachsende → Rohstoffe.

Terms of Trade (S. 108)
Diese geben an, wie viele Einheiten von Importgütern ein Land gegen den Austausch seiner → Exporte erhält. An den Terms of Trade lässt sich ablesen, ob ein Land aus dem Außenhandel Vorteile zieht.

> **thermohaline Zirkulation** (S. 52)
Teil des → marinen Zirkulationssystems. Die Strömungen werden durch Unterschiede in Temperatur und Salzgehalt des Wassers verursacht.

Tiefseebecken (S. 48)
Tiefste Meeresbecken, die von Schwellen, wie den → Mittelozeanischen Rücken und → Kontinentalabhängen begrenzt werden.

Tiefseerinne (S. 22)
Zone mit einer Wassertiefe bis etwa elf Kilometer, an denen eine subduzierte Platte abtaucht.

Tornado (S. 114)
Zerstörerischer Wirbelsturm, der sich auf dem Festland fortbewegt. Tornados haben einen Durchmesser von wenigen 100 Metern, eine kurze Lebensdauer und treten vor allem im Mittleren Westen der USA auf.

> **Tsunami** (S. 30)
Vom Epizentrum ausgehende und sich im Flachwasser der Küsten schließlich zum Wasserberg aufbauende Meereswelle (5 – 20 m) von großer Zerstörungskraft, die durch ein heftiges Seebeben ausgelöst wird.

> **Überfischung** (S. 64)
Verringerung des Fischbestandes, da mehr Fische gefangen werden, als nachwachsen können.

> **Verfügbarkeit** (S. 82)
Die Verfügbarkeit beschreibt das Ausmaß eines bestimmten → Rohstoffes, einer → Ressource, welches für den Menschen verwendbar ist. Güter stehen weltweit in einer bestimmten Menge zur Verfügung, können allerdings ungleichmäßig verteilt sein.

> **Versauerung** (S. 56)
Die Ozeanversauerung ist der Prozess der Konzentrationszunahme freier Wasserstoff-Ionen im Wasser. Diese Zunahme bewirkt eine Reduzierung der Karbonat-Ionen, da sich diese im Wasser mit den Wasserstoff-Ionen zu Hydrogenkarbonat-Ionen verbinden. Karbonat-Ionen sind der Baustein von Kalkskeletten und Kalkschalen (z. B. Korallen, Muscheln).

> **Verschmutzung** (S. 66)
Verschmutzung der Meere durch Öl (aus Tankerunfällen, Reinigung von Öltanks), Fäkalien (durch Städte, die keine Kläranlagen besitzen), Düngemittel (z. B. aus der Landwirtschaft) und chemische Substanzen und Schadstoffe (z. B. Waschmittel, Lösungsmittel, Getränkereste).
Der Eintrag erfolgt sowohl von Land aus durch Bäche und Flüsse, über die Luft, als auch direkt durch den Menschen ins Meer.

Verwerfung (S. 16, 28)
(Transformstörung) Störungszonen, an denen sich die tektonischen Platten aneinander vorbeibewegen. Bei einer derartigen Horizontalverschiebung verhaken sich die Platten, Spannungen bauen sich auf, die sich ruckartig lösen können und zu heftigen → Erdbeben und zum Versatz von Gesteinspaketen führen. Es gibt kontinentale und ozeanische Transformstörungen.

> **Verwitterung** (S. 32)
Umwandlung oder Zerstörung von Gesteinen durch äußere Einflüsse wie Temperatur, Wind und Wasser sowie durch chemische Prozesse. Je nach Art unterscheidet man zwischen Temperatur-, Frost-, Salz- oder Säureverwitterung.

Verwundbarkeit (S. 28)
Anfälligkeit bzw. Empfindlichkeit bis Verletzbarkeit von Menschen, Gesellschaft, Infrastruktur und Sachwerten.

> **virtuelles Wasser** (S. 84)
Mathematisches Hilfsmittel zur Berechnung des realen Wasserverbrauches eines Landes. Der → Import von Produkten (zu deren Herstellung Wasser nötig ist) wird zum inländischen Verbrauch gerechnet. Von dieser Summe abgezogen wird der → Export von Produkten.

> **Vorkommen** (S. 80)
Die räumliche Konzentration nutzbarer → Rohstoffe und → Ressourcen. Sie liegen jedoch nicht in einer abbauwürdigen Anreicherung vor, sodass sie keine → Lagerstätte bilden.

Vulkan (S. 12, 30)
Ein Vulkan ist eine kegel- oder schildförmige Erhebung, die durch den Austritt von → Magma, Asche, Gesteinsbrocken und Gasen aus dem Erdinneren entsteht.

> **Vulkanismus** (S. 22)
Zusammenfassender Begriff für alle Vorgänge und Erscheinungen, die mit Vulkanen zusammenhängen, das heißt mit dem Aufsteigen von → Magma aus dem Erdinneren.

> **Wärmespeicher** (S. 54, 56)
Der Ozean bildet einen Wärmespeicher, da er Wärme aufnimmt und diese länger speichert als die Landmassen. Der Ozean erwärmt sich im Sommer langsamer, aber kühlt auch im Winter langsamer ab.

> **Wärmetransport** (S. 54)
Der Wärmetransport im Ozean sorgt dafür, dass Wärme durch das Medium Wasser transportiert wird. Es findet ein Wärmeaustausch zwischen den warmen Wassermassen der Tropen und den kalten Wassermassen der Pole statt. Der Wärmetransport ist klimarelevant für beispielswiese die mittleren Breiten.

Wasserkreislauf (S. 84)
Dieser beschreibt den Weg des Wassers vom Meer zum Land und wieder zurück. Durch Verdunstung wird dem Meer Wasser in die Atmosphäre entzogen, wo es durch den Wind über das Festland getragen wird. Nach der Kondensation gelangt es als Niederschlag auf die Landoberfläche. Dort verdunstet und versickert das Wasser teilweise und / oder wird als Abfluss den Fließgewässern und somit dem Meer zugeführt.

> **Welle** (S. 52)
Wellen stellen eine Abfolge kreisender Bewegungen von stationären Wasserteilchen dar. So pflanzt sich nur die Bewegung der Wasseroberfläche fort. Wellen werden durch Kräfteimpulse, wie Erschütterungen oder, am wichtigsten, den Wind hervorgerufen.

> **Welthandel** (S. 108)
Dieser beinhaltet alle → Importe und → Exporte der Länder der Erde, d. h. den Austausch von Gütern und Dienstleistungen über die jeweiligen Staatsgrenzen hinweg.

Wilson-Zyklus (S. 12)
Großtektonischer Zyklus, der sich über mehr als 100 Millionen Jahre erstreckt und alle plattentektonischen Prozesse in sich vereint: Aufspaltung eines Kontinents durch → Hot Spot und → Grabenbruch, Bildung und → Subduktion eines Ozeans, Kontinent-Kontinent-Kollision und → Gebirgsbildung.

Textquellenverzeichnis

- Böhn, Dieter: China. Auf Tour. Springer Spektrum, Heidelberg, 2012, S. 30-31
- Braune, Gerd: Ölsand in Kanada. Segen oder Fluch. In: www.tagesspiegel.de, 16.08.2018 (letzter Zugriff), https://www.tagesspiegel.de/wirtschaft/oelsand-in-kanada-segen-oder-fluch/4679592.html
- Der Spiegel: Nach 15 Jahren auf See. Tausende Quietsche-Enten nehmen Kurs auf England. In: www.spiegel.de, 30.06.2007, http://www.spiegel.de/reise/aktuell/nach-15-jahren-auf-see-tausende-quietsche-enten-nehmen-kurs-auf-england-a-491506.html
- Deutsche Rohstoffagentur/Bundesanstalt für Rohstoffe: Chile. In: www.deutsche-rohstoffagentur.de, 20.09.2018, https://www.deutsche-rohstoffagentur.de/DERA/DE/Rohstoffinformationen/L%C3%A4nderkooperationen/Laender/Chile/chile_node.html
- Dixon, Dougal; Bernor, Raymond L.: Geologie für Amateure. Könemann, Köln, 1998, S. 121
- Eiermann, Marc: Das Perlflussdelta – Chinas Boomregion. In: Diercke 360° 2/2012, S. 15
- www.fuerteventurazeitung.de: Strandsäuberungsaktion befreit Cofete von 2,5 Tonnen Müll, 30.11.2011, https://www.fuerteventurazeitung.de/2014/11/strand-saeuberungsaktion-befreit-cofete-von-25-tonnen-muell/
- Future Ocean Netzwerk: Ein starkes Argument für die Begrenzung des Klimawandels. In: www.futureocean.org, 25.06.2017, https://www.futureocean.org/de/cluster/aktuelles/meldungen/2017/2017_10_30_starkes_Argument_fuer_Begrenzung_des_Klimawandels.php
- gfz-potsdam: Wenn Kontinente zerbrechen, wird es warm auf der Erde. In: www.gfz-potsdam.de, 13.11.2017, https://www.gfz-potsdam.de/medien-kommunikation/meldungen/detailansicht/article/wenn-kontinente-zerbrechen-wird-es-warm-auf-der-erde-1/
- Gothe, Kerstin; Malburg-Graf, Barbara; Meinerling, Dörte; Voith, Daniel; Heise, Natalie: Neue Qualität im Ortskern. Ministerium für Ländlichen Raum und Verbraucherschutz Baden-Württemberg (MLR) (Hrsg.), Stuttgart,2015, S. 79
- Grotzinger, John; Jordan, Thomas: Basaltische Laven. In: Press/Siever: Allgemeine Geologie. Springer Spektrum, Heidelberg, 2017, S. 305-306
- Haase, Nicoline: Coup für die Meere: Schutzgebiete. In: www.greanpeace.de, https://www.greenpeace.de/themen/meere/meeresschutzgebiete/artikel/coup_fuer_die_meere_schutzgebiete-1
- Haase, Nicoline: Steinerne Schilde in der Nordsee, www.greenpeace.de, https://www.greenpeace.de/themen/meere/meeresschutzgebiete/steinerne-schilde-der-nordsee
- Kerkmann, Christof: Das iPhone wird ein bisschen sauberer. In: www.handelsblatt.com, 13.02.2014, https://www.handelsblatt.com/unternehmen/it-medien/konfliktfreie-metalle-das-iphone-wird-ein-bisschen-sauberer/9476316-all.html.
- LEADER Hohenlohe Tauber: Sanierung des Dorfladens in Schöntal-Oberkessach. In: www.leader-hohenlohe-tauber.eu, 16.08.2018 (letzter Zugriff), http://leader-hohenlohe-tauber.eu/projekte-2/projekte/sanierung-des-dorfladens-in-schoental-oberkessach/
- Mayer-Kuckuk Finn: China will die Seidenstraße neu beleben, In: www.badische-zeitung.de, 1505.2017, http://www.badische-zeitung.de/wirtschaft-3/china-will-die-seidenstrasse-neu-beleben--136820520.html
- Neomar GmbH: Landbasierte Marikultur. In: www.neomar.de, 2014, https://www.neomar.de/fileadmin/user_upload/Download/neomar_Landbasierte_Marikultur_Druck.pdf
- Pfeiffer, Tom: Vulkanologe. In: www.volcanophotography.com, 24.02.2018, http://www.volcanophotography.com/fileadmin/downloads/profi_tom_pfeiffer.pdf
- Reimers, Ariane: China: Der Aufstieg der Familie „Mustermann". In: www.daserste.de, 15.04.2014, http://www.daserste.de/information/politik-weltgeschehen/weltspiegel/sendung/br/china-mittelschicht-100.html
- Röhrlich, Dagmar: Der Tag davor. Eine Metropole baut für das große Beben. In: www.deutschlandfunk.de, 09.01.2011, https://www.deutschlandfunk.de/der-tag-davor.740.de.html?dram:article_id=111969
- Spiller, Christian: Rio de Janeiro. Kloake vor der Küste. In: www.spiegel.de, 30.06.2014, https://www.zeit.de/sport/2014-06/rio-muell-abwasser-olympia
- Steinberger, Petra: Nah am Wasser gebaut. In: www.sueddeutsche.de, 03.08.2013, https://www.sueddeutsche.de/wissen/die-niederlande-und-der-klimawandel-nah-am-wasser-gebaut-1.1737270
- Umweltbundesamt: Pressemitteilung 43/12: Deutsche verbrauchen zu viele Hi-Tech-Metalle, www.umweltbundesamt.de, 12.11.2012, https://www.umweltbundesamt.de/presse/pressemitteilungen/deutsche-verbrauchen-zu-viele-hi-tech-metalle
- Zurmühlen, Oleg Costa Ricas grüne Revolution. In: www.reisemagazin.world-insight.de, 07.12.2015, https://reisemagazin.world-insight.de/costa-ricas-gruene-revolution/

Die Erde (politisch)